Boundaries of the Soul
The practice of Jung's psychology

荣格心理学的实践

——心灵的边界——

【美】June K. Singer 著

蔡成后 译

中国轻工业出版社

图书在版编目(CIP)数据

荣格心理学的实践：心灵的边界／(美)琼·辛格(June K. Singer)著；蔡成后译．—北京：中国轻工业出版社，2019.4（2020.1重印）

ISBN 978-7-5184-2151-0

Ⅰ.①荣…　Ⅱ.①琼…②蔡…　Ⅲ.①荣格(Jung, Carl Gustav 1875—1961)－分析心理学　Ⅳ.①B84-065

中国版本图书馆CIP数据核字（2018）第241766号

版权声明

Copyright © 1972, 1994 by June K. Singer
All rights reserved.
This translation published by arrangement with Vintage Anchor Publishing, an imprint of The Knopf Doubleday Group, a division of Random House, LLC.

总 策 划：石　铁
策划编辑：阎　兰　　　　　　　责任终审：杜文勇
责任编辑：阎　兰　王雅琦　　　责任监印：刘志颖

出版发行：中国轻工业出版社（北京东长安街6号，邮编：100740）
印　　刷：三河市鑫金马印装有限公司
经　　销：各地新华书店
版　　次：2020年1月第1版第2次印刷
开　　本：710×1000　1/16　印张：21.25
字　　数：240千字
书　　号：ISBN 978-7-5184-2151-0　定价：88.00元
读者热线：010-65181109，65262933
发行电话：010-85119832　传真：010-85113293
网　　址：http://www.chlip.com.cn　http://www.wqedu.com
电子信箱：1012305542@qq.com
如发现图书残缺请与我社联系调换

161044Y2X101ZYW

推荐序

对《荣格心理学的实践——心灵的边界》(Boundaries of the Practice of Jung's Psychology)一书,我们期待已久;现在终于有中文版问世,可谓是听见了远自心灵的呼唤。

本书是琼·辛格(June Singer)的代表作,自1972年首次出版以来,一直深受欢迎,是最完美的荣格心理学大众读物以及专业入门经典导读之作。

1960年,琼·辛格前往瑞士苏黎世接受心理分析专业训练,那时荣格还健在。直到第二年,也就是1961年6月6日,荣格溘然长逝。琼·辛格曾告诉我她前去荣格家进行告别的经历:她走进荣格家大门,仰望门栏上的箴言:"呼唤与否,神灵永在",那一刻她的感受触及灵魂。面对荣格的灵床,似乎听到一个声音在萦绕:"那就由你们来继续吧……"从那以后,出现在琼·辛格心中的意象总是荣格老年的样貌。

十多年后,琼·辛格出版《荣格心理学的实践——心灵的边界》,这既是对"荣格意象"的回应,也正是荣格的期望。书中呈现了荣格心理分析对当代人的深远意义。二十多年前,当我在瑞士苏黎世荣格学院受训时,琼·辛格写信给我说:"我希望你在苏黎世荣格学院能有丰富的收获,如其当时对我的意义,那是我一生中最重要的心灵转化的体验,想必对你也是如此。"感谢她的鼓励与期望,现在回想起来,那种转化体验依然刻骨铭心。

荣格心理学的实践——心灵的边界
Boundaries of the Soul

如荣格一样，琼·辛格对于中国文化充满向往。她在美国芝加哥生活多年，我也在那里与默瑞·斯丹（Murray Stein）和戴维·罗森（David Rosen）进行了关于"荣格与中国"的对话，此二人都是琼·辛格的好友；芝加哥荣格学院创建者的私人藏书也全部捐赠给了中国。琼·辛格曾在帕罗·阿图（Palo Alto）的超个人心理学研究院任教，那里充满了东方文化的气息，我也曾在那里做过富布莱特（Fulbright）项目下关于"核心心理学：心理分析与中国文化"的演讲，并经历了博士后的训练。琼·辛格也是美国旧金山荣格学院的督导师，而我的心理分析之路始于那里，我也在那里完成了专业实习。琼·辛格十分欣赏中文的"心灵"一词，欣赏核心心理学（Psychology of the Heart）的寓意。我告诉她我们所用的"心灵"一词或可涵盖"灵魂"与"精神"之意。她十分感叹地说道："若无灵魂，精神何安？心灵意象，趋于完善。"

1998年，第一届"心理分析与中国文化"国际论坛成功举办之后，我负责策划"点金石心理分析丛书"，便计划将《荣格心理学的实践——心灵的边界》收入其中。琼·辛格闻讯十分欣喜，亲自协调并授予版权，希望由我来翻译。"若你愿意翻译，以你的智慧与热情，我将由衷欣慰，充满感激。"琼·辛格这样对我说。由于种种原因，时至今日，方由蔡成后博士完成这部译著。蔡成后在硕士和博士期间读的都是心理分析方向，并由我指导；如今他已成为具有国际资质的心理分析师，工作于中国澳门城市大学心理分析研究院；由他完成本书的翻译，也是在帮我完成多年的心愿；成后的努力与品质，也切合琼·辛格的期望。

《荣格心理学的实践——心灵的边界》也可理解为"心灵的疆域"，它等待着人们鼓起勇气，前往探索；在琼·辛格看来，透过咨询室，心理学的智慧之光亦可照亮整个世界……这正是心灵的呼唤，是琼·辛格长久以来的期待。

申荷永
2018年12月于洗心岛

中文版序

《荣格心理学的实践——心灵的边界》一书问世于1972年,时值我进行荣格分析的第六个年头。与此同时,我也开始接受训练准备成为一名荣格分析师。彼时,我主要依靠医学训练来积累自己作为心理治疗师的经验,并将自己为病人提供的服务视为精神科治疗的一个分支。可后来我感到极为震惊,因为我认识到荣格派的工作完全可以在纯心理的维度展开,即心灵可以拥有其自身之道,而无需依靠病理诊断来证明治疗的正确性;并且往往那样的"简单谈话"(如果是深入到心灵的对话),就是足以影响心灵的最适当的"治疗"方式。

如今,分析心理学在世界范围内得到了广泛的应用。就像琼·辛格在这部具有里程碑意义的作品中所表现出的那样:以开放的心态来看待心灵,尊重它们的重要地位。她证明了事实上心理实践能够给心灵带来帮助。她揭示了,进行这样的实践的根源,是因为心灵本身就关注这些内容,因此在她所描述的疗愈历程中,心灵可以找到自身的边界。无疑,众多前来寻求分析心理治疗的人会发现他们处于一个心灵空间内,这正是中国人所说的"心",在这个"心"空间里,可以真正回归家园。

这本书不太可能过时,因为它采用真实之心(心)的语言,却以不欺骗求知之心(脑)的方式来讲述。现在,我将这一中文译本推荐给中文读者。

琼·辛格的新学生（读者）一开始或许不会意识到她在此书所提供的知识，对帮助人们发现什么是分析心理学的必要内容来说，是如此非凡的一次进步。在她的帮助下，这一学科早已得到巨大地延伸，远远超越了时代及本书范畴。然而，正如我四十年前所亲身经历的，这本奠基之作的新读者们将会发现：荣格分析心理学不仅仅是精神分析的一个学派，也不仅仅是心理治疗的一种方法。它是一个独立的领域，是一个可以广泛耕耘、让所有人获益的巨大天地。

约翰·毕比（John Beebe）[*]

（林颖 译）

---

[*] John Beebe 为旧金山荣格学院前任院长，精神科医师兼荣格分析师。——译者注

新版序言

几天前我收到了出版商的一封来信,祝贺我已出版的《荣格心理学的实践——心灵的边界》一书发行量巨大。同时,她计划将此书再次再版发行。二十多年来,此书一直作为介绍荣格心理学的经典读物。此时恰逢我的七十五岁生日。这个时间点对我来说是座里程碑,它提醒我时日不多,让我看到自己如今已经处于人生旅程的下半场了。在近十年的心理分析实践之后,我完成了《荣格心理学的实践——心灵的边界》一书。那时大部分荣格的著作还未被翻译,所以那些非德语国家的读者们无法对其思想有一个整体的认识。二十多年后的今天,世界已经改变,心理学不断发展,我也不一样了。

面临《荣格心理学的实践——心灵的边界》再版,我不禁问自己,这就是我想留给后世的遗产吗?答案是:我书中的大部分内容仍然流行,因为荣格的著作仍然流行,我还是可以为他摇旗呐喊的。但是其中也不乏已经过时的部分,这部分和我现在的想法不符。于是我建议出版商:《荣格心理学的实践——心灵的边界》不应该简单地再版而是要整体修订,要让它跟上时代的步伐。她欣然同意了。

重读荣格这本书,我发现他对心灵的基本理解是,它在我们生命中所起的作用是为我们内部工作提供并维持一个坚实的基础。他所著述的大部分内容是永恒的,但有些部分也很明显地表明荣格是其文化背景和时代的产物。

然而，他终其一生不断发展他的理论，不断试图将其新的见解整合到自己的理论中去。在众多荣格的名言中，我最喜欢这一句："感谢上帝，我是荣格，不是荣格主义者（Jungian）！"我明白，他不希望他的追随者们盲目地将他的理论当成是"真理"，而是要像他一样做自己，根据不断变化的环境来调整自己的看法。如今，在荣格去世25年之后，我觉得有必要重新审视一下荣格的理论，考虑一下哪些部分依然适用于当代生活，哪些部分可能需要修改完善。

我觉得人们现如今就某些经典的问题需要全新的解答，比如：分析师和接受分析者之间关系的本质；性别问题；人格类型；客观测量的价值；个体与荣格提出的"集体"之间的相互作用；我们的社会享有谈论内在体验的新自由；对痛苦和疗愈过程中的身体、思想和心灵之间那复杂交织的关系做出更好的辨认，等等。我经常想起荣格留给我们的诸多精神财富，而且我是如此地感激他。然而，年复一年，我发现自己被越来越多的荣格没有找到答案的问题所困扰。作为荣格的信徒，我不得不独立思考，找到新的方法，以满足不断变化的环境，由此一来，我的荣格心理学实践便具有了自己独特的形式。

"阿尼玛和阿尼姆斯：不同性别有可能了解对方吗？"这一章内容是在妇女解放运动和随后的社会性别角色革命之前写成的。所以原本的内容也就作废了，替换为"阿尼玛和阿尼姆斯：内在的对立面。"原来的"心理类型：沟通的密匙"完成之时，荣格的心理类型理论还未被广泛应用于临床和咨询中的那些人格量表当作重要的理论基础，所以那一章也做了比较大的修订。原版有一章叫"心理分析和反主流文化"，带有浓郁的20世纪60年代特色。但是我必须承认的事实是，20世纪90年代的美国已经没有明显的"反主流文化"群体了，只有"非主流"，这些人可能有一天会成为美国的主体人群。所以我删掉了那一章，新增了一章"世间的心灵"，说的是荣格心理学以及一般意义上的心理学已经冲出心理咨询室的一隅，进入了主流。

本书中其他的修订表达了我对荣格心理学实践的深思熟虑。这包括了在我不断反思的人生中，在与他人和自己的心灵打交道的工作中得出的经验总结。可是如果没有灵魂（soul），心灵（psyche）又为何物？灵魂使我们不仅仅是一堆化学物质和复杂的神经元的组合；灵魂是意识的核心，它使我们认识自身以及外部世界，得以识别出自己之所以成为独特个体的那些特点，同时也了解我们作为总体的一部分所共同持有的那些特征。

本书的新版就是以上这些思考的表现。

琼·辛格

1994年于美国加利福尼亚州帕罗奥图市

目　录

引　言　// 1

▶ **第一部分　基础篇**　// 23
　　01　分析师与接受分析者　// 25
　　02　情结与魔鬼　// 57
　　03　从联想到原型　// 95
　　04　原型重要吗？　// 107

▶ **第二部分　内在过程**　// 127
　　05　自性化：通往整合之路　// 129
　　06　人格面具与阴影　// 149
　　07　阿尼玛和阿尼姆斯：内在的对立面　// 165
　　08　让自性流转　// 189
　　09　理解我们的梦　// 217
　　10　把梦做完：积极想象　// 239

▶ **第三部分　现世之人**　// 277

　　11　心理类型：沟通的密匙　// 279

　　12　世间的心灵　// 305

▶ **注释**　// 319

引 言

写作此书的目的有二：一来是对适用于个体意识成长与发展的卡尔·古斯塔夫·荣格（Cart Gustav Jung）的思想进行概述，二来是一览荣格式分析体验。在我作为荣格分析师的前期，公众对荣格心理学的了解，多半来自荣格的批评者的作品。他们反对荣格对无意识这一未知神秘水域的探险，认为这过于冒险，或者过度主观。现如今，善于反思的人们意识到荣格在我们的时代，在生命的"科学-理智"与"宗教-非理性"的之间搭建了一座桥梁。荣格曾面临着抽象概括与直接顿悟之间明显的二元分歧。我们的文化，浸淫于亚里士多德的逻辑原则之中，很难把矛盾的思想评价为是有效的。人们似乎必须经常在理性-学术的生活方式与反理智阵营之间做出选择。荣格的伟大之处在于，他看到这两方面都是同一实体的不同方面，是同一个连续体的两端而已。我想描述荣格是如何获得如此洞见的，也想解释一下，我作为一名分析心理学家，荣格的概念是如何整合到我自己的工作之中的。

1960年，我开始在苏黎世荣格研究院进行分析心理学的学习。一开始我听到的众多说法之一，便是"单纯通过阅读，你无法真正理解荣格心理学。你必须将他的概念融入自身，并主动应用到生活之中。"尽管我承认，最为直接的方式便是通过向导引领，即通过心理分析过程，但是，我确信这并非唯一途径。当然，幸运的是，这确非唯一途径，因为荣格的学说对20世纪前十年动乱不安的世界，已然贡献良多，但是荣格分析师的数量远不足以满足他们对它的需求、兴趣与要求。1972年，在此书第一次出版之时，世界范围内国际分析心理学会的会员不足400人，只有11个小组培训荣格分析师。到1992年，国际分析心理学会（International Association for Analytical Psychology，简称IAAP）召开大会之时，已有2000位会员，32个训练小组。当然，如果将此数乘以任意一位分析师在一段时期内可以接纳的病人数量，我们可以立刻发现，相比总数而言只有极少数的人可以通过分析过程直接接触荣格的思想。

随着心理分析师数量的增加，社会对荣格思想的关注也与日俱增。最初，由一些曾接受心理分析的外行组成的小规模研究小组，迅速成长为个体心理分析师或者分析师团体。隶属于这种小组的成员需要接受最低五十小时的荣格派分析，因为大家依然认为，只有经历心理分析这个历程，个体才能理解荣格心理分析。据我所知，第一个不管是否曾经接受过分析就将会员资格开放给任何想要了解荣格的人的小组，是成立于1965年的芝加哥分析心理学俱乐部。现而今，三十年过去，开放给意欲了解荣格的人的小组，几乎在美国的所有主要城市都已出现。人们聚首学习，讨论荣格的生活和工作，并且依照他们各自的个人体验试图去理解。他们参加讲座、工作坊和学习班，参与各种基于荣格心理学原则的创意活动。荣格心理分析师的书籍与文章也越来越受欢迎，甚至偶尔在纽约时报畅销书榜首也会出现。显然，荣格心理学已走出咨询室。

在大学里教授荣格心理学的需求，最初来自于学生而非教职人员。一般情况是，这些学生在阅读哲学或者人格心理学的过程中，或者在阅读诸如Paul Tillich、Erich Fromm、Rollo May、Martin Buber、Mircea Eliade、Claude Levi-Strauss、Alan Watts、Aldous Huxley、Hermann Hesse或弗洛伊德这些学者的著作时，经常见到有关荣格的参考文献。这些作者有的曾阅读过荣格的著作，有的了解荣格，有的后来和荣格观点不同。以上诸君曾对荣格发表评论，与荣格争论，但从未完全化解与荣格的分歧，这令他们的读者隐约意识

引 言

到，荣格有能力触及人类心灵的本质，这是需要被触及或者被疗愈的部分，以便使人成为完整（whole）之人。

好问求索之人常被他们的好奇心所牵引，试图发掘荣格是何许人也，为何在他身后流传了如此众多影响我们这个世纪的、饱含伟大思想的著作，尽管人们经常将荣格视作一个神秘莫测、非科学、前后矛盾、并且冗长啰嗦之人；他们有时也会疑惑为何荣格会受到那些需要神话理性主义之神的人的中伤与质疑。20世纪60年代的学生现如今成为20世纪90年代的教授。他们曾经历过发生在过去大约三十年的意识研究革命，他们意识到除了理解那些受到理性自我（rational ego）控制的心灵方面是重要的，理解那些不受理性自我控制的心灵诸多方面同样重要。

荣格相当晚才获新生的另外一个原因，是荣格全集的英文版直到1979年才得以完成，平装版本十年之后才得以问世。荣格著作以及文献目录的完整索引现在才可资使用。

许多人从诸多不同的侧面写就了很多关于荣格的文字，其中有心理学家、诗人、剧作家、音乐家与核物理学家。关于荣格心理学最好的作品出自荣格分析师之手，他们依照自身的体验——作为心理治疗师与作为人类一员，他们与无意识之间积极的互动——来阐明分析心理学的理论方法。大家都知道，通过有条理技术性的方式是很难获得荣格的深意的。况且，一旦使用这些"方法"，就有将荣格抽象概括之事系统化的趋势，而难以保持荣格理论有血有肉、富有活力的体验源头。而且这些作品通常对关注未来有识之士的内在冲突缺乏真正的理解，他们痛恨无法为精神生活提供粮食的社会制度，然而这种制度却以各式实物、诸多概念以及方法论令其饱食过度。

有一本书曾突破重围，令公众通过荣格自己的视角，一瞥荣格的心灵私密世界，那就是《回忆，梦，省思》（*Memories, Dreams, Reflections*）。* 荣

---

* 本书注释见文末。

格于1957年写作此书，时年已八十有二。此书曾被称作荣格的"自传"，以期能有一个更好的名头。但是，如果说自传是一个人生活事件、对世界的影响的记录，以及成功与失败的汇总的话，那么《回忆，梦，省思》则不是一部自传。不如说它是一个人对自己内在生命的诸多观察的忏悔录。所有人都或多或少地体验到自己的内在生命，但是这只是自我理解，很少与他人分享。荣格在去世前不久，将这些体验分享给他的同事、长期助手以及挚友——安尼拉·耶菲（Aniela Jaffé）。尽管此书的许多章节是荣格亲自写就的，并且核准了所有内容，但是这是荣格口述给 Jaffé 女士，由她负责记录并编辑这些材料，然后在合并进入书籍前，递交给荣格作进一步的讨论澄清。正如荣格所有的著作一样，此书也打上了他的独特烙印。这不是荣格离群索居的结晶，而是他与另一人密切交往的结晶。它反映着荣格的意识与无意识之间的相互影响——不是"他自己的"无意识，而是集体的神秘，这种神秘的绝大部分可能永远处于意识无法照亮的幽深之地，只有对它持有开放态度并甘心接受之人才能偶尔窥得一瞥。

在《回忆，梦，省思》的开篇，有一个小段落为读者确立了一种基本态度，通过这种态度，荣格不仅接近自己的生命，而且也接近"生命"现象本身。这是荣格能够吸引众多读者并令他们欲罢不能的法宝，直到他们和荣格共同生活足够长的时间，让荣格成为他们的灵魂之友。这个段落如下所述：

> 生命对我而言总是像一株依靠根茎而生的植物。它的真正生命是不可见的，隐藏于根茎之中。地上显现的部分只能持续一个夏季，接着便枯萎了——昙花一现。当我们想到生命与文明永无休止地生长与衰退时，我们无法回避绝对的虚无梦幻感。然而，我从未失去一种感觉，即在永恒之流下有某种东西存活相续。所见者为花，会凋零枯萎。但那根茎，将流传相续。[2]

现如今的大学生在考试和论文上投注了太多精力。心理学的课程强调对精神障碍的诊断、评估和治疗。在一些治疗取向中，行为被分解为可观察、可测量、可预测、可控制、可操纵的系列操作。在其他的取向中，认知成为治疗关注的焦点，思维、知觉与态度被加以调整以便符合社会可以接受的标准。此外，在所谓的精神动力学方法中，人们寻求对异常行为或者观念肇因的理解，将其作为潜在的治愈因素。

没有人否认心理学应该关切人类行为这一主题。然而，在众多"修复"人类苦难根源的尝试中，许多有识之士选择了更为存在主义的方式。但是，通常，他们也不是完全接受现状，或者更确切地说，不是完全接受人类社会的现状。存在主义心理学之花已经开始凋零，因为它无法帮助一个人发现当下的全部意义，以及关于此刻的恐惧体验。我们在两个极端之间难于抉择：一方面是这种存在主义取向的根本要义，即我们身处此处、这个可怕的或者极好的此刻，不是其他地方，也不是我们之前去过的任何地方；另外一方面是弗洛伊德困境，即，因为过去所到之处以及幼年往事，导致我们处于现在之处（we are where we are），我们必须尽心尽力去克服这无法改变的过往，而且这些往事将自己长长的触角伸向了未来。许多人对这两个极端已不再抱有幻想。

一些人借助于全然不思考去逃避。代替满足"思维"（自从有了大学之类机构，它就倍受尊崇）的要求，他们听从骗子们的诱惑——叫喊着"思维已过时了"，已经不再如旧时那般欣然接受了。现在需要的是去"感受"（feel），去"感觉"（sense），去"触摸"（touch），所有这一切暗含的是，先前需要理性思维的训练去感受情绪体验，现如今已不再需要如此费力了。

另外一些人则超越感觉，进入到许多不受控的药物体验中，他们的感知机制在其中大为改变，以至于对客观世界的印象都为之扭曲。这会得出一个危险的结论：如果可以通过改变观察它的视角而主观地改变这个世界，那就无需通过纠正实际存在于"那儿"的错误而客观地将其改变了。

与此同时，基于心理健康与人类行为生物学方面的研究，精神药理学领域取得了极大的进展。我们比以往任何时候都更清楚我们的身体状况如何影响心灵。而且现今通常认为心理疾病可以通过处方药得以缓解，这些药物通过调节人体内的化学过程而改变情绪并且恢复心理平衡。这些药物通常令人们更易于接受心理治疗，而不是相反。所有这些面对心理疾病的方式都是为了令个体恢复在世界上发挥功能的能力，以便展开必要的活动，过上充实的生活。这就是荣格所谓的"养花"（tending the blossom）。

然而，尽管如今我们拥有所有这些实用的技术资源，但是人们依然好似在找寻更大范围上意义不明之物，这种找寻历久弥新。这事关我们对自身的理解，也事关我们对处于永恒之中的世界的理解。因为，借助当今生物学和物理学的研究，我们越是了解自己，越是了解身处的宇宙，我们越难以将自己视为那皮囊包裹的孤岛。我们是谁？我们从何处而来？我们要去往何处？越来越多的人提出这些问题。荣格为这些问题提供了一些答案，不仅如此，他还指明了一些找寻的方向。人们已经意识到"……是的，花很重要，但是根茎也重要。"这不是一个非此即彼的选择问题。花和根茎对植物的生存和成长都是必要的。但是在今天这个匆匆世界，花是容易被人们看到和欣赏的，当花开始枯萎凋谢，人们也会看到它从枝茎之上凋落，然而，根茎经常被忽视。我们忽略了根茎是明日之花的根源。我承认，荣格心理学可能太过于强调根茎，而没有足够重视花朵。荣格也因此经常受到指责。但是，这正是因为学院心理学只处理可观察的现象，而且是在一定的限制或者方法之内相对充分地对这些现象加以处理，对于荣格或者荣格学者而言，就没有必要过于长久地沉溺于其他人胜任的领地了。因此，冒着方法看似片面的风险，我仍会沿着荣格的道路，强调无意识的重要性，而非更重视意识；强调神秘的重要性，而非那些已知的；强调玄妙的重要性，而非科学；强调创造的重要性，而非多产；强调爱的意义的重要性，而非相爱技巧。

我发现这正是许多年轻人所追求的，修正他们在大部分大学、教堂和其他地方所接受的片面的观点。我在自己的分析实践中有上述发现。我聆听

引 言

许多大学生和研究生、教授、牧师以及其他人的问题，他们放弃学校和教会，去寻找一条不同的道路。他们到我这儿来，不是"找"我，而是"通过"我去发现荣格，他们希望在荣格的作品和生活中，去认清那些他们所拥有的潜在的巨大个人价值，只不过现在还没有被充分理解。

通过引言，我会回顾荣格早期的一些重要时刻以及主题。我会尽量如一位治疗师对待病人那样来展开论述，也就是说，我会尝试在他的生活历史背景中看待这个人，特别是他在年少时建立的生活模式，这可能在很大的程度上决定着他后来的态度和行为。

荣格于1875年生于瑞士的凯斯威尔（Kesswil），到19世纪与20世纪之交时恰值成年。在求学时期，荣格兴趣广泛，但是这些兴趣自然地分为对哲学、人文以及宗教的关注，以及对科学的迷恋。类属于科学的考古学，令荣格最为着迷。在《回忆，梦，省思》[3]中，他描述了对埃及与巴比伦的浓厚兴趣。从荣格后来的著作以及他的生活历程，我们得知，这种兴趣不仅仅在于那些陶瓷碎片和石头，他对那些神秘事物更感兴趣，它们启发远古人民讲述并延续着他们的神话传说，事关这个世界是如何被创造的，以及何种力量（forces）在为其注入活力。

这部自传揭示了荣格对他自己人格两个极其不同的方面的初始认识。每一方都可以支配自己的势力范围，也都有其表现风格。我想很多人都会有这种双重自我，尤其在童年时代，生活方向尚未确定之时，那时也未深切地感受到社会的要求和现实需要。在童年时代，很多人都乐于幻想自己长大之后会做什么，沉迷于白日梦中，想象着我们成为英雄和征服者、魔法师或者科学家，或者伟大的发明家，我们很难抉择哪位英雄，直到我们必须决定要承担何种角色这一刻的降临，我们只能根据我们的资源和局限，发现到底什么是可能的，什么是不可能的。然而我们中的大多数人对这种"潜在人格"（personalities in potentia）的意识是模糊而弥散的，通常会忽视，而非有意识地将其思考透彻并加以解决。

对于荣格的"两个人格",不同寻常之处在于,荣格在儿童早期便仔细思考过他们。1号人格是1890年的一个男学童,他必须接受学校与宗教领域所授课程,否则就要品尝苦果。1号人格必须顺从、文雅、恭敬,不能提出任何质疑。2号人格与此完全不同,他后来写道:"正如一座庙宇,所入之人都得以转化,并突然被一种整体宇宙的视象(vision)所俘获,因此他只能感到惊讶赞叹,忘记自我。"[4]这两个人格之间的较量贯穿其一生。荣格并未将之视为普通病理学上的分裂或者解离,他认为在每个个体身上这种二重性都或多或少地展现出来。慢慢地,他开始了解每一个人格的独特性,并从其中一个人格的视角观察着另一人格的发展。在区分心灵多变而且明显自主发生的诸多维度方面,荣格具有良好的能力,这种能力在他非常年轻时就以直觉的形式表现出来。荣格关于心灵结构的理论,可以追溯到他从自我觉知的最初体验视角对自己心灵运行的早期观察时期。由于缺乏对儿童心理学的兴趣,他将自己的所有兴趣都贯注于成人心理学,并常常因此遭受批评,关注到这一现象是非常有趣的。确实,在出版的荣格的著作中,他没有像弗洛伊德那样,强调儿童尤其是婴儿的发展阶段。荣格没有从成人的"客观"立场,建立对儿童的感受以及主观体验的理论。与之不同,他找到了重新进入童年世界的不同路径。他的回忆录从两三岁时开始。在一个绚丽的夏日,他坐在童车之中,车罩是打开的,他抬头仰望,透过灌木丛的枝叶和花朵,看到了闪闪发光的太阳;此外,他还记得温热牛奶的味道和特别的气息,当时他坐在高高的凳子上,用勺子舀起上面飘着点儿面包屑的牛奶。

当荣格讲述他三岁患病时,又再次体验了"分离焦虑",他模糊地意识到,这种焦虑可能与他和父母的短暂分离有关。他母亲要在巴塞尔医院住院数月,这个医院离家有数公里之远。母亲离开的这段时间,荣格由一位年长的、他不喜欢的阿姨照看,母亲的离开令荣格很是困扰。他写道,之后的很长一段时间,对人们所谓的"爱"这个字眼,他都感到不可相信。对于女性,他会有一种固有的不信赖的感觉。他的父亲代表着可靠,但是同时也代表着无力感。荣格让我们知道，这些早期印象随着时间的流逝也会改变，正如他所言："我信赖男性朋友，但是对他们感到失望，我不信任女人，但是她们却不曾令我失望。"

荣格记述了他童年时的恐惧，尤其是对黑夜的恐惧，当他生动的想象充满漆黑的房内，那些几乎无形的斑驳光影为它们赋予了形体。窗外，莱茵瀑布的沉闷轰鸣，湮灭了陷于激流乱石中的那些多舛之人的呼喊。在同样的声音里，他有时认为自己能够辨别出父亲遥远的布道声——当他吟诵葬礼乐句之时。

在那些童年早期的忧虑夜晚，梦成为卡尔·荣格栩栩如生的神话，而且，所有这些神话，当它们初次出现时，荣格并未识别它们的真实本性。他的自传告诉我们，他记得的最早的梦，发生在三四岁之间，并终生萦绕不散。那些认为荣格低估了童年期性象征重要性的人，或许没有留意到这个梦，以及它对荣格的巨大意义。

这个梦起始的地点是一大片草地，这片草地位于教区牧师住所的后方，荣格和家人居住于此。当他漫无目的地闲逛时，他突然发现一个黑色的矩形石洞，有一排石阶一直向下延伸。他心怀恐惧，并且犹疑不决，但是还是走了下去。他发现有一个圆形的拱门，门上挂着一块厚重奢华的锦缎帷幕。他非常好奇，拨开帷幕，发现在他面前有一个巨大的正殿，石头砌成的地板上面铺盖着红色的地毯，通向一个金光灿灿的宝座。这壮丽宏伟的宝座恰如童话故事中所描写的国王宝座。宝座上立着一个东西，最初他以为是个树桩，有3~4米高，50~60厘米宽，但材质奇特：赤裸的肉和皮。顶部有一个圆圆的头，但是没有脸部，没有头发，只有一只眼睛在顶端，一动不动地盯着屋顶。在这个头顶之上，是一片灿烂的光环。这个孩子怕到浑身僵硬，感到那个东西随时可能离开宝座而爬向他。突然，他听到背后传来母亲的声音："那就是吃人的怪物！"

荣格感到，梦中的阳具是地下一尊"未命名"的神。多年以后，回首那骇人视象，他认为最初正是通过此梦，自己形成了性欲（sexuality）是神性的创造潜能的一种象征形式的思想。经典精神分析认为宗教和神性理念是阳性品质——诸如性欲、父性、权威——的升华，与此一比，荣格的观点是多么伟大啊！

孩提时的荣格对宗教暗含的神秘如痴如醉，对于生命这一领域的接受似乎是命中注定的。六岁之前，他还不识字，荣格忆起，母亲会给他朗读《世界图解》（Orbis Pictus），这本书里包含许多异国宗教。他对印度教尤为感兴趣，梵天、毗湿奴和湿婆的插画令其陶醉神往。母亲后来告诉他，他会要求一遍一遍地翻看这些特别的插画；但是他母亲所不知道的是，通过它们与早期阳具之梦的关联，他滋养了那种模糊感受。这是他保守的秘密，他母亲永远无法接受某些"异教徒"的思想。

在分析之初，分析师通常让接受分析者报告他的梦。梦是重要的诊断工具。当然不仅用作诊断，但是在最初的几次会谈中，梦的特殊价值在于它能让分析师形成一个整体印象，这直接源自无意识，没有受到接受分析者任何愿望或者欲望的意识加工影响。接受分析者呈现出来的意象，主要基于他自己的意识目的，并且有确定的意图去创造这个意象，分析师想要获得一种可以带他超越于此的视野。通常，病人在首次或者第二次面谈时，会报告他的"初始梦"（initial dream），这可能会揭露个体整体的心灵过程。如果缺少这样一个梦，甚至缺少与梦有关的附属情节，分析师通常会询问一个频繁重现的梦，或者是童年早期的梦、接受分析者能够忆起的最早的梦。这样的一个梦，徘徊于意识的边缘已有许多年头，而且随时都可能被驱逐出意识领域，它具有个体神话的意涵。在隐喻的意义上，它讲述着有关一个人生活方式的故事，正如部落神话通常以象征的方式展现人们的生活方式。

正是由于这个原因，我注意到荣格童年早期的阳具-神秘之梦。荣格八十多岁时，它还萦绕不散，这足以说明此梦的重要性。我们可以见到，贯穿荣格一生的诸多线索在此已见端倪，包括他的世界观、他的著作，以及荣格心理治疗的实践。作为人类本性的基本维度，性欲与灵性（sexuality and spirituality）在如此之早（当然，荣格彼时对此毫无意识）就固有地融为一体。对荣格而言，神之意象与阳具意象不再是分裂区分的，但是对于前希腊阿卡狄亚人（pre-Hellenic Arcadians）而言，它们是分裂的、有区别的，前希腊阿卡狄亚人为了赫尔墨斯这位丰饶之神建起雌雄同体的神殿，亦或是南印度的那些寓言庙宇建筑，它们的外墙刻画着性欲之神，作为自然和人类的创造性力量原型，而他们只是被视作这个创造和创作世界（created and creating world）的一些渺小碎片而已。

早在童年时期，荣格便认识到需要辨别"真实"（reality），以便人们将外在的可以谈论的真实与那些内在的需思辨的真实区分开来。一只耳朵必须倾听外在世界，那可能是父母、学校或者社区；另外一只耳朵则要倾听内部世界的声音，基于固有的或者自发涌现的意象以及独特的发展模式，内在世界有其自身的认识方式以及成长方式。

在荣格读书期间，这种秘密内省的生活对他而言十分重要。他读书那会儿，和今天差不多，独立的思想和幻想在课堂里不受待见。适应学校的良好方式是，接受所教的内容，不要太多质疑，在考试时，复述出平日所记住的东西。历史和语言这些课程对荣格而言还好，因为它们并未真正涉及学习者的直接体验。但是当学到数学，尤其是代数时，荣格根本无法接受那些概念。他喜欢研究花草、化石以及动物，因为这些是可以观察的，但是他却无法说出数字究竟是什么；他无法想象那些仅仅源自计算得来的数量。因而当涉及代数时，他不能识别出不同的字母代表着同一数量；对他而言，"a"与"b"肯定不同。他拒绝死记硬背，只有当他自己发现一个想法，那这个想法对他而言才是有意义的。

正是那时，一桩对于后人有利，但对荣格而言不幸的事故发生了，而这也暂时解决了这位年轻学者的学业问题。有一天，卡尔被另外一个男孩挤倒了，摔到路牙上，几乎丧失意识，随后的半个小时几近昏迷。在那一时刻，一丝念头掠过脑海：以后不用去上学了。他躺在人行道上，冥想着那种可能性，其实他本可以不用躺那么久就起来。在获得太多源自姑姑和忧心的父母的热切关注后，他开始经常晕厥，好像中了诅咒一般，尤其是当他必须返回学校或者课外作业变得极其令人厌烦时。他设法一次旷课数月，欢欣地钻研那些他所感兴趣的奇妙世界：树木、石头、荫蔽的池塘以及他家附近有着很多小动物和植物的沼泽。在家里，他可以时常在父亲的藏书室待几个钟头，这里充斥着经典名著和哲学著作。有时他会忙于将那些有趣的事物画下来，或者沉浸在自己的幻想之中。尽管多数时间在闲逛、收集、阅读和玩耍，但他其实并不快乐。隐隐有一种感觉萦绕他心头：他并没有真正的活着，只不过是在逃避生活的挑战与刺激。

有一天荣格偶尔听到，他父亲向一位朋友袒露自己对年幼儿子的担忧，他可能得了癫痫或者其他某种不治之症，这可能令他今后无法营生或者自理生活，听闻此言，好似当头一棒。那一刻，这个孩子突然意识到自己装病后果的严重性。那一刻，他意识到要抛弃那些幼稚的把戏，重返学校了。他与晕厥的冲动一次又一次交手，他拒绝服软，终于，几个星期之后，他可以返校了。他写道："我从未再犯过那种病。我与所有的把戏都交过手了，对之已有免疫力！这就是我用亲身经历所学到的，何谓神经症。"[5]

后来，荣格认识到，神经症通常是无意识心灵对视作威胁独特个体本性的势力的一种反抗。在无意识心灵更深的层面，不太关心父母或者教师或者社会的普通需求——但是作为一个实体，它会寻求自己的存在，也会寻求它自身产物——思想和情感——的存在。它有着独特的倾向性，不是字面意义上的"天赋"，这意味着一种强烈的倾向或者爱好，一种特殊的、与众不同的、标志性的特征或精神，这通常表现或体现为"守护精神"（a tutelary spirit）。荣格的守护精神在他的早年似乎保持得不错，得到了足够的关注，因此它没有过多地侵入学习科目之中。他对某些学习类型的抵抗，通过意志努力获得了解决。但是当意识的阈限降低时，正如荣格的头撞到了路牙上，这种"天赋"就找到机会现身了。

这也暗示了有关妖怪（genie 与 genius 有相同的词根）的经典故事，当瓶塞松动时，妖怪会从瓶子里跑出来，并会帮助个体完成所有隐秘的愿望。这好比神经症患者的行为，他回应所有的刺激，直到最后行为的恶果开始降临到自己头上，他也无法再适当地应对它们了。那么，他就带着他的神经症去求助心理治疗师，正如在寓言中，妖怪的持有人快步跑向魔法师求助，帮他把妖怪重新收回瓶内。

卡尔·荣格设法控制这种倾向，让它得以以其他方式运行，而不是按照老师批准的方式。这通常需要挣扎，然而，直到他学会了与之妥协，并且给与这无意识的妖怪他们应得之物，他才能如愿做到。在整个学校生涯，荣格学习研究的领域十分广泛，而且他也继续观察自己的心智发展过程。他注意到自己两个不同的方向仍在继续发展，而且交替占据主导地位。第一个方向现在已是一位勤勉的学童，深深汲取古典文学和自然科学的滋养，通过如饥似渴的阅读，形成丰富的知识储备。第二个方向关切终极事物的玄妙，沉溺于追问上帝与现实的本性，迷恋沉思、静默与秘密。他谈到他的1号"人格"与2号"人格"——一个朝向"实实在在存在"的客观世界，另外一个朝向心灵的主观世界。不论哪一个人格侧面处于意识活动的中心，另外一个都从未走远。

这种关于现实的双重体验有时产生极为强烈的亲近感，其他时候可能是令人沮丧的蒙昧，有时也会产生困惑和焦虑。这种人格的"分裂"（divisible）特性在不同程度上存在于所有人身上，这也是诸多无意识冲突的基础，动力取向的精神医学对此有很好的理解。荣格的非凡天赋在于他心甘情愿地抱持这些内在的冲突，无论它们可能引向何处，他都循迹而从，尽管他会感到心里没底，有时也会害怕，有时也会畏惧。因此，虽然几乎是对心灵毫不了解，但在很小的时候，荣格就从心灵自身的深度探索心灵的秘密。只是到了后来，他才更明白自己的探索之路。

在他的基础学习阶段行将结束时，短暂的犹豫不决后，荣格很快决定去医学院学习。尽管考古学是他的至爱，但他依然希望进入大学学习自然科学。他当时没弄明白科学的什么因素召唤了他，尽管这种召唤是清晰明确的。但是家庭的经济状况不允许他到任何其他地方学习，只能在巴塞尔（Basel）附近才行，而巴塞尔大学并没有他想读的课程。而且，尽管现在他已经长得高大强壮，但是他从未忘记父亲的担忧：可怜多病的卡尔永远无法自食其力。学医看似是一个可行的解决方案，因为它可以培养学生具备一些专长，将来也有做研究的可能性。与此同时，行医可以令其衣食无忧。因此，在入学考试前的最后时刻，他报考了医学系。

医学院的学习是艰难的，需要专心致志才行。解剖学和病理学的专项培训需要聚精会神于客观现实以及事实知识，他称之为"2号人格"的部分几乎没有时间或者机会表现自身。直到1898年夏天，发生了几件古怪的事情，才引领荣格走入一个全新的方向。

第一桩事情发生在暑假期间，荣格在家里聚精会神地阅读教科书。母亲在隔壁房间，坐在扶手椅上织毛衣。突然之间像有枪击之声，荣格一下跳起来，跑向他母亲，发现母亲坐在扶手椅中目瞪口呆，编织物也从手中跌落地上。她惊呼"这就发生在我眼前！"荣格循着母亲的目光所向，看到坚固的圆桌从边缘指向中心，而不是沿着任何接缝直线裂开了，这圆桌是祖母的嫁妆，差不多用了七十年了。一个结实的胡桃木的桌子，七十年的时间也足以使其干透，在瑞士湿度相当高的夏日，为何突然之间裂开了？荣格百思不得其解。他心想，如果是冬天的时候靠近壁炉还可以理解，但是在此时，到底是什么导致了这种爆裂声响？好似在回答这一无法用言辞表达的问题，荣格的母亲说道："是的，是的，这是有什么寓意的。"当后来荣格讲到这一事件，他忆起，对这一事件自己不知要说什么，这种反应他印象深刻并因之烦扰不堪。

引 言

接下来一件奇怪的事情发生在大约两个星期之后。荣格大约晚上六点回到家，发现家人都心烦激动。原来差不多一个小时之前，又有一震裂的声响。荣格搜遍了各个角落以探明究竟，发现任何家具都没有裂缝，他又开始检查传出声响的房间的内部角落。最终他发现一个橱柜里面有一个面包篮，篮子里有块面包，面包旁边有一把面包刀。刀子突然断裂成一些碎片。刀柄在方形篮子的一个角落，另外的每个角落散落着一片刀身碎片。几个小时之前，在下午茶的时候还用过这把刀，当时它还是完整无缺的，而且自从用完放回去后，橱柜也无人开过。翌日，荣格带这把刀的碎片去到镇上一位最好的刀匠那里，他用放大镜仔细检查了这些碎片。刀匠说："这钢没有瑕疵，肯定有人故意将它弄成碎片。比方说，可能是把刀身挤在抽屉缝中，一次折碎一段。又或者是从极高之处掉到石头上。但是这么好的钢是不会爆裂的。"

对此荣格依然无解。在有生之年他一直保存着这些刀身碎片。他曾力图参透个中神秘，未必是为了去解释它，当然也不会解释。正如荣格一直未丢弃刀身碎片，他也从未将那些困扰他的未解之谜弃之脑后。或许这正是他遭受各种磨难的原因，但与此同时，也成就了他的伟大。面对这种未知之物，他从不简单地说："那已超出了我的专业领域，我不关心它，不能因此分心。"相反，他的态度是："我会试着理解它，如若做不到，我会一直相伴其左右，期望有那么一天，隐藏于神秘之后的意义多多少少能够显露一些。"在后文中，我们可以看到，荣格对待梦的态度亦是如此。

可能这种心神不安的情绪仍然阴魂不散，几个星期之后，荣格听说几个亲戚参加了"桌灵转"（table-turning），其中有一个年轻的灵媒据说可以进入某种特殊的恍惚状态（trance states），在此状态之中，她可以传达亡灵的信息。荣格立即将最近发生在他家的怪异事件，与他从亲戚那里听到的东西联系起来，这都涉及一位十五岁半的女孩 S.W.。出于好奇，荣格开始参加周六晚例行举行的降神会（seances），这是由他的亲戚组织的。大概两年的时间，荣格一直参加这些降神会，观察那些声称与来世交流的实例，从墙壁与桌子发出的敲击声响，还有一些非常有趣的口信，就好似那久远过去的重构回响。

这段日子快要结束时，荣格也正准备医学院的毕业考试。他对精神科的日常讲座以及门诊没有特别的兴趣，因而一直拖到最后才去准备考试。在当时，医学界通常瞧不上精神病学。精神病院多半在偏远的乡村，医生和病人同住在那里，与世隔绝。精神疾病被视为是无可救药的不治之症，精神病学家被视为傻瓜，献身于这种吃力不讨好的行当。因此，当荣格捧起克拉夫特-埃宾（Krafft-Ebing）[6]的《精神病学教程》（*Textbook of Psychiatry*）之时，他没有做好任何准备去接受这本书对他产生的影响。

荣格在自传中说到，这本书前言中的内容给他留下了深刻印象，"大概是由于问题的特殊性，以及发展的不成熟，精神病学的教科书多多少少打上作者的主观烙印。"紧接着，作者将精神病称为"人格疾病"，荣格有醍醐灌顶之感，后来他称之为"灵光一闪"，他发现了自己唯一可能的人生目标，就是精神病学。在这一领域，他的两条迥异的兴趣之流终于可以汇聚了。这是一个实证的领域，其中包含了关于人的所有已知的生物学和人类精神属性的知识。精神病学可以将所有这些结合起来。克拉夫特-埃宾提到的精神病学教科书的"主观属性"正合荣格之意，他认为主观经验知觉对获得任何知识都至关重要。荣格告诉他的内科医学教授，他已经下定决心学习精神病学，而该教授曾满怀期望地希望荣格追随他的脚步。不管他的老师、同事和朋友如何苦口婆心地劝说，都无法阻止荣格开始他的职业追求，他们确信荣格走上了一条旁门左道。

荣格成功地通过了考试，1900年12月10日，在伯戈尔茨利（Burgholzli）获得了住院医师的职位，那是苏黎世的一家市区精神病院。在那里，荣格目的明确，积极勤勉，极度负责。他遵循这医院高墙内严苛的生活规则：研究、阅读、学习诊断、观察病人和观察同事——再次琢磨在医学院读书的两年时间内他所作的有关S.W.的笔记。他曾将这些笔记搁置一旁，不知该如何将其利用，现在，他作为一名医生，忙于治疗各种严重的神经症患者以及精神病患者，以这样的视角，他发现了这些笔记蕴含的新的意义。关于那些发生在降神会上的表现的意义，荣格现在可以获得一些客观规律。现在，他已经从降神会的现场体验中抽离出来，可以对他所观察到的现象的主观方面进行反思了：灵媒 S.W. 的所思所感，以及从医学的视角看到那些显现于其眼前的景象。此时，在世纪之交，研究人类行为的新兴科学的理性思想家，与对心灵的神秘更感兴趣的人之间的鸿沟不断扩大。荣格自身的自性化驱使他接受挑战，探索科学与神秘之间的未知领域，以便理解人们如何思考，如何感受，以及为何如此表现。

荣格表示，他对 S.W. 意识状态变化的观察，以及随后对此相关的阐释，彻底颠覆了他以前的哲学观点，让他形成了一种心理学观点。因此，他对经验的主观方面变得饶有兴致，换言之，他意识到在客观世界中发生的事，会因当事人身上的不同因素，而散发出不同的色彩。理解这些主观因素，就会对事件的真相有新的认识。此后，他不再低估这一维度，因为他意识到我们所知道的一切，都是通过心灵而获得——所有的感知内容都必须结合主体自身的背景和情境加以考虑，而它所具备的任何存在意义，或是对其进行任何有效的解读，那都是后话了。

心理的真实性不同于客观的真实性。心理的真实性意指我们体验到的即刻真实性，我们所知觉到的是涌入意识领域的心灵内容。用荣格自己的话来说：

> 我所有的体验都是心灵的。即便是生理的疼痛，亦是我所体验的心灵意象（psychic image）；我的感官印象——尽管它们将充斥在空间中的无数不可穿透的物体硬生生地呈现给我——就是心灵意象，它们中的每一个都构成了我的直接经验，因为每一个都是我意识的直接对象。我的心灵甚至会对现实进行大量的变形篡改，使我不得不借助于人为的方式去判断哪些事物是独立于我自身之外的。于是我发现声音是某种频率的空气振动，颜色是某种长度的波长。我们实际上被心灵意象所缠缚，我

们根本无法穿透外在事物的表面而达到其真髓。我们所有的知识由心灵的内容所构成，因为它本是直接的，是无上的真实。[7]

有趣的是，荣格独自做出这些关于心理真实性本质的发现的同时，在物理世界中，那些重大但与此无关的发现也正在进行，并为多疑的公众所知。当时正值1900年夏天，物理学家马克斯·普朗克（Max Planck）进行着紧锣密鼓的理论研究工作，研究的结果与经典物理学的已知知识是如此的不同，以至于普朗克都不敢相信自己的发现。他的儿子说道，他父亲在柏林近郊的一个树林散步时将自己的新观点告诉了他，说自己可能有一个极其重大的发现，堪比牛顿的发现。当时他一定觉得自己的公式已经触及我们描述自然的根基，并且这根基很快会从它们的传统位置移向一个新的但是未知的位置。1900年12月，普朗克发表了他的量子假设。[8]维尔纳·海森堡（Werner Heisenberg）在回顾量子力学的历史时，描绘了普朗克的这一巨大贡献：

> 经典物理学基于这样一个研究信条——或者应该说错觉——我们描述这个世界或者至少某部分的世界时，并未涉及我们自身……也许可以说，经典物理学仅仅是理想化的产物，在其框架内，我们谈论世界的某部分，却未涉及人类自身。它的成功导致了一种普遍的理想：我们可以客观地描述世界。客观性成为任何科学结果是否有价值的首要标准……当然，量子论并不包含真正的主观属性，它并不介绍物理学家的思想而将其作为原子事件（atomic event）的一部分。但是它的出发点是将世界区分为"客观的"和其余的部分……这种区分是武断的，从历史上来看，这是我们使用科学方法的直接结果，而经典概念的运用则根本上是由人类通用的思维方式所导致的。这早已牵涉我们本身，而且到目前为止我们的描述都并非全然客观。[9]

但是大约在1900年，在探索人类及其世界主观方面的划时代事件发生

引 言

了：西格蒙德·弗洛伊德发表了他的《梦的解析》(*Interpretation of Dreams*)。在这一重要著作中,弗洛伊德公开了他数年的研究成果,包括对他自己和他病人的梦境的研究以及对梦的意义的探寻。他的指导原则之一便是,如若对梦进行恰切的研究,那就不能脱离梦者的心智(mind),也无法将梦者的心智从他的梦境当中剔除出去。应该从相互关系中看待主体与客体。因此,当主体是做梦之人,那么客体便是梦中之人,这就需要一定程度的明晰度与区分度,而这也是分析师需要面对的全新的困境。

作为一名医科学生,荣格阅读了刚刚出版的《梦的解析》一书,这本书的作者是颇具争议的维也纳医生。荣格后来写道:"那时,我把这本书放到一边,因为我还没有领会它的深意。"[10] 如在这些重要的年头里许多对荣格产生重要印象的事物一样,这本书几乎淡出意识领域。但是这些事情一直在荣格的无意识中持续发酵,夹杂着其他内容,在随后的日子里,为它们的涌现聚集能量,等待着更好的时机。

1900 年,荣格也完成了他的博士论文:《论所谓神秘现象的心理学与病理学》。在呈现 S.W. 这个案例的过程中,他将前一年参加降神会时收集到的杂乱无章的材料理出头绪。他的博士论文以传统的科学方法开篇,对之前"某些罕见的意识状态"的文献进行综述,[11] 对于某些含义未达成一致的术语,荣格对其进行了识别以及定义,比如:"嗜睡症"(narcolepsy,没有明显原因的入睡倾向),"梦游症"(somnambulism,昏睡状态的活动),"昏睡"(lethargy),"自动行走"(automatisme ambulatoire,看似清醒状态下的自动行走),以及"周期性失忆",即对觉醒状态发生的新事件了无记忆,但可以在一种恍惚的状态中得以描述。他也描述了一种称为"双重意识"的状态:主体一方面可以意识到周围的外在环境,同时还能够与不同时空维度中的对象进行交流。最后,他论及了病理性的梦境以及病理性说谎,在这种状态中,主体并未意识到自己与大多数人看似正常情况所背离。

在所有这些情形之中,最令荣格感兴趣的是,它们似乎没有落入任何一套特殊的精神病综合症之中。他注意到，它们发生在其他方面都相当正常的人身上，他们以正常的方式工作、与其他人建立和维持关系。对一般意识状态的一种特殊背离，时常发生于我们每个人身上，荣格认为其源于情结，情结无非是充满情绪内容的念头（idea），它会干扰我们的注意，改变我们思维及行为的方向。

"情结"这一理念，引导荣格探索迷宫一般的人类心灵，去寻求那些不可思议的因素，它们从未知的源头涌入意识领域，干扰我们的计划、愿望，影响我们的意图和欲望。沿着情结显现的踪迹，追根溯源，那些人类的人格基本倾向逐步显现，它们使得整个人类呈现出某种特殊的思维模式。这些就是荣格命名的原型（archetypes）。

对于情结的探索也将荣格引向另外的方向，那就是人们创造或者发现的意象——作为未知的表达。他将此称为象征。这也是荣格终其一生贯注其中的未解之谜，所有人都感受到它们的存在，但是只有少数为之着迷的人去探求。

正是由于这种对于未知的强烈专注，荣格被一些评论家称为神秘主义者。他们指出他与弗洛伊德的不同——弗洛伊德意在将所有的心理过程还原为理性阐释，但是荣格乐于让自己的思维在神秘的领域自由驰骋，而无意尝试让这种无法言说的体验变得具体可见。对此，他与弗洛伊德有过许多争论，但是大部分从未解决。这些问题对于弗洛伊德与荣格的分道扬镳具有至关重要的影响——尽管有越来越多解释分歧的更为实际的原因。然而，随着弗洛伊德年纪的增长，以及体验加深，他自己遭受的苦难也令其性情缓和，所有这些都让他在这些问题上的思考更为接近荣格。这两个人明显相互影响，在他们相互一致的领域如是，在存在分歧的领域亦如是。

我并不打算去呈现有关荣格生活的研究，抑或他与弗洛伊德关系的历史。这些材料已由他人充分地论述过了。在此我只是想触及以下这些领域：基本的荣格派概念以及它们是如何发展的、那些与此有关的荣格的个人经历以及

引 言

他与弗洛伊德的关系。我的主要目的是尽我所能清晰地呈现这些概念,在分析的进程中以及日常生活中,展示它们是如何运行的。

尽管,在编写这本书的过程中,我并没有进行普通意义上的广泛的研究。但是书中大部分我一直秉承和分享的内容都是由我自己心理分析经历萃取而来的精华。对此,我深深地感谢在苏黎世接受培训时我的那些分析师,Liliane Frey 博士和 Heinrich K. Fierz 博士。在苏黎世完成正式的培训项目之后,我也时常回到他们那里,接受他们智慧之泉的洗礼,觉得神清气爽。尽管他们已经离我们而去,但是他们的存在给这个世界留下了极为丰富的遗产。

另外需要感谢的是我的接受分析者(analysands),虽然我几乎无法用言语表达我对他们贡献的感激之情,不管是对我的学习经验的积累,还是对这本书的内容都是如此。这些女士和先生们,与我分享了他们的伤心事和愿望、他们私密的羞愧、他们的恐惧、他们对自己和他人的疑虑,以及一些理解与发自内心的喜悦——尽管这种时刻比较少。他们的问题为分析实践提供了例证材料,这些材料使得我对分析实践的诸多方面的描述更有深度及意义。在呈现这些材料时,我使用了化名,也将事件的许多情节做了相应修改。有时,我将一个梦境置于一个全然不相干的情境之中。某些人物特征是合成的,而非是某个个体的。总的来说,提供这些例证的接受分析者,同意我使用他们的案例材料,是因为他们了解到分析心理学以及其他的心理科学研究的发展要依赖于这些经验数据的分享与交流。拒绝使用自己案例的情况比较少,当然,我们也尊重接受分析者的意愿,不会使用这些材料。

资料来源的另一途径是我的学生们。他们聆听,与我辩论,迫使我反思精炼我的想法。他们贡献了很多自己的想法。在这个过程中,我们一起努力更新了一些理解心灵的方法,以便可以适应美国人民快速变化的需求和兴趣。我一直感觉有位智慧老人站在我的背后,闭目冥想,他的金边眼镜悬置于他光秃的前额上。

我并非在所有事情上都对荣格博士毫无异议——而且我认为他也希望我

如此，因为他将不盲从模仿视为一个重要目标，每个人应该实现自己的独特个性。当我描述我是如何进行心理治疗的，并不是说这就是"荣格派"的方式，也不一定说明其他荣格派分析师就是如此进行心理治疗的，抑或应该如此进行心理治疗。因为分析过程是极为个体化的，我只能从我自己的经历里提供材料，作为例子说明分析心理学实践存在的诸多可能性。然而，正如荣格所教导的，某些体验是人类共有的。因此，我们可以共情，我们也可以从中学到很多。个性与共性的融合构成了人类的人格。个体心灵与集体心灵的恒常不变与千变万化的相互作用形成了分析过程的背景：对自我认识的求索，对更为宽广的自性（Self）的认识，在荣格精神的照耀下继续前行。

Boundaries of the Soul
—— The practice of Jung's psychology ——

第一部分
基础篇

01

分析师与接受分析者

当今世界，相比几年之前，科学知识的受众发生了巨大的变化，这源于科学的诸多发现。在一个时代内，普通人已经可以获取所有科学领域新近发展的信息，在过去，这些信息只为研究人员私人占有，直到他们研究的理论被证实，事实得以确立，那时人们才能知悉科学信息。但是由于媒体——像滋养人类的脐带——对信息贪得无厌的渴求，一星半点儿的消息或者传闻都无法逃脱媒体的指缝，不论是电视镜头，还是电脑网络。最新医学发现的新闻通常通过早报映入人们的眼帘，这要先于专业期刊。秘密几乎从来不能保持长久。它们持续不断的用观点、建议以及强行推销等方式对人们的心灵狂轰乱炸。不管主题是商品、政治立场抑或是社会活动家的恳求，我们的心理都是既定的靶子，腰包是终极目标。这在自然科学的专门知识以及某些技术领域依然较为少见，但是一旦涉及心理学领域，绝大多数人都认为自己有资格对人性做出判断，尤其是在阅读了几篇文章之后，或者观看了一系列冗长的谈话节目之后——这些节目通过呈现患者每个可能的心理创伤，声称可以诊断出人的状况。毕竟，看官们可能会推论，如果心理学如其名所示，是对人类心灵的研究，即心灵体验它自身，那么，我所理解的心灵正在发生的抑或可能发生这一观点，为什么对其他人而言就不适用呢？毕竟我有"心智（mind）"，不管它是什么，我知道我的感受，我的体验，至少那些可能在我身上实践心理学的人也是如此。

同时，人类能够感受的最为痛苦的创伤有一种公开曝光的发展趋势：乱伦创伤、性虐待、挨饿、宗教折磨、精神病性抑郁、人格分裂、多重人格障碍、酗酒、药物滥用导致的恶化、有组织的强奸，以及其他不可胜数的对心理、身体和精神的羞辱攻击。不管是眼见还是耳闻这些受害者遭受的苦难，都会唤醒许多个体的记忆以及未处理的痛苦，他们可能将自己的悲伤和羞愧藏掖在神经症的外衣之下。对于这些人而言，心理学提供了一线希望，他们担心这希望太脆弱，但是对他们而言又是如此重要，因此会不远万里寻求心理学的帮助。

对于精神障碍以及情绪障碍的现代疗法，一度曾主要局限于行为、认知和心理动力的方法。自20世纪60年代的意识革命之后，出现了大量其他方法，它们以特有的技术，为许多人提供服务。例如，各种身体取向的疗法基于这样一个原则：个体身上发生的任何痛苦或者创伤事件，都会存储于身体的结构和组织之中，直接对身体进行工作便可以令其减缓。社会心理学家将个体周遭的环境视作个体磨难的源头。自体心理学家（Self psychologists）试图将"真我"（true self）从诸多"假我"（false self）中区分出来。客体关系理论家认为婴儿期的人际关系为随后的所有人际关系打下了基础。另外还有一大群心理学家在一个特殊的团体内直接与诸多个体工作，这种特殊团体创立的目的就是利用他人作为一面镜子，个体从而可以处理自己的问题。

那么为什么仍需要有另外一本书，介绍面对人类心灵问题的另外一种方法呢？尤其这种方法也不是那么入时，不是那么流行，而且它也没有许诺可以"治愈"哪个人——更别提治愈所有人了。我所指的是瑞士精神病学家荣格的工作，只有从广泛的意义上来看"心理学"这个词，他的工作才落入心理学的范畴，因为它处理的是每种人类体验，这种体验是通过一种神秘而假定的——如果你愿意那样说的话——器官，即心灵而获得的，没有人曾亲眼见过心灵的模样，也没有人称量过它。荣格的"分析心理学"〔在与弗洛伊德决裂以后，荣格对自己方法的命名，以便将他的工作与"精神分析"（psychoanalysis）区别开来］包含科学方法，而且隶属于科学体系，但是又不局限于传统的科学方法论。它包含源于宗教的洞察力，但是又不局限于传统宗教表达的形式。而且，分析心理学关注艺术的本质，这事关创造性的过程，但是又不受任何艺术技法的束缚。

涉及如此宽广的领域，荣格心理学因此显得广阔而复杂。荣格的一些著作，写作清晰而直接，令读者感到贴心，但是他的很多著作确实深奥难懂，通常看似随着他的思维进程而展开，而非按照意识逻辑论述。在后一种类型的作品中，荣格极尽其精巧构造之能事，好似在编织一件纹理复杂、样式考究的织物。然而正是如此，才令他们难以理解。通常，如果初次阅读荣格的书籍，其中一些部分会看起来完全无法理解，除了那些论述异常清晰的部分，它们显得如此引人注目，让人觉得有指望继续阅读，而忽略了它们的解释说明作用。再次阅读时，光亮的区域扩大了，晦涩之处也显得没有那么晦暗了。这是许多人阅读荣格的体会，随着连续的阅读，有关荣格著作意义的一种全新的观点开始呈现，因此，他的作品适时地揭露了心灵的鲜活体验。想要把握荣格的生活与工作的意义及对心理治疗的启示，并非易事。

当前，我们的国民医疗卫生系统致力于以基础护理的形式提供一般服务，多半是通过各种类型的组织机构来提供，而成本效率是评价服务的主要标准。在这种时候，为何荣格心理学可以如此快速地获得追随者？而且是在没有特别的宣传或者劝说的前提之下？为什么荣格心理分析吸引了越来越多的追随者？尽管这种吸引力明显限于那些愿意投身于漫漫修行长路之人，而这条修行之路又不可避免地影响着他们的生活原则。为什么人们愿意放弃他们多年成功经营的平衡，去冒险踏上幽秘的心灵之旅，探索这一神秘国度呢？荣格曾将这一旅程称作"自性化之路"。它充满了潜在的危险，进程缓慢到令人苦恼，要求投入大量的时间、精力和金钱，而且还没有成功的保证。为什么人们会选择这样一条道路呢？

荣格心理学的实践——心灵的边界
Boundaries of the Soul

早在 1933 年，荣格就预见到了心理学的多重性问题。当时，他在《现代心理治疗的诸多问题》（*Problems of Modern Psychotherapy*）一文中写道：

> 因为"人同此心"，可能对外行而言，只有一种心理学。因此，人们可能认为不同学派之间的分歧，要么是故意找茬，要么是司空见惯的庸碌之辈追求权力的伪装而已……我们这个时代纷繁复杂的心理学观点可谓令人惊叹……当我们发现病理学教科书对某一疾病开具的令人目不暇接的治疗方法时，我们可以确切地认为其中没有一种是一定有效的。因此，当有人推荐有许多不同的路径可以通达心灵时，确信无疑的是，没有任何一条有绝对的把握可以达至应许之地，尤其是以某种狂热的方式力荐的路径。现代"心理学"流派（psychologies）的数量之多恰恰说明了其混乱。接近心灵对于我们而言越来越难……因此，揭开这一难以捉摸的谜团的尝试变得多如牛毛，东来一下，西来一下，这也不足为奇了。[1]

荣格一语成谶，六十年后的今天有过之而无不及。荣格认为心灵的安康直接与我们的意识或无意识的人生哲学相关，因而，看待事物的方式对我们以及我们的心理健康，发挥着至关重要的作用。从心理学的观点来看，关于处境或者事物的重要事实是，它客观上如何并不重要，重要的是我们如何看待它。如果我们能够放弃某种偏见，改变态度，或许这种无法忍受的观点就变得可以接受了。这种人生哲学——荣格称其为世界观（Weltanschauung）——随着经历和知识的增长逐步发展。随着一个人对这个世界的意象的改变，这个人也在发生变化。荣格的《分析心理学与世界观》（*Analytical Psychology and Weltanschauung*），阐明了他对人类心灵使用的方法论：

> 科学从来都不是世界观，而仅仅是形成世界观的一个工具。一个人是否利用这个工具，还要依赖于他先前已有的世界观类型。因为人人都有某种类型的世界观。最坏的情况也只不过是他的世界观是教育和环境

强加于他的。如果告诉一个人，引用歌德的话："人之至乐乃是人格的成长"，那他可能会毫不犹豫地抓住科学以及它的结论，将其作为一种工具去建立属于自己的世界观。但是如果他的内在信条告诉他，科学不是一个工具，其本身便是目的，那么他就会去追随近一百五十年内越来越流行而且日趋主流的观点。也有个体拼命反对这种态度，因为依照他们的思维方式，生命的意义以人格的完善为依归，而非技术的分化。技术分化必然导致单一能力极端片面的发展，例如知识才能的发展。如果科学本身是目的，那么人存在的目的（raison d'être）便仅仅是理智的存在。如果艺术本身是目的，那么它唯一价值的就在于想象的能力，理智被关进了小黑屋。如果赚钱本身变成了目的，科学与艺术便可以默默地关门大吉了。没人否认，在追求这些相互矛盾的目的的过程中，我们的现代意识变得无可救药地碎片化。结果便是人们被训练只发展一种单一的品质；他们自身变成了工具。[2]

必然的结论便是，许多心理学理论变成诸多心理疗法的基本原理，这些基本原理反过来仅仅只是用来塑造某种人格类型的工具，任何只要是这个体系的发起人认为有价值的人格类型。因此，对于一个体系而言，完备便是终极目标。其次是症状的消除，再次是自我理解，或者是对社会规范的适应，或者是成长潜能的实现，或者是学会承担责任，或者是减少存在焦虑，或者仅仅是"真实存在"（being real）等如此无穷的目标。有许多心理学"工具"可以让你打开自我，感到平静，让你适应以及再适应。每一个工具都在处理人类人格的一个或者多个方面，许多工具都聚焦于一个问题或者单一类型的问题，或者寻求将所有的人类心理疾病归结为唯一的解释。

虽然对大众而言荣格心理学可能有诸多意涵，但有一样我们可以确定：它不是一个"工具"。与很多其他著名的心理学家不同，荣格从未提供一种严格意义上的心理学理论：换言之，在心理治疗的实践中发展而来的大量概述与原则，并将这种内容形成一种学科。与大部分其他心理学流派的领军人物不同，荣格并未提供一种方法论、一种程序技术以及一系列"应用"，荣格分析师意欲根据这位大师的洞见与构想传袭其衣钵，就是不可能的了。荣格心理学的本质在于，要求每一个个体自觉地发展自己独特的世界观，一种"人生哲学"，如果你愿意，便依照生而有之的人格"天赋"因素，根据它们的类型和时机展开，当然也根据那些"后天获得"的因素，包括个体出生的环境、外在条件和生活事件。我将这种哲学视作个体超越对待心灵碎片化方法的法宝，而这些碎片化的方法正是多如牛毛的文学作品和讨论的主题。它必须将人视为统一且整体的存在——包含每一种心理学方法所描述的我们的一切，尽管这些方法中的一部分可能与另外一部分是直接对立的。

荣格曾睿智地指出，如果去观察一个人的独特品性，那么可能可以确定这个人会有内在的对立之处。我认为荣格的伟大之处在于，他能够接受人的内心是矛盾的这一事实。而且，荣格工作的巨大矛盾在于：一方面它是高度个体化的——十分依赖于个体的独特本性。但是与此同时，它又触及从人类意识和经验历史中萃取的一般原则问题，因而又广泛地适用于人类本性。

我观察到我的同事都以自己独特的方式行使职责；他们所接受的心理分析训练并未将他们变成一个模子铸造的相同产品。其中一些与病人相处相当不拘小节，在关系方面相当自由——而另外一些分析师则相对正式。其中有一些是内科医生，他们遵循医学模式，在必要的时候，他们会使用药物辅助分析治疗。另外一些分析师则强调，荣格心理学是一种"心灵疗法"，可能他们更接近于——如果没有事实上完全纳入——宗教领域。但是，也有人认为分析心理学是一种教人过上更加美好生活的方法，那么此时，它就归属于学院心理学的范畴了。有一位荣格分析师曾提出建议："在继续发展荣格的工作之前，分析师必须将他们自己从那些神学、学院心理学尤其是医学的残留之中解放出来，他们认为这些东西凌乱不堪，只是假标签，根本不属于真正的分析心理学。"[3] 同时，如果认为病人需要药物治疗，荣格分析师通常与擅长精神药理学的精神病医生合作。因而，我们可以明显看出，在一般意义上精确阐述荣格派分析工作是如何开展的，是极其困难的。另一方面，论述荣格派分析以及它是如何在我身上发挥作用的，就显得更为切实可行。这样就能够讨论一些荣格的基本原则，以及他是如何发现这些原则的。还可以讨论荣格分析师是如何理解荣格所阐明的原理，尤其是我这个荣格分析师，是如何行使职责的。

这一写作计划已经冰封十年有余，到最近才开始解冻。在苏黎世荣格学院，我参加的第一门课程，是由 Jolande Jacobi 主讲的，他是早期重要的荣格阐释者之一。当时，我便萌生了这个写作计划。课程的主题是"两性心理学"，或者在荣格圈子里，大家亲切地称其为"阿尼玛与阿尼姆斯"。[4] 我发现 Jacobi 博士所说的内容，与我个人直接相关，与我的第一段婚姻的问题相关，也或多或少由于婚姻失败的教训，让我得以理解男人与女人之间相处之道的基本不同。荣格对这种产生某种性别取向态度的神秘无意识工作方式的阐述，如潮水般扑面而来，这好似一种"先验知识"，好像原本就内在于我某处，我一直意识到这些区别，尽管我从未将它们明确地表达出来。

起初，我自己不想接受分析。我可以相当容易地看到接受分析对于其他人的益处，因为我能看到，他们有明显的需要关注的心理问题。但是我无法看到我自己有这些问题。开始这种分析体验意味着要承认我可能哪里有些不妥，有些地方需要修正。然而，当我开始感到对待心灵需要一种新的态度时，我开始意识到，体验荣格所描绘的转化的最好方式便是经历个人分析。因而我开始了这种强烈的体验。

与此同时，我也在阅读荣格著作。我发现他的作品有时极其美妙而且论述相当清晰。但是其他部分则深奥难懂，杂乱无章。荣格并未完整系统地呈现其理论，他的阐释者试图将他的作品系统化为论文的形式，我阅读之后发现，它们过于概要化，没能抓住荣格作品的精髓。我四处询问："为什么没人写一部关于荣格的清晰简要的书，去介绍他的理论是如何用于分析实践中的呢？"

我从未得到一个满意的答复。许多"荣格派"会说："再等等，只要你阅历再丰富一点儿，你就会明白的。"或者是"无法用简单的话语解释荣格。一个人必须去体验荣格，而不是仅仅阅读荣格。"或者是"需要潜心研究，才能了解那些书籍的真正要义。"亦或是"解释荣格便是毁掉荣格。"然而，随着我参加讲座，参与讨论，以及个人分析的持续进行，我感到所学的大部分内容可以以一种明晰的非技术性的方式书写下来，可以使用那些进行分析的人们的实际体验进行阐明。不过，随着时间的推移，我又开始有些疑虑。有必要沿着荣格迷宫式的道路去接近那中心之处，这种感觉在我内心不断发酵。"自性化之路"（way of individuation）被描述为毕生之旅，我阅读荣格越多，越意识到在真正理解这位伟大人物的洞见之前，我需要花更多时间进行个人分析、研究以及反思。

研究课程结束之际，我脑袋里塞满了各种信息，我感到要与我自己的个人心理达成妥协，这种感觉是如此强烈，以至于我认为脱离我的分析师，我自己便可以继续成长了。我参加了期末考试。当我坐在主考官和两位专家面前，应对关于自性化历程（The Individuation Process）——这是分析的精髓——的口试，当时的情景我永世难忘。为此，我做了精心准备，准备展现我的分析历程与中世纪的炼金术文学、密宗瑜伽、希伯来圣经等其他同样重要。对于需要应对的问题，所有论述我都准备了例证以及文件。然后我被告知，这个考试只有一个问题，换句话说，这是六个阶段考试中的一个部分。给我提的问题是："如果让你向苏黎世众多拿着扫把扫大街的其中一个人解释自性化过程，时长为等电车的间隙时间，你会对他说什么？"不需说，这个问题令我目瞪口呆！

第一反应是震惊还是愤怒，我已无法记起。不管怎样，当时我的脑海闪过希勒尔拉比（Rabbi Hillel）的一个故事，他曾被问到一个类似的问题。这个问题是："你能在一炷香的时间内，阐明犹太教的精髓吗？"希勒尔答道：

01
分析师与接受分析者

"己所不欲，勿施于人（Do not do unto your neighbor what you would not have your neighbor do unto you），剩下的只是注解。"

这一念头令我平静下来，昨天我在苏黎世湖上参加了一个帆船课程，那情境又呈现在我眼前。就好像无意识正好将自性化过程以意象的形式呈现给我。我开始发言："你仿佛置身于苏黎世湖中一只小小帆船，放眼周遭，并不知晓该如何操控这只小船。如果顺风顺水，迟早会达到你想去之地。否则你可能终日飘忽游荡，毫无进展。或者风暴降临，小船倾覆，以灾难收场。但是开启自性化过程，有一位早已经历这一过程的人做指导，他曾面对这过程中的诸多困难，并找到方法去解决它们，那么结果便会截然不同。你会学会考虑小船本身的构造，它是如何建造的，以及它又会如何响应水流和风向。这船好比你自己的人格。你去知悉湖中的水流涌动，这好比我们身处其中的生活现实，它们多少是可以预见的。你去了解风向，它是无形的，更加难以捉摸。这好比那些精神动力，它好似引导了生活的方向，但是从未走向前台现身。学习扬帆航行，你改变不了水流涌动，也无法改变风向，但是你可以学会升起风帆，将它调整到合适的角度，利用周围的更大的力量。理解了这些，你就会成为其中之一，这样你便可以找到你自己的方向——只要你能与那些更大的力量和谐相处，而非试图与其作对。你依然要面对诸多危险——有时可能会有激流，有时可能会有狂风，但是至少你无须感到无助。在适当的时候，你也许能够离开向导独自航行，而且有一天，你甚至可能成为他人的向导。你再也不会感到无助。"

我个人分析的第一个钟头，想起来依然历历在目。我不确定当时为什么进行分析，只知道我不再年轻，而且早年的愿望与诺言依旧没能实现。我的生活看似越来越狭窄，越来越束缚，这些年过去，发展的可能性越来越少。我感到所拥有的那些小天赋或技能在慢慢消失，但是我却无法确切地说出我哪儿出问题了。我明白我的日常生活已一地鸡毛，但是大部分都"不是我的错"。我的分析师问我从分析中想获得什么。我发现我竟然没有想过这个问题！但是随后，有些念头确实浮现出来，我回答说我想要能够更好地、更清晰明白地表达自己，能够说出我想要表达的内容，不惧怕展现强硬立场。当我是个孩子的时候，我比大部分人都能言善道。但是，多年以来，我在交谈中变得越来越拘谨。当然我知道一些原因。我可以责怪外部环境，我以前就是这么干的。丝毫没有意识到这令人痛苦的羞怯"症状"正说明这是一种真实的需求。我的分析师相信了我的话，我们从我对自己的情境的知觉开始分析工作。她完全明了，有些事情我还要去学习，即接受分析者一开始带给分析师的问题并非真正的问题，尽管它们通常以隐晦的形式暗藏着真正的问题。

心灵（psyche）是一个自调整（self-regulating）系统，在此系统内，意识与无意识是一种补偿关系[5]，理解心灵这个概念，是理解分析历程的起点。接受分析者在一开始所见而且呈现给分析师的"问题"，在意识层面已经存在。所谓意识层面，我指的是个体通过感知与理解世界和自身便可以达到的觉知水平。我的意识包含自身和我的世界，以及它们之间呈现出来的关系。我们可以清晰地看到，心灵与意识并非一物，任何对于心灵的理解，必须从对无意识的理解开始，必须从对意识与无意识之间关系的理解开始。

任何属于心灵的，即任何达到觉知的体验，都具有意识的属性。否则，它就归属无意识。觉知的官能（organ）被称为自我（ego），自我发挥着意识中心的功能。那么意识领域指的便是与自我相关的所有内容。其他部分则在自我之外。这就是非自我领域，即无意识。心灵包含意识与无意识，但是关键在于，这并非两个独立的系统，而是一个系统的两个方面。意识与无意识之间存在着能量交换，而这种能量交换也为发展和变化提供着动力。这种贯穿生命全程的发展和变化自然而然地展开，伴随着无意识内容不断地为意识提供原料，并被同化。与此同时，意识内容不断地被压抑，被遗忘，或者仅仅被忽视，失去能量，堕入无意识之中。

分析历程处理的是这种意识与无意识之间不断的相互作用，尝试去改善动力交换的性质，旨在从无序中带来有序，从盲目中寻找目标，从无意义中发现意义。为了实现这一目标，我们需要看到无意识的潜在建设性的一面，不断地提供信息流去补偿意识觉知的局限性。分析历程就是系统利用无意识的资源，逐步整合这些内容进入意识的方法。与此同时，"放下"（letting go）那些没有必要或者不再合意的意识内容、态度和行为模式。

起初人们很少理解治疗的目标，随后也只是在理智上明了其实治疗的目标是从以自我为中心的意识领域，转移到意识与无意识心灵整体（totality）的心灵平衡。这一整体有其自己的中心，荣格称之为"自性"（self），与自我（ego）相区分。这种平衡过渡是如何发展的，以及对经历分析的个体生活的变化意味着什么，可以通过对分析实践中实际情况的讨论得到最好的理解。

接受分析者的第一次面谈的重要性在于，它为未来的分析工作以及治疗关系建立了一些模式和预期。首先，分析师对病人的态度会直接传达给病人，而且在治疗关系的最初时刻便已发挥作用。请注意，当我提及我的接受分析者的时候，我是用的"病人"（patient）这个词，以便与荣格的术语保持一致，此书后述皆用此词。但是，在我的分析实践中，我更偏好使用"来访者"（clients）这一称谓，我认为这是异乎医生-病人之间关系的一种关系。在医患关系中，医生是权威，病人被认为在某些方面得病了。我认为接受分析者过来找我，是由于我在分析心理学方面的专长，但是在他或她个人的历史以及觉知方面，接受分析者才是专家。因而，我们各自将自己的专长带入分析历程，我们一起工作，更多的是一种平等关系，而非看似的等级关系。也就是说，我使用"病人"这一术语以便与荣格著作保持一致，而我的理解意味着我视病人为治愈过程中真正的搭档。

荣格派分析师作为心理治疗师，怀着兴趣、好奇和敬佩之心迎接每一个新的病人。这是人类的伟大秘密：每个男人和女人，尽管共享人类演化的历史，但却是独一无二的存在！"命运的星辰其实在内心之中"（In thine own breast dwell the stars of thine own fate），这是荣格喜爱引用的句子。每个人说着不同的语言——尽管病人和我使用同一种语言，但是它们却有着细微的差别。每个人的存在方式、思维方式、感受和认知方式，都明确无疑的基于一种特殊的原型基础系统、所有的经历以及内外因素交互而形成的行为模式。坐在我面前的这个人和其他任何我所见之人都不是完全相同的——我必须好好认识这个人，因为以后绝不会有一人与其完全相同。

就经历而言，我发现一开始接受分析的人，很少怀着明确的目标：自性化性（individuality）虽然是他们生而有之的潜能，但在追求实际生活目标的时候不知怎么地弄丢了。通常他们可以平安生活，直到某种危机产生，他们用尽浑身解数，仍然无法寻到一个满意的解决方式。在这个充满异己或者敌意的世界里，他们感到挫败、痛苦或者极其孤独。如果还年轻，他们可能在追求某种职业目标的时候感到被卡住了。他们知道自己本来能够突破这个点，但是没有。或者，如果他们处于生命的后半段，他们会自我反思，发现巨大的努力仅换回一星半点儿的可怜的满足感，而生活变得空虚、无意义、令人厌烦。对他们而言，是成是败已无多大区别。过去打拼的岁月本应带给他们一种成就感，但是面对精神匮乏，却只剩下反感嫌恶。他们扪心自问："除此之外，没有更多了吗？"

大多数心理治疗师认为通过更为有效地利用个体独特的天赋，心理治疗应该让人实现自己的个人潜能。如果他们这样说的话，我表示同意。但是我不太确定，是否所有人都完全践行了这一原则。不论是在心理构成上，还是对待世界的方式上，我们是如此的不同，他们是否相信这是一件好事。有太多太多人都相信，或者表现出貌似相信，心理治疗的功能是磨掉个体差异的棱角，诱导或者说服个体去适应环境的需求或要求。变得"正常"对许多人而言意味着能够而且愿意遵守某种社会"常模"，一种"被接受"的行为标准。

践行一种或者多种形式心理治疗的专业人员经常提到上面这个问题，这种态度在他们身上展现得淋漓尽致，但是他们自己却从未成功地完成一次个人分析。在过去，通常是大众媒体提出这个问题：如何评估心理分析呢？如今保健组织、医疗供应商和政府机构都要求要评估医疗保健的成本收益比，通常应用诸如"需要提供多少治疗资源"这样的宏观统计标准去应对这样或那样的诊断。心理治疗的性质越来越倾向于被集体决定的标准所决定，人们认为参照这些标准会带来"良好治疗"的效果。稍加留意，我们便可认识到，如今许多医疗保健领域决策者的目标，是令罹患精神障碍的人恢复到可以在这个世界生活的状态，让他们能够出院，接受最低限度的必要的门诊治疗便可过自己的生活。

不同流派的治疗师对如何达成上述目标有自己的看法。为了追求高效，治疗师们经常要减轻疾病痛苦，使用见效快的方法。对于实现大部分医疗卫生计划而言，分析性心理治疗或者"深度"心理治疗，通常被认为过于耗时、过于昂贵。虽然有些治疗师培训机构认识到，对于想要从事心理治疗的人员而言，个人分析以及（或者）训练性分析非常重要，但是大部分培训机构对之却并未如此重视。这样一来的危险在于，大部分没有个人分析历程的心理治疗师倾向于将他们自己的方法与所在流派的方法相混淆，最终在他们的实际治疗工作中通过病人来实现他们自己的无意识需求，以此证明他们作为心理治疗师的功效。这当然是一种个人满足，而这恰恰是分析历程所要避免的。正是由于这个原因，对于未来的心理分析师，作为训练的一个组成部分，必须接受个人的治疗性分析。通过与分析师的密切接触，他们必须面对并处理自己无意识的诸多表现，直到最后，通过脱离作为个体的分析师实现独立，与此同时，也明了了分析关系的意义。

分析进程中发生的任何事情都可能具有潜在的重要性。分析师必须将其分类整理，选择哪些要在合适的时机去处理，哪些予以筛除。不然，分析就永远无法走得很远，当然也永远无法终结。病人也会做类似的决定，但通常是出于不同的原因。在一开始、在极为重要的那个预约电话中，一个陌生人告诉分析师："我想预约会面、和您聊聊——或者考虑接受分析的可能性——或者只是讨论某个具体问题。"显然，分析师不可能和所有想要预约的人都面谈，因此，此时获悉分析师能否顺利地与这个个体开展工作就显得非常重要。在大部分机构中，首次接触是由初访接待员完成的。个人执业的分析师通常更愿意亲力亲为，对他们未来的接受分析者进行初期筛选。

我发现由自己进行电话初访是很有益处的。我会直接感受到个体对自己实际上在追寻什么有几分意识，同时感受到他们的焦虑程度或者急迫程度，有时甚至能感受到他们的洞察能力。所有这一切可能发生在一次极为简短的交谈之中，通常我尽量不去涉及所呈现出来的问题的实质。这个话题可以留作初始访谈的内容，也就是分析师与病人的第一次面谈，双方尽可能的赤诚相见。

初始电话交谈可以透露出一些问题："你是怎样找到我的？"或者是"是谁介绍你的？你以前曾做过心理治疗或者分析吗？或者你现在是否正在接受心理治疗？如果是的话，时间？治疗师是？进行多久了？你来见我期待获得什么？我们可以谈论一些具体的问题吗？比如面谈频次、收费、地点以及治疗计划？是什么让你在*此时*去会见一位心理治疗师？"当然，这些问题可能会引起其他问题。

有些人在电话中直接切入主题。其他人一开始泛泛而谈，不知所云，东拉西扯："Singer 博士，久仰大名"，"我曾读过荣格写的这本书"，如此等等——因而我不得不帮助这个人聚焦——通过说些什么将他直接带回当下——比如，"怎么碰巧'现在'打电话给我？"另外一些人可能引入一个冗长复杂的故事——"我是家里唯一的孩子……"等等。我同样必须尽量看看这个人是否能聚焦而非过于漫溢——比如通过交谈，同时表明电话那头的人对我而言是一个有血有肉的人："您觉得'我'如何才能帮到'您'？"。如果通过这些简单尝试来了解诱发因素不奏效的话，我可能会迅速地意识到，这个人可能不能以洞察的最低要求进行接触，并且我会认真地审视分析方法，这种对于集中注意有极高要求的方法，是否能满足这一个体的需要。我的经验教会我非常快速地决定，安排一次面谈对这个病人是否有意义，或者看出

01
分析师与接受分析者

还有些别的事情需要做。这件事情，我从未失手，我总会告诉未来的接受分析者，我们的面谈可能是一种探索，去一探心理治疗或者分析在此时对这个人是否合适。对这个人而言，许多其他方法可能更为适合，比如，短程治疗、夫妻咨询或者家庭治疗、团体治疗，又或是一个支持性的团体，在其中团体成员面临着同质问题。即使荣格式分析看起来可能更为合适，我们也必须探索现在是否是恰当的时机，或者我们一起工作是否合适。我会明确表示，在这最初的探索性面谈之后，我们双方都没有要继续进行面谈的义务。这通常会解除这个人的焦虑，而且我必须承认，这对我而言也是有所帮助的。

当预约做好，我会留意那些将来的病人所问以及未问的诸多问题。"我怎样到您的办公室？"以及"附近哪里有停车场？"我会注意这些问题是否是病人自己自发提出来的，有些问题甚至可以表明这个人处事冷静高效，想要节省误打误撞的时间的特点。这个人有没有询问初始面谈是否需要做何准备？如果有，我通常建议，在当下到预约之间的时间内，他如果做梦的话，可以记下这些梦，并把它们带到初始面谈来。我从不说这是"第一次"面谈（first session），因为那意味着还有第二次，不管是我还是病人，在实际会面之前，都不用承担这种义务，因而我用初始面谈（initial session）这个术语。而且，我也从未告诉一个新的病人，他们带来的梦该以何种形式呈现，因为他所选择的呈现方式在很大程度上会显示他对梦的态度。病人用一张便条纸潦草地记下一个梦带到我这来，或者打印出来但会有一些错误，或者是由秘书认认真真打印出来。对我而言，这不同的方式蕴藏着不同的信息。对，也有人会精心准备，就像要把那些记下来的梦拿去出版一样！有些人将梦记在装帧精美的笔记本上，有人将梦记在某个小册子后边几页，这小册子原来是有做他用，后面是剩下来的。这些"小"事可以向治疗师透露许多信息。换言之，如果治疗师留心正在发生什么，而不是忙于遵循一套程序时，尤其可以以小见大。

，第一次的电话交谈可能也能够提供一些关于打电话者在多大程度上知晓自己的参与程度的线索。例如，假如她询问治疗需要多长时间，我会非常确定她对心理分析可能带来的参与程度并没有太多的认识，那我就知道有必要将所有细节一五一十地交待清楚。其他的一些问题会表明她的现实导向（reality-orientation）以及务实精神（sense of practicality）：涉及我的时间、费用，如果她要取消预约该如何处理，等等诸如此类的问题。一般情况下，这些问题不会在第一次电话交谈中提出来，但是有时也会，我必须准备好如何回答这些问题，以便能让对方知晓我自己的工作方式。而且自始至终，我也会从未来的病人所提出的问题去了解他这个人。

现在假设预约已经完成，面谈的时间到了。这个人是早到、准时、还是迟到？我会注意这个，因为作为一名心理治疗师，我想要发现这传达出来的信号。有些人如果去他们从未去过的地方，会习惯性地多预留一点儿时间——"迷路了也不怕"（time to get lost）。其他人则会说"我没想到这个时间会这么堵"或者"我找不到地儿停车"——还有些人迷路了，或者是没有准时出门。强迫的病人总是在时间到的那一刻准点儿按下门铃。他们都在向我诉说着什么，不管他们自己是否意识到。作为心理治疗师，我最好要捕捉到这些信息。

当我坐在办公室，听到敲门声。那是胆怯而犹豫不决的吗？以防我没有听到，会有再一次的轻叩门扉吗？还是快速清脆的敲门声？亦或富有攻击性的砰砰砰的敲击？未见其人，信息已经传递出来了，我最好要听出来。接着，门打开，我们有了眼神接触。有些流派的心理治疗师相信压力情境可以测试病人，我不会这样做。我觉得生活本已压力重重。我不会去操纵病人，即便是"为了他好"。我像一个朋友一样待他，不会让他产生抵触，也不刻意卸下他的防御。在我看来，如果我有特权去接近无意识的黑暗一面，我就有责任营造一种信任与自由的氛围，在其间，我的新病人可以获得帮助，去面对令他们害怕的自身不为人知的一面。我帮他们将久闭的门打开，这门曾将危险、强烈的想法和感受长久阻挡在外，他们不敢独自去面对。现在我全然在场，

01
分析师与接受分析者

而我也必须让对方知道这一事实。从踏入咨询室的门槛，这一切就已经开始了。

心理治疗师带入分析中的注意品质在一开始就发挥作用了，而且需要在不同程度上贯穿始终。当培训心理治疗师的督导师要求治疗师的"逐字稿"——在治疗期间，病人说了什么，治疗师说了什么——时，我总觉得这样有点儿好笑，好像这些字句起到了关键作用。我觉得那仅仅是开始，其远不及非言语的交流来得重要（non-verbal communication）。例如，语调远比说了什么重要，因为它传达出更多信息，包括所说内容背后的情绪，以及是否是真诚的。眼神，不管是扫视外部还是看似自顾深思；不管是自如地与治疗师进行目光交流，还是流露出恐惧或者深深的痛苦，所有这些都非常重要。你无法将这些连同病人的身体姿态写入逐字稿中，比如这个人步伐的稳健，以及在初次面谈中这个人的衣着打扮。一位胜任的治疗师需要注意之处，我能枚举太多，但是，由于这会不时地发生变化，而且同时发生在不同的层面上，治疗师不仅仅要听之以耳，还要各种感官协同并用，去关注坐在面前的这个人，关注整体印象。

当我们目光相遇的那一刻，我叫出他的名字。他对我而言是一个个体，我正视着他，以便可以看到完整的他，我也让他看到我。我介绍自己，我把他带到我的办公室，我所布置的地方，这个空间表达出我的好恶，我的图腾和护身符（totems and talismans），我悬挂的画作，我的书桌，还有我的电脑。所有这些都是我这个人的延伸。

相比在机构工作，我更喜欢属于我自己的个人咨询室，其中一个原因便是，在此我可以布置自己的环境。我的办公室可以比喻为世外桃源，从而才有可能以一种特殊的方式观察这个世界——置身于它的压力和紧迫之外。我认为无意识部分在观众面前不能很好地呈现出来。各种各样的文化价值以及社会赞许的需要会污染对无意识的感知。而这正是我和病人工作中，极力将之最小化的部分。如果我知道工作中我并不是对所有人负责，我只对坐在我面前的这个人和我自己负责，那么，我就会花费更少心力去完成这最小化的工作。

我并非没有意识到与其他领域的专业人员共事带来的渗透互惠（cross-fertilization）价值。在一个团体中，通过案例讨论，经验分享，尤其是教训的交流，可以在更广泛的范围获益良多。诚然，当与一个人精诚合作共同工作时，理解这个人，并且把你对于这个人的想法和反应理清，这是相当困难的。那么认为一个并不了解病人的人，仅仅依赖报告中经过遴选的数据，便可以对如何处理这个案例给出有效的建议，有如此希冀，不是很荒唐吗？尽管接受培训的心理治疗师必须接受足够的督导，这从来都不存在问题，但是更加需要铭记的是：不论是录音机或者单向玻璃的存在，还是病人知道他这个案例会在会议上进行讨论，都得在病人和治疗师之间关系的基础上才能发挥作用的。这是个可以计算出来的风险。或许在培训中利大于弊，但是我也不太确定。

我对病人的分析保密，以此换得病人对分析过程的信任以及个人承诺。同时还有保密承诺——病人对我所说的一切都不会在办公室外被谈及，除非由于法律的要求需要透露其中某些事情。我可以举些例子，比如承保范围的需要；我觉得病人可能会危及自己或者他人；或者当可能有法律诉讼时——比如涉及儿童监护的案例。我想说即便在这些情境之下，依然要根据具体情况谨慎决断。另外，我的病人有想说什么就说什么的自由。我可能选择不去回应某些问题，但那是我的决定——病人可以自由诉说或者提问。在我们设置好的界限之内，我们都是自由之身。只有我觉得舒服时才会谈论自己的个人生活，以及我的情感反应，而且这样做时也要与我们共同面对的任务相关，我会给自己保留这样的权利。

初始会谈开始了，我一直善于接收病人传达给我的非言语信息：病人的总体外貌会表明他的自我意象，还有他的声音，他的姿势以及他的步态。许多这些细小的线索串联在一起，就会形成一个整体印象，以此为基础，可以预测随后可能会发生什么。直到现在,这个方法与大多数运用"深度心理学"——即主要考虑无意识材料的心理学——的治疗师是一致的。

荣格心理分析的一个显著特征是需要分析师对自己以及自己的反应保持开放的态度。他们积极参与到分析的过程中。他们不仅仅是观察者,甚至也不是参与性观察者,而是要积极地参与到共同努力的过程中。对病人的接纳持续存在——正像此刻一样,对病人所有叙述的、促使他们接受治疗的情境细节予以接纳。治疗师要聚精会神地听,以便去理解病人所述为何,以及言语背后的感受。还要不断地与病人确认以确保理解了其原本的意思。分析师倾听并评估问题的性质,评估病人进行治疗或者分析的动机和能力。

到此刻为止,我差不多交替使用"治疗"(therapy)、"分析取向的治疗"(analytically oriented therapy)以及"心理分析"(analysis)这些术语。治疗,是心理治疗(psychotherapy)的简称,指的是受过专业培训的人员"使用心理技术治疗心理障碍或失调"。[6] 心理分析是一种具体形式的心理治疗,它在传统的心理分析框架中运用自由联想方法,主要对梦、幻想、视象(visions)、创造性产品等无意识材料进行处理。分析师基于自己对无意识过程的理解运用某种方法,即便他可能都不会向病人解释这些无意识材料的意义。心理分析是一个尤其辩证的过程,分析师与接受分析者共同致力于获得对无意识材料的理解。

解释其实是来源于分析师的个人分析及分析训练的体验,来源于分析他人的经验。在荣格派心理分析的框架中,解释建立于对原型材料的熟知,分析师需要熟悉神话学、比较宗教学以及有助于理解各种关于集体无意识象征的其他领域。分析师解释的深入程度不仅十分依赖于分析师自己的背景,还取决于个案中呈现出的材料的性质,以及接受分析者处理这种有时极具张力之事的能力。有时象征根本不必解释,只需"按照其原本的样子"(as is)被接受,注意它们唤起了什么,或基于同样的心态去观察。分析师在刚开始的大部分时候要保留这种解释,等等看那些涌现于病人意识层面的内容对病人有何影响，以及病人对这些自发呈现的材料有何反应——所以，分析师并不"指导"（direct）这个过程，重要的是让无意识自己来表达。

在起初几次探索性面谈中，有两件事情需要特别留意。第一件事涉及病人对他或她自己在分析中的角色的理解，第二件事涉及对于分析师角色的理解。病人要意识到他们为何来接受心理分析：他们发现自己陷入某种看似无法解决的冲突情境之中，这种矛盾是他们所持的意识态度与无意识因素之间的冲突，这些无意识因素干扰了他们意识态度对应的意图的实现。他们也要知道，他们的任务就是要让自己更容易获得任何涌现的无意识材料，并且要尽量坦诚地面对它。关于无意识材料，我想解释一下，我指的是梦、幻想以及思想与行为的其他形式，它们似乎都不是源自我们自己的意志或者意识——这些东西好像在我们的计划和愿望中偶然出现过，阻止我们达成愿望。我们必须明白，意识与无意识之间的冲突无法通过分析师的建议得到解决，甚至通过病人的合作意愿也无法解决这个冲突，唯有当病人尽力去理解这些呈现的无意识材料，并且，在离开咨询室之后，依然可以将分析所获得的洞见带到日常生活之中才可以。

第二件需要讨论的事情是分析师的态度。因为病人认同他们自己的意识态度，所以分析师有时可能有必要站在无意识一边，作为无意识的支持者。这意味着分析师有责任帮助病人去发现那些长久被压抑在无意识中的材料，或者还未进入意识领域、躲藏于所有目的意图之下的潜在性材料。因而，在某种程度上，分析师的角色变成了病人意识态度的对手。

从一开始，我就让接受分析者明了："那些你从前回避的生命中的黑暗、丑陋以及低俗部分，现在你可以直面它们，因为这些内容至今一直都不能被你所接受，你内在的某些东西会尽其所能地阻碍它们的暴露。对于这些至今仍潜伏于无意识并积极发展的倾向而言，它们反叛性的特点可以干扰你现在持有的既定模式，因此你也会去抵抗它们。"

起初，接受分析者会说："我明白，我会通过所有这些考验。"但事实上，

01
分析师与接受分析者

大部分接受分析者并未理解我意为何，当开始这个历程，他们会用尽浑身解数进行抵抗。我依然会提醒他们可能遇到的阻抗。在随后的分析中，当他们杀出重围，他们可能会说："现在我明白你说的阻抗的意思了，原来之前我并未真正理解。"知晓何为真实（real）的唯一可能路径，首先是发现何为虚幻（unreal）。

有时，新的接受分析者在初始面谈时会带来一个梦；有时，这第一个梦直到首次面谈之后或者数次面谈之后才出现。初始梦具有重要意义，这并不稀奇，它可能反映病人的情况，不然就是对于分析或者分析师的感受。

吉娜（Gina），一位年轻的女性，罗马天主教徒，在绝境中寻求心理分析。她已经有五个月的身孕，孩子的父亲是她的第一个男人，他无意娶她。她是那种看起来理想中的妻子和母亲，但是各种条件皆不成熟，她责怪自己的鲁莽，没有做好避孕措施。然而她肯定地说道，粗心大意的罪行已经够了，她不愿再通过堕胎增加自己的内疚。她会把孩子生下来，她想要找到面对这一切的态度，以便与她对生活意义的理解相一致。她也不允许对自己负有责任的一个生命——她的第一胎——加以否定。吉娜在第一次会面时带来了这样一个梦：我正想着过来找你。我有一个向导，她说你会做各种怪异之事。她说你曾让一位女士将她的车扔进水里，还告诉另外一位女士跳进冰冷的湖水之中，让她游过对岸。

这个梦反映出吉娜对于分析过程的恐惧。分析对她而言是神秘玄妙的，她预计分析会有很多要求，而这对她而言极其困难，很难达成。在对这个梦进行讨论的过程中，我问她，车对她而言意味着什么。她的车是她最值钱的财产，她非常努力地工作才买了车。这辆车也是她乐趣的极大来源。当我进一步追问，得知这辆车也是她和她的那位朋友发生性关系的地方。因而，显然，这车代表了她认为被滥用的财产（性快感），因此要被牺牲。她所有的内疚都围绕着这种痛苦的领悟。她的内疚感也导致她将自己的柔情收回，从而对这个世界变得有点儿铁石心肠。面对她预料之中亲戚朋友的态度时，这是可以理解的。

梦中的第二位女士对她而言代表着她正体验着的情绪敏感性的缺乏。"仿佛我所有的感受通道都已关闭，对任何人都心如死灰，漠不关心。但是我仍怀念我的感受，尽管它们令我感到痛苦，我还是希望可以找回它们。"她说，跳入冰水可能足以令她为之一振，让她可以重新获得"感受性"。她觉得分析师会这样要求她，心理分析则可能正如那冰水。这个梦表明了她的态度：需要做出牺牲，也需要进行冒险，期望会再一次完整地获得她的感受性。

在这个初始梦中，也显现了"移情"的开始。吉娜与分析师的无意识关系开启了她的分析历程，她将分析师视作一个严厉的监工。因为她原来并未见到过我，因而这些预期源自她自身；这反映了她自己未解决的冲突、无意识的情绪和关系问题。在进入一段新的紧密关系之际，它们都被激活了。移情意味着源于它处的情感转移或者重新导向分析关系。因而分析中遇到的态度以及行为，承载着更多的情绪能量，似乎比要探索的情境多出许多。因为在分析性对话的背后，蕴藏着病人的生活史，还有整体人格、冲突以及与之相关的感受。个体的种种经历，以及更为广阔的、生活经历的发生基础，即人格的原型性基础，都注入分析情境，需要加以面对。这一进程大部分是在无意识中发生的，但是当它引起感受和情绪时，就意识化了。

我重提与吉娜的第一次治疗，不仅是因为这次治疗包含一个重要的初始梦，反映了甚至在分析开始之前移情就已呈现，而且还因为分析的另外一个非常重要的方面，以一种极其戏剧化的方式进入这个案例。这关乎分析师对病人的态度，正如移情一样，这种态度具有强烈的无意识面向。反移情（countertransference）这个术语用来描述分析师主观体验到的分析师与接受分析者之间的无意识关系。

以下是吉娜这个案例中的一些反移情因素。我第一眼见到她时有一种强烈的情绪反应。吉娜青春依然，有着一头棕色的长发，黑黑的眼睛，戴着时髦的眼镜，这令我苦恼地想起我唯一的女儿，几个月前她刚刚过世，犹如还在眼前一般。我的女儿过世之前刚刚新婚燕尔，还没有孩子，因而我想要有个外孙的愿望也一并破灭了。现在吉娜过来，想要决定是否留下肚子里的孩子，好似给了我沉重一击。我感到有一个决定在我内心升腾，就是不论发生什么，她都不应该放弃这个孩子。因为我与自己的无意识足够接近，我能感到我内在的"虎妈"正在苏醒。尽管我一直在倾听吉娜诉说，而且同她交流，但是我一直在处理我自己无意识的骚动。

这让我想起在我接受心理分析培训时、我自己接受分析时所学到的东西，以及随后在督导下进行工作的第一批案例。像所有新手一样，我异常急切地渴望获得成功的开局，而且我倾向于非常积极地主导分析的进程，而非温和地引导这个进程。我的训练分析师曾温和地设法阻止我，但是无济于事，有一天她令我震惊地说道："你就不想病人好转！"

起初我并不这样认为，无疑，我也不理解她是什么意思。但是我逐渐领会了，我开始能够明白，如果我将自己的那种想法付诸行动来治愈病人，那我正是将自己抬高到了奇迹创造者的位置。为了使我自己满意，为了成功的快乐，也可能为了获得我的培训师的认同，我才这样做。我自己的需要才是第一位的，病人的需要则退居其次了。但是，治愈的可能存在于病人的心灵深处，也正是分离或者分裂存在之处。荣格教导我们，心灵（psyche）是一个自我调节的系统，产生神经症以及将神经症转化为建设性运行态度的所有因素，都包含在心灵之内了。作为分析师，如果我用自己的想法来强制引导分析发展的方向，强制产生结果，那么我就损害了病人心灵潜在的统一性。我的任务是将自己作为一个工具，帮助病人厘清她的困境，帮助她学会解释她的无意识作品。我的任务不是使用我自己的问题污染分析进程。正因如此，我需要不断地觉察到自己的需要以及偏见。

分析心理学中的移情与反移情（transference and countertransference）这一对问题，在分析进程中占据重要地位。对此，分析心理学家与其他流派的分析师持完全一致的观点。荣格曾在"移情心理学"中阐明："几乎所有需要长期治疗的案例都会围绕移情现象进行，而且治疗的成功或失败从根本上与此密切相关。"[7]

荣格派分析移情的属性会随着分析风格的发展而发展，分析师的个性对此影响尤为深远。很久之前，荣格就"将分析搬离躺椅"，这既有象征层面的意义，也有其他意义。"病人躺在躺椅上，分析师坐在病人后面，这意图非常明确，即意欲建立一种尽可能（我并不认为事实上有多么尽力）不带个人色彩的'客观的'分析师形象。而这也明显形成了分析师自我保护的防御机制。"一位荣格派评论家对躺椅技术如此说道[8]。在荣格派分析中，分析师与接受分析者在同一水平面对面而坐。这给予分析情境更大的灵活性，也令两个参与者的交流变得更为积极主动。作为分析师，我被暴露在接受分析者面前，而且，我也主动将自己暴露于接受分析者观察与审视的视角之中。这将我们直接置于同一水平，因而我们是这种相互关系中不可或缺的一部分。

关于反移情，荣格曾如此警告分析师：

> 即便最有经验的心理治疗师都会一再发觉，他会卷入一种密切关系，卷入一种基于相互的无意识的结合之中。尽管他相信自己已经掌握了关于丛集原型的所有必备知识，但是最终他会发现，其实还有很多学术知识之外、他连做梦都没想到的事情存在。每个需要进行深入治疗的新案例都是一种开拓工作，每次沿袭例行程序的尝试都会走入死胡同。因而更高层次的心理治疗是一种极为严苛的工作，有时需要面对的任务不仅只挑战我们的理解力或共情力，而是挑战我们整个人。医生倾向于要求他的病人要不遗余力，但是他必须意识到，只有他觉察到他自己也需要倾尽全力，这种要求才会发挥作用。[9]

分析中的移情问题是分析师与接受分析者之间关系的难题，因为我们可以直接见到无意识模式在此发挥作用，而且它们不依赖于病人对过去事情的独白。移情材料通过梦境自发呈现，因而着眼于梦境，我们可以看到无意识过程的显现，这与接受分析者的任何有意识的企图并无干系。这样，梦的分析比对防御和阻抗的分析更有优势，因为后者可能与意愿或者其他意识观念纠缠不清。

通过我自己的经验发现，移情材料并不一定需要在某种程度上伪装，正如"梦的审查者"（dream censor）会将梦的信息扭曲成非常不同的东西一般，甚至与隐梦完全相反。有些移情之梦可以直白地去理解，因为它们的意义是由意象和象征所诱发的。例如，有一位男性教师，快到四十的年纪，还黏附于他的母亲，但是充满了憎恨和恐惧，他偶尔会吸食致幻剂。他带来了如下的梦：

我正在参观一个动物园，站在一个巨大的户外鸟笼里，观看植物和鸟类。我漫步在一条陡峭的小路上，发现 S 博士正在做一种闻起来像巧克力软糖的东西。在鸟笼下面的土屋里，有十二个巨大的大桶，里面冒着气泡的巧克力糖汩汩作响。她告诉我这是一种谷物糖果，完全无糖，而且绝不含上瘾成分。然后她给了我一些，我尝了一下，觉得尝起来像平常吃的软糖。她说道："看吧，关于药物我说了什么来着？"我离开，走出这个鸟笼，我母亲在那里，肥胖丑陋。她开始扭打我，说道："你要呆在笼子里，你要呆在笼子里。"就像唱歌那样说话。我抓住她，开始摇晃她。当我摇晃她时，我一直猛烈地对我自己说着同样的话——原来我在班级里真的摇晃一个学生时头脑里所想的："天哪，你把这个孩子都晃出屎来了！"

比尔（Bill），这个做梦者，感到被禁锢（encapsulated）。他的生活就像一个大的笼子，这个笼子足够大，他看起来拥有自由，想去哪儿就去哪儿，但是走得太远，他突然发现了笼子的铁栅。身处青春期的孩子中间，会让他感到十分舒服，这是因为他的情感生活仍然停留在那个阶段。他从未能享受与女人的性关系，为数不多的与男性的性邂逅也十分幼稚不成熟。我感觉他的性发育是迟滞的，我不太确定他这种对男人的轻微兴趣到底是一种自然的同性恋倾向，还是因为他不能与压倒性的母亲做有效的分离，而无法与同龄的女性建立浪漫关系。给我的印象是他的性别依然未分化。

作为一个孩子，他被各种禁令环绕，不能享受任何感官快乐。他被明确地告知，他的身体以及从身体而出的所有东西都是肮脏的，不能触碰。他回想起当两三岁的时候，他的母亲在一旁监督他，而且羞辱他，但是他想不起来是什么原因了。他必须在瞬间压抑所有与"制造"（making）温暖、柔软、刺鼻的排泄物有关的良好感受。比尔忆起由于一些小病，他大部分时间被关在家里，而其他的孩子则在外边玩耍。他没有与其他孩子身体接触或玩性游戏的早期经验。对他而言，好似不管去到哪儿，母亲都在监视着他，他永远无法逃出她的手掌心。他变得极度害羞，在家庭之外，无法与人建立任何亲密关系。他的大部分时间都在单独的活动中度过：练习大提琴、阅读、强迫性自慰——伴随着负罪感以及被惩罚的恐惧。在比尔成长的历程中，人际关系的失败感一直如影随形。作为一个年轻人，他与其他人的关系大多停留在表面的寒暄水平（talky level），没有任何关心他人的感觉，也从未有过自己倍受尊重的感觉。

在他的分析性"忏悔"中，他描述了自己的种种自慰幻想；它们都指向男孩和男人，并且充满流淌不尽的尿液，以及堆积如山的粪便，性虐待加诸其身的各种场景，或者是他对别人施加性虐待。我用心倾听这所有一切，并无太多评论，主要去理解这些对他意味着什么。因为在我这里没有对他的评判，他感到可以更加自由地去前行，探索他各种各样的实际关系。这都是一些短暂而无情感投入的同性邂逅。

在他的梦中，我的出现说明他体验到我与他有关，并且致力于我们都参与其中的这一过程（我们不是在同一个巨大的鸟笼里吗？）。对于再次体验压抑经历，我对这个过程的接纳和参与让他将过去习得的厌恶转化为原初的自然之物——对他而言那是甜美的，正如"软糖"。但是原来的疑心并未离他而去，他感到我对他的接受未必是完全实在的，一定带有道德判断，这可能是由于我曾质疑他使用致幻剂或者麦司卡林（LSD or mescaline）是否明智。在他心里，他将我与批评的母亲意象相关联。换句话说，他将那一意象投射到我身上。因而，在意识和理智层面上，他将我看作是我，但在无意识层面上，他将我视作他的母亲——而且他将对母亲的恐惧感和不信任转移到我身上。因此，在梦中他试图逃跑（现实中，这先于他逃离分析的企图，是因为分析产生的张力），而且我们也可以看到他在抗拒什么。看起来我就是他的母亲，并且他将我任何让他遵守分析咨询规则的动作都看成是我对他无情的控制，他必须通过反击来逃避这种控制。和他母亲在一起时，他无法展现的侵犯行为，在梦中找到了突破口，他采择了母亲的角色，发现自己"把那个孩子晃出屎来。"在梦中我的活动所象征的这种放任，正是他的童年所缺失的。现在几乎触手可及，但是他无法获得，因为他无法相信。这可能是分析的一个任务，即给予他机会检验更加自由的态度，并去发现这些出现在他梦中的态度，不仅仅表示未完成的愿望或者乱伦幻想，而且表征着更为重要的因素。

我们还未考虑这个梦的另外一个因素，即梦者未来发展潜力的暗示。在这个案例中，烹调（cooking）提供了一个线索，因为"烹调"在这里明显不是一个在厨房赶制一批软糖的普通做法。烹调是一个特别的程序，发生在地下，需要经由一条陡峭小路下去，并进入到一间土屋之中。在此，这个地方象征着无意识深处，十二个巨大的大桶沸腾冒泡。烹调意味着将物质从一种形态转变或转化到另外一种形态，以便可以食用、可以吸收。这就像这个梦在诉说的："喂，有一项巨大的工作需要完成，这里边包含的所有东西需要被制成贵重而值得期待的东西！"

通常在分析的过程中，无意识会展现出转化的象征，这就是其中一例。这些象征的显现并不意味着人格的转化即将发生；它只是意味着一种可能性。对于某些个体而言，如果这些象征出现，而且他们也做好了心理准备，他们可能将此作为一个挑战，超越关注神经症症状及原因的阶段，进而开始考虑这些症状更深层次的意义，即它们建设性的一面。建设性地看待一个症状，意味着试图理解症状在象征层面上想要达成什么——它在响应什么心理需要？

如此看待症状是与荣格关于神经症的"意图观点"一致的。首先，荣格接受精神分析关于神经症以及精神症状的那些重要界定，即症状的根基在于人们的本能属性与社会加诸其上的各种要求之间的冲突。此外，他又向前走了一步。他并未仅仅满足于分析每种神经症和精神症状的缘由，它为何开始，如何运作，这些已由弗洛伊德完成。荣格也想知道，这些症状可能将病人引往何处，即无意识的意图为何。他深信，揭示事件及发展动态意义的方式是去观察它们的趋向，即找到症状的目的所在。

因而荣格愿意考虑并探索儿童早期生活经验，而这本身并非目的，甚至不是去发现导致创伤事件的线索，这些创伤事件被压抑下去，作为心灵中的敏感部分，形成后来心理问题的基础。荣格对早期婴幼儿经验的主要兴趣，是要识别出在人生初期建立的模式，这些模式会继续影响将来的思想和行为。他的关切不单在发现神经症的成因，而是能够发现一些线索，获悉它们将病人"引往何处"。症状的"疗愈"（cure）未必是最为重要的事情。在先前，以及如今一些人，都认为同性恋行为是一种需要治疗的疾病症状。在我看来，在那个时候，停止比尔的同性恋行为绝不是一种"治愈"，尽管那是可以办到的。我想对于比尔而言，尝试建立一种他感到相对安全的关系，要好过隔离于任何社交生活之外。他确实建立了一些关系，这是有益的，因为一旦他不那么受压抑，就给他的性取向留了余地，无论哪一种（性向）对他而言才是天生具有的。无论如何，我们可以看出比尔的神经症是有目的性的，即让他摆脱社会疏离。因而，直到不再需要以此行为达成目的之际，这种行为才会消失。

先前我曾说过，人们很少给出来接受心理分析的真实的原因。毫无疑问，这些原因是意识层面的，想要接受分析的人给出这些原因也是完全诚实的。不论他带来的是婚姻问题，抑或是家庭成员去世的问题，或者是职场不得意，或者是酗酒，或者性无能，或者广泛性焦虑——所有这些都可以归结为一个真相，这个真相看似简单，但是事实上极为复杂而且无所不包。那就是他打量自己，并不喜欢现在的自己，而且他觉得自己愈来愈有可能成为另外一种人、他想要成为的那种人。

第二个实体在某一时刻与第一个实体相结合，这可能是在童年早期，也可能是在青春期，获得自己钦佩的一个朋友或者一位鼓励自己的老师的支持的那个时刻。这可能被视为一种平静的存在方式，或者以一种更为广阔的视野看待这个世界，充满好奇之心；或者想要致力于某些理念，某种目的。为了获得物质财富、为了达成个人成就、为了社会地位，或者为了得到深爱之人的欢心，第二个实体就被牺牲了——作为与生俱来的追逐眼前利益的后果。对于一些人而言，这意味着要放弃他们年轻时的梦想，并且有时在这个过程中，人格的独特禀赋就这样悄无声息地溜走了，只留下一丝落寞的绝望。原始人称其为"灵魂的丧失"（loss of soul）。古老的部落文化的那些人会使用他们自己的方式，尽力将给予生命热情和能量的神秘实体呼唤回来，但是，如果失败了，他们会去寻求巫医或者萨满的帮助。作为巫医或萨满一个男人或女人，是被选中的，要献身于非物质存在的生活——他或她被选中，并不是由于任何团体，而是因为他或她具有某种特殊的心灵或者精神表现，这将他或者她与部落的其他成员区分开来。可能是一种疾病，一种身体缺陷，或者能看到幻象（visions）的能力。为了这一天职，巫医萨满必须经受一段孤独和个人牺牲的艰难岁月，将人们的苦难纳入他或她自己内部，亲自去经历这些苦难，直到它们被驱除或者转化。

现代人也会体验到非常类似的倦怠感，没有活力，像是被"关在箱子里"（boxed-in）。若有这些感受，原始人会去寻求部落智者的帮助，找回他们的灵魂。如今，有太多自封的智者，有的声称可以马上恢复病人的亲密关系，有的承诺可以帮人快速获得救赎。但是有多少人愿意将他们自身卷入到一个受难的个体中，帮助那人重新整合，将那些分裂的碎片重新粘合起来？

而且，这个任务也并不仅仅是收复所失去的。在丧失的过程中，灵魂

（我找不到一个更好的词汇表示无意识的核心引导功能，对这一属性我们仅有模糊的认识）已不再是连接个体无意识与巨大的未知与不可知领域的纽带。不仅仅需要恢复到它原来的样貌，而且还要让自我与无意识之间可以连续不断地频繁交流，就像一条高速公路一样。在这样一种积极的相互关系中，不管是自我还是无意识，都无法像过去那样保持原样不发生变化。

这种在分析过程中可能出现的转变，自我和无意识之间的辩证关系，可能更为接近它的真实潜能。如果转变成功，会带来人格的转化。这种转化不是通过别人的努力而达成的。比如，分析师并不能"令其发生"（make it happen）。当然，分析师会提供帮助来促使心灵自我调节的部分开始运作。当接受分析者的自我（ego）冲在前面试图控制一切之时，分析师会支持接受分析者的无意识一方；另一方面，当接受分析者的自我试图挣开势不可挡的无意识材料的控制之时，分析师会和接受分析者的自我并肩作战，为其提供任何所需的力量，以便保持人格的完整性。

然而，分析师的介入是一件微妙的事情，因为分析师不能因此夺走接受分析者的主动性。唯有当接受分析者的力量不足以应对其所处情境之时，分析师才出面施以援助。但是，大多数情况下，是由接受分析者来主导这一历程，遵循无意识的引导，而且也遵循日常生活经验的引导。许多人进入分析时会认为是由分析师主导分析进程，与之相反，接受分析者被鼓励来引导分析进程。分析并非是分析师对人所施加之事。这让我想起一位病人第二次分析面谈带来的一个初始梦："我躺在一个巨大的屠宰肉案上，全身赤裸，我的手被绑在头顶上方，脚被绑在下面。一个人拿着一把大刀站在我对面，摆好姿势要把我大卸八块。"这个梦表明将要成为接受分析者的人认为心理分析遵循医学模式，将心理疗法作为一种治疗形式——至少可以说是一种激进的形式！

然而，另外一个初始梦更为乐观一点儿："我买了一辆新车，但是不知道如何驾驶。一个仆人（yeoman）让我手握方向盘，教我如何驾驶。起初我很害怕，但是她说：'开始我们会慢一点儿，你适应了之后再加速，慢慢你就会找到感觉。'我遵循她的指令，直到意识到我很快就会被她控制。过了一会儿，她说：'现在是时候看看引擎盖下面了。'"

通过分析历程，接受分析者逐步认识到自己的许多不同方面，这些在以前都是处于无意识层面的。这些方面的可接受程度也存在差异——那些源自黑暗的被压抑之地的方面可能会引起猛烈反击，但是那些给予希望的方面可能会被欣然接纳。心理分析的刺激就在于人们永远不知道下一刻可能发生什么——但是有一件事是确定的，那就是最为邪恶的、令人厌恶的诸多意象能够被释放，然而那些难以获得的珍宝可能会再次轻易地堕入无意识之中。可能这也正是接受分析者有时强烈抵抗分析进程的原因所在。

阻抗躲在许多面具之后伪装自己：从小的症状反应，比如迟到或者忘记预约，到使用欺骗性的争论来合理化行为；忘记带梦来或者用梦将分析师湮没；守口如瓶的沉默或者滔滔不绝说个不停；立即拒绝分析师的解释或者像一个"好学生"期待老师的认可那样全盘接受分析师所说的一切。

某些流派的心理治疗师会立即对他们的病人进行面质，严厉苛责病人出现在治疗进程中的阻抗。对此我有诸多顾虑。我经常在想，当意识到病人的阻抗，并觉察到自己想要让病人对此做出解释时，是否有可能是我暗自感到被病人拒绝了呢？我可能会问自己，当然是无意识地："这个人如此不安，好似不能感受任何事物，但是要如何让他渴望聆听我所言，学习我的智慧呢？他必须打破这种懦弱的习惯。"我愿不惜一切代价消除这种傲慢，或许我偶尔做到了，也只有在这个时候我才清醒地意识到我会轻易地犯这种错，否则有一瞬间我都忘了自己完全有能力犯这种错！

作为分析师，在我看来，要让我的接受分析者将我看作一名人类学家，而他是一名原住民，一起去探索他心灵的未知领地，那是还未被测绘的疆土。作为心理治疗师，从其他探索过程我可能获得了很多经验，我会知道通常需要携带哪些装备，需要注意防范什么类型的危险情境。但是只有这位和我同行的当地人才知道、并且应该是非常熟悉他这片独特荒野的凶险所在，而且它们可能是潜伏隐蔽的。因此，我作为心理治疗师，需要接受病人的引领，允许病人充分运用他的优势去展开探索。初始阶段，探索双方必须学习对方的语言，这样才能良好地沟通，为了共同的事业做出贡献。有时病人不太熟悉这个引领过程，可能不愿意暴露隐秘的地点。我自己心里必须接受一个事实，那就是，原住民在此地已经居住很长时间，他们知道所有的路径和疆域，包括所有未被发现之地。原住民可能有他自己的行为方式，如果有一天他没有在约定的时间，头顶着物品出现在人类学家的小屋，那我下一步该怎么办呢？

有这种想法的心理治疗师，当在等待来访者登门之时，会问自己，为什么这么晚了他还没到呢？是不是有什么事情发生不能让他如期赴约？还是我做了什么事情令其拖延？上次会面我吓到他了吗？我问得太多了吗？在某些方面我令其感到羞辱了吗？当他试图开辟一条新路之时我没能肯定他吗？当他向我伸手的时候我没有握住他的手吗？治疗师下次会面不要劈头盖脸只问这样的问题：你为什么迟到？为什么不听解释？为什么没带你的梦来？也要问：我做了什么事情引起了这种状况？在这样的时刻，她会找到上次面谈病人是如何反应的。上次面谈他获得了什么，他是如何理解所发生之事的，以及在两次会面之间发生了什么。

对分析师而言，分析过程中病人产生阻抗可能是一个可喜的迹象。任何教科书都没有教会我这点，我是从我的一位接受分析者那儿学到的。我与一位感觉敏锐的女士讨论阻抗的问题，我说我认为分析师没有必要匆忙打破病人的阻抗。对此，她衷心认同，而且补充到："病人通常抵抗的是：治疗师试图让她放弃独立生活的责任，放弃自己的独立立场。"

02

情结与魔鬼

荣格的情结理论和其他有关心理能量的思想很难仅仅只从实用观点来理解。从另一方面来说，如果能有足够开放的态度承认魔鬼（demons）的存在，那么理解情结的性质便不是什么难事了。

荣格称"情结"为集群于敏感情绪区域的某些心理元素（思想、观念、信念等）的丛集。我认为情结包含两个元素。其一是有一个如磁石一般的核心元素；其二是被这个核心所吸引的众多联想。这个核心元素本身由两种成分所组成。一种被经验所决定，因此它是与环境相关的；另外一个是被当事个体的品性（disposition）所决定，是固有的，它是心灵结构的基础。当一个人遇到不能掌控的经验情境时，便会产生心理创伤。就好像你突然撞上一个东西——大多数时候人有足够的复原力来对抗伤害，如果一时失衡，你的平衡也会很快恢复。但是如果撞得太厉害，而你根本没有准备，你很可能会被割伤、撞伤或者骨折，那片区域会非常敏感。那么每次碰到它，你就会很疼，你会怜爱它并努力保护它。尽管如此，如果其他人在相同的地方打了你一下，你可能会疼得大声叫唤。心理创伤也是类似如此，但是整个过程即使不是全部，大部分时候也是无意识的。因此，即使你不知道它的意义和疼痛的原因，但你能感觉到它的作用。在分析中，我会追寻发病诱因，倾向于发现个人固有的特质因素，它不只是形成情结的表面上的心理波动和冲撞，还有那些创伤所暴露的至关重要的结构化的心灵元素，荣格将这些元素称之为"原型"。这些威胁我们最深层信仰（关于上帝和我们自己）的经验是形成情结的原因。

荣格认为情结的核心元素的特性是由其感受基调（feeling-tone）决定的，这取决于其中的情绪强度。这种强度可以用能量和量值来表达。与能量总量直接相关的能量值，是能量核吸引群聚的能力，据此而形成情结。越大的能量值，越强的吸引力，就会有越多的日常生活经验材料被卷入到情结之中。

只有当体验一个情结时，你才能度量它的感受基调，只有在这个程度上核心元素本身才是在意识层面的。一般来说，对自己的本性和生活经验的觉察可以让你具有这种心理敏感性，对个体而言也有可能对情结有相当好的适应。你可以调整自己的生活来避免遇到这种会造成心理压力的情境，或者如果这不大可能或者不尽如人意的话，你可以学习如何应对这种情结产生的压力。但是如果经常发生的话，核心元素又是无意识的，那么人从主观经验上便很难觉察到这种感受基调的体验，所以作为个体必须要改变。

当情结变得意识化，它的元素就会慢慢地解构，因此就不会像原来那样一触即爆。炸弹依然还在那里，或者至少它的组成部分依然存在，但是现在它没有那么危险了。一个处于无意识层面的情结会持续地为其核心赋能，并吸引越来越多的相关内容，因而会增加这个结构的不稳定性。我认为正是这种无法忍受的压力感将人们带到心理治疗之中，尽管他们向我表达的是这种具有感受基调的情结，然而呈现出来的很可能是某个具体的问题或者症状。

"情结"这个概念是荣格对心理治疗的原创性贡献，弗洛伊德承认自己受益于这个年轻的同事。弗洛伊德在自己的1901年专题论文《日常生活的心理病理学》（*The Psychopathology of Everyday Life*）中，描述了"情结"是如何干扰我们的意识目的——借助于引起令人尴尬的口误、误读、遗忘别人的名字，以及其他差错及笨拙行动，他使用了"意念循环"（circles of thought）来做解释。在1907年版本中他用"情结"代替了"意念循环"，标志着荣格开始影响到弗洛伊德。[1] 弗洛伊德贯穿于自己的工作中努力专注的首要情结，

02
情结与魔鬼

是众所周知的"俄狄浦斯情结"(Oedipus complex),它是围绕着"母亲-儿子"的关系。这个情结的衍生物,见于"阉割概念"(castration concept)——弗洛伊德大量讨论了它,也见于"恋父情结"(elektra complex)——它与"恋母情结"相似,描述"父亲-女儿"关系中的困扰。阿尔弗雷德·阿德勒使用这个概念时,是关注于"自卑情结"(inferiority complex)及其相关联的全部"权力情结"(power complexes),后者被认为是"克服自卑感受"的神经症手段。相比于弗洛伊德或阿德勒,荣格更进一步发展了"情结"的概念,指出了它在人生的许多阶段中的抑制(damming)效应。他特别关注于"母亲-女儿情结",他在自己的关于《母亲原型的心理方面》的文章中,有明确的论述。[2] 他还注意到"附体"(possession)情结,它经常显现在一种对"鬼魂"(spirit)的信仰中:"'鬼魂'是'集体无意识'的情结,当个体丧失自身对现实的适应,就会出现鬼魂;或者,鬼魂寻求把对一个总体人群的不适应态度替代成一个新态度。因此它们或者是病理幻想、或者是在当时仍不为人知的新鲜观念。"[3] 依据荣格的说法,其他情结是如此一些观念:人们把自身及自身努力认同于它们,因此有"救世主情结""治愈者情结""先知情结",等等。依据荣格的说法,甚至"自我"(ego)也最好被称为"自我情结"(ego complex),因为它是一种特定且强大的"自我概念",个体把自身认同于它,它为自己招引来某些非常特定的观念。"情结"是数量繁多的,因为它涵盖了带有"感受基调"(feeling-toned)观念的所有类型,它们会营造出一个强烈的意念氛围或行为氛围。

分析心理学中的一些深奥的论文,是论述"情结"的主题,而我欣然承认,它们所讨论的那些原则,我发现难以在理性上加以整合。在分析治疗过程中,当你认识到情结存在于无意识材料之中时,会更容易体验到"情结"。梦经常会触及这些显然被分裂出去的心理部分,梦使得它们显形为分离实体——经常以某种非人的或神话的形式。有时它们指向被长久隐埋的经验——这些经验虽然被遗忘,但保存了自己的力量来引起神经症,以及干扰个体心理生活的自然机能。

聪明的年轻女大学生西西丽娅（Cecelia）的体验，就是这样的。当我开始对她做分析，她正与一个"人格相当有局限且完全不成熟"的男人一起生活。两年前，西西丽娅在大学的第一学期退学，之后她就"迷失"在20世纪60年代的嬉皮士-致幻剂世界中。她的故事在当时非常普通，无需赘述。她中上阶级的父母自身是不快乐、缺乏爱心的。她母亲是一个自以为是的女人，期待全体家庭成员在每个事情上都符合她的要求，从穿什么衣服到持有什么政治见解。她父亲则安静、内向、窝囊，在家里很少说话，除了偶尔软弱地尝试改变妻子的苛刻要求。对待西西丽娅，他总是耐心、迁就、不加管教。

在去年，发生了件事情。西西丽娅吸食大麻，被母亲发现。她父亲承认自己早就知道这事，并且不认为这事很严重。仅仅他的态度就激怒了母亲。她严厉训斥西西丽娅，辱骂她。之后不久，西西丽娅离家出走，并且很快交往上一个年长的瘾君子。这个男人把她引向迷幻药、群交。西西丽娅经历了几次堕落的旅行，变得精神混乱而偏执。西西丽娅的父母最终找到她，并把她送到一个私立精神病院。几个月后，她变得闷闷不乐，对这世界愤愤不平，但相信有一个"比她在上一年的生活"更好的生活方式。`

通过吸食毒品西西丽娅或许可以获得片刻沉醉，但随着时间推移，她发现那片刻沉醉不一定会带来即刻开悟。她想找出关于开悟，别人会说些什么。她开始阅读荣格，并发现他的对无意识的神秘过程的一种更加深度的理解方式，是远非瞬间的，而是提供了一种缓慢且艰辛的进入"与那些过程的一种富有成效的关系"的。她还在自己的阅读中发现：不仅荣格，连埃文斯-温茨，都完成了学术研究训练，他们懂得辨别和建立秩序的技术——要把一个创造性的灵光一下转变为现实的创造，这些技术都是必要的。

在那"捷径"行不通之后，西西丽娅决定去接受分析，让自己经受那种困难的成长方式。她返回大学开始学习，经常对学校里的要求不屑一顾，但借助于以一种"负责任"的方式（我的意思是指：找出情境中的事实，而非

02
情结与魔鬼

夸夸其谈宽泛的无根据的见解）来表达自己的困扰，她写诗及散文，画有意思的油画。

她还是偶尔会有偏执妄想的经历，并且，当她的游移意念（wandering thoughts）变为诱惑，令她分心而不能做自己认为的重建自身人生所必要的事时，她会变得愤怒。当时与她一起生活的年轻男人，是她在大学遇到的一个同学。他想与她结婚。在某个层面上她完全想要结婚，但她经常会主动与他争吵，所以似乎是她正在疏远他。每当她被鼓励去反思自身行为的反复无常时，她会坚持认为：自己正尽力改善二人关系。

在当时，西西丽娅发现，他的陪伴是有支持作用的，但她不确信自己是否想要与他一起生活。一天夜晚，她做了这个梦：有一只巨大的黑色母熊。那熊正与一个男人搏斗。那男人在另一男人的帮助下，把那母熊堵在一个洞中。然后我过去，拿着一个枪。其中一个男人不断朝向那熊开枪。他们把她拖出洞，她仍然有一息尚存，所以他们再次射击她。那熊满身是血。然后有一个盛大婚礼。所有人都在那里。新娘出来了。她长得丑陋，还打着喷嚏。她母亲把一个棕黑色的人造皮毛裙子和外套披在她的结婚礼服上。

西西丽娅的梦，表达出她对不断对抗自己意识愿望的那些沉重且威胁性的力量的感受。那力量是女性的且不可抗拒的——你无论如何都无法摆脱它。她生命中男性元素的力量几乎无法抗拒那可怕的母熊。西西丽娅尝试求助于拿着一杆枪。她认为自己能够摧毁那粗暴残忍的动物，但既然它是她的一部分，她要这样做就必然危及她自身的完整性（totality）。把那熊堵在一个洞中，就象征着尝试摆脱生命中无法被容忍的部分。在这个例子中，那母熊意象可能在某个层面上指的是那女孩的母亲，是母亲险恶的一面。在多年来，母亲情结已经为自己带来那么多体验、感受和态度，使得现在它被很好地掩盖，以至于吸引这些内容的原初意象已经无法被辨认出来。这个残忍的动物，表征一个意念的整体情结，它关联于那可怕力量，即母亲、母亲的残忍、以及母亲对自己孩子盲目的本能性的保护。射击洞中母熊的两个男人象征这个女孩——即试图借助于回避来应对困扰的逃跑者——的反叛一面。

把熊拖出山洞的努力，暗示引出被隐藏之物的分析过程。在此其目的似乎是要摧毁那破坏性情结。与那个年轻男人生活在一起，直接违背母亲的希望，这是一个残忍的事实，并且当我们看到那个年轻男人的人格在某些方面十分类似于那女孩软弱无能的父亲时，这就更是如此。当梦结束时，新娘出来，她非常丑陋，并且打着喷嚏，体现了消极的母亲情结干扰对美好女性特质——关于结婚之日新娘的传统特质——的表达。据说"喷嚏"是摆脱恶魔或魔鬼的一种古老策略——也就是为何，每当认为有某种凶恶生物逃脱，我们就会说"愿上帝保佑你"。由新娘母亲的意象所表达出的母亲情结，仍不曾被消除，仅仅转变为另一个不同的意象，她仍然在继续自己的恶毒勾当：试图为那个女孩披上空虚的熊皮，即支配性的残忍女性的礼服。

在修通西西丽娅的消极的母亲情结一段时间之后，情况开始变得清晰起来，那头熊象征她本性中的内在方面：它从不曾得到温暖及情感上的充分满足，因此以一种非理性的方式继续要求自己所需要的东西。西西丽娅身上的那种愤愤不平的贪婪特质，已经开始融入其人格，它必须被给予所要求的东西——而西西丽娅必须学会去关注。她开始对自己的家感兴趣，使它成为表现自己兴趣及技能的私密的方式。她重新对绘画感兴趣，把自己的画作悬挂出来，供自己欣赏。她为自己的室内墙壁设计了一个漂亮的壁饰，是一个"日环"（sun-circle）样式，在每个早晨，都向她表征出一个新的人生循环、一个新的一天及一个新的机会。她喜爱东方宗教及英语文学课程，并且写出了一些非常好的学期论文。有时她会创作一首诗歌，只是为她自己。创造性的母性开始逐渐战胜破坏性的母性。

或许有人会说：她是在用自己的艺术及手艺来升华自己的神经症倾向。但我不会这样告诉她。我无法想象她会勉强接受这个解释，因为她已经为摆脱那可怕母亲而奋战。

熟悉弗洛伊德的《梦的解析》的人都易于看出，我们同样能够轻松地以传统精神分析的方式阐释西西丽娅的梦。可以从纯粹人格方面、而非吞噬性母亲——它否定女性的创造性母性——方面,来看待她与那个年轻男人的两性关系问题。本来可以把西西丽娅描述为处于一个退化的心理性欲阶段,仍然生活在一个前生殖状态,无法进展而超出一种对自己母亲的口唇依赖。在此,可能被提供的阐释细节并不重要。重要的是所浮现出的冲动(thrust)的差异,取决于你是否强调情结的起因,从而解决病因问题(即疾病的起源);或是否你把情结视为一个指向梦者的潜在发展的动态指标。

早在荣格作为精神病学住院医生,在苏黎世伯戈尔茨利(Burgholzli)诊所工作时,就发现了"情结"。当他于1900年来到该诊所,他就已经在撰写自己的博士论文《论所谓神秘学现象的心理及心理病理学》。[4] 在白天,他接诊患者,并且在主任尤金·布鲁勒(Eugen Bleuler)博士的指导下从事一个研究项目,尤金·布鲁勒对精神病学历史的巨大贡献,是专题论文《早发性痴呆》(*Dementia praecox*),或《精神分裂症群体》(*The Group of Schizophrenias*)。晚上,荣格专注于S.W.的问题,这位年轻女士曾带来令人惊奇的降神聚会,以及异常的行为,他早在医学院就读时对此就极感兴趣。

在荣格对S.W.的描述中,她脸色苍白,黑色大眼睛发出一种奇特的穿透性目光。虽然她身体单薄,但貌似很健康。她行为举止通常非常保守,但有时她会变得极度喜悦或兴奋。她受教育水平有限,她出身的家庭中,没有多少书籍,而家人们都是工匠或商人,他们的兴趣非常狭窄。此外,她的智力一般或稍微偏低,不具有特别的天赋。当无事可做时,她喜爱手工活,或只是坐着发呆。所以至少在表面上,这个少女没有什么值得注意的地方,日常生活中的人们也不会期待她会成为生活在超出普通意义的奇异世界中的"幻视者"(visionary)。

但确实有不同之处。她的家庭中有一种模式,会把很可能被我们认为超常的现象接受为正常的。无论在外人看来那种行为可能显得多么稀奇古怪,年幼的儿童倾向于把家人的行为看作理所当然。因此S.W.不可能知道:清醒时的幻觉是奇特的。她的祖父，一位非常有才智的教士，经常以"带有对话的戏剧性的情景"的形式详细叙述自己的幻视；她的奶奶总是突发眩晕，然后神志恍惚地说出预言。这些时候她不可能知道它们的异常之处，荣格在她的个案史中把她父亲描述为"一个有古怪观念的奇怪、独特人士"，他父亲的两个兄弟也是如此。这三人都有清醒时的幻觉，并且都有预见能力（premonition）。她母亲是一位边缘性精神病患者，一位姐妹是癔症患者并被称为"幻视者"，另一位姐妹被荣格描述为患有强烈心身性因素的心脏病。

在 S.W. 的这类家庭中，生命的理性方面必然与无理性（non-rational）或甚至非理性（irrational）的方面并列存在。早年训练及教育通常在一个儿童心理中的"事实"与"幻想"之间树立起的屏障，在她这里是"缺失"的——或至少是"有缺陷的"。内在幻视（vision）必然已经被认为至少与客观世界中的经验同等的有效。没人会对那在黑暗中"看到"物体形状的孩子说："宝贝，别担心，它们实际上并不存在，它们只是想象出来的。"相反地，那些夜晚意象应该是被增强了——被父母的巨大兴趣，或许甚至被暗示：它们无疑属于向一位被选中的少数人显现的鬼魂世界。在 S.W. 的家庭中，接触"鬼魂世界"的可能性，被视为一种非常特别的天赋，而非潜在危险。我已经指出，S.W. 所受的教育或文化修养都很少。对于她来说，理性世界是几乎关闭的。但通向非理性人生事件的大门是完全敞开的。她把它们视为自然发生的事件，要体验到它们，似乎不要求她做出任何特别的努力。

关于这个"鬼魂世界"（spirit world），许多接受了传统教育的美国人理解起来有大量困扰。大多数年幼儿童有想象中的玩伴，在云朵中寻找意象，谨慎地不冒犯鬼魂（"脚把裂缝踩，妈妈背折断"），并且有无数的其他方式，来尊重生活的非理性部分。但幼年期教育是一种洗脑，影响这种洗脑实施的儿童成长专家，主要是属于打折扣的弗洛伊德学派概念，这些概念寻求把"非理性信念"解释为某些无意识冲突的结果——仿佛或许在某种无意识层面上，一个好斗、反叛的儿童，在深深地爱自己的母亲并且需要她的同时，有

02
情结与魔鬼

时真实地想要折断母亲的后背。无意识中的这种魔鬼倾向必须被分裂出意识,因为儿童无法承认自身内在的冲突。因此必然应该从外部看待那鬼魂,而且必须要安抚它。

理性的父母——他们已经被很好地灌输该信念:每个事件都有一个起因(cause)——认为他们已经理解非理性信念及幻想的起因。这些"起因"可被追踪至个体中所存在的不受欢迎的倾向。理性教育会根除这些倾向,把它们暴露为无意识的破坏性方面,仿佛"暴露"或甚至"理解"会结束它们。弗洛伊德在《日常生活的心理病理学》中的"关于决定论、对偶然以及非理性的信念"的文章,促成了该观点:理性教育能够结束它们。它的影响,已经对儿童教育过程产生了非常重要的作用。消除西方知性传统中的非理性信念、神秘主义、非理性的启蒙话语的呼吁,被它转换为心理学措辞。

S.W. 不曾接触到任何这类新思想。不足为奇的是,当她在家里及从朋友听说"桌灵转",她会对之感兴趣,并要求参加那些试验。半开玩笑半严肃地,她加入那家人及朋友的圈子,坐在黑暗中感受他们全都围坐在那桌子边的活动。她在某晚宣布:她接收到了讯息,这些讯息是她祖父的鬼魂传送给她的。那些在场者,包括医学学生卡尔·荣格,惊讶于那些讯息中带着的牧师语调,它们似乎符合那位老人的"性格特征"。基于荣格的论文,我们可以拼凑起某些一定发生了的事情,那个论文是一个心理分析——根据他在从降神会回家后所做的记录。

在他于 1899 年 8 月首次观察到这种现象之后,他把 S.W. 说话时所处的那种恍惚状态描述为"梦游症"(somnambulism)。他把那个事件称为一次"发作",并且明显把整个事情视为一种精神疾病的表现。无论它还可能是别的什么,但当时他不愿意推测。

当发作开始时,S.W. 会逐渐脸色苍白,慢慢地坐到地板上或椅子中,闭上自己的眼睛。然后她会呈现假死状态,明显丧失意识控制,在临床上这被称为"木僵症"(catalepsy)。当终于开始说话时,她整体上是放松的,她的眼睑反射仍然正常，她的触觉也正常，所以当有人意外地接触到她，她会显得像受到惊吓一样。在这个阶段，她不再觉知到自己的一般人格，证据是：喊出她的名字，她没有反应。依据在场者的说法，她获得了那些已故的亲朋好友的身份，极其准确地履行他们的角色。逐渐地，在几个星期中，她的表演演变为整套的戏剧性场景，其中充满激情及热烈的言论。有时她甚至会用书面德语极流畅地阐述，而在正常状态中，她讲这种德语却是结巴笨拙的。她的言语会伴随夸张的姿势，有时会突然变得沉醉热情。她始终以第三人称谈及自己，而当她使用第一人称时，这仅仅预示了另一次爆发。

S.W. 通灵表演的模式，是阅读过神秘学文献的人们所熟悉的。发生于一个有她那种背景的女孩之中，这并不意外。然而令荣格特别感兴趣的是某些幻视体验的内容，这些是在他们的私下会面中她向他描述的。她告诉他：当她躺在床上，处于清醒与入睡之间的状态，她会感到房间中充满光明。会有耀眼的白色形象从那光明中出来。那些女人腰系飘逸的长袍，头部缠着头巾。随着时间推移，她开始发现，当她上床时，那些鬼魂已经在那里。在那之后，她在白天也开始看到它们，尽管是短暂瞬间。那些幻视令她有一种神秘的极乐感受。只是在罕见场合中，并且是在夜晚，她才会看到有魔鬼特征的恐怖意象。

荣格最终相信：S.W. 的幻视有它们自身的一种奇异的真实性，但他只能够猜测它们的本质。随着这些怪诞体验的发展，她报告说，在她看来，它们似乎是非常自然的。她告诉他："我不知道那些鬼魂所说的及告诫我的东西是否真实，我也不知道它们是否确实是它们自称的那些人；但我鬼魂的存在是毫无疑问的。在那时我可以自然地向它们谈及我所期望的一切，自然地就如同现在我向你谈论一样。它们一定是真实的。"然而看到幽灵的那位年轻女孩，完全不同于"在这些高能量时期"间歇中过着正常人平凡生活的女孩。荣格看到，她过着一种"双重人生"，拥有两个并列存在或相继存在的人格，每个都在不停地追求掌控权。[5]

02
情结与魔鬼

荣格对这位处于恍惚状态中女孩的活动的阐释，是在科学条件下做出的，包括对资料的精细观察及分类。他详细描述全部症状：发作前夕的头痛、与之而来的冷淡苍白的模样、暗示癫痫样失常的注意丧失。他还描述了各种表现：在幻视之外，还有下意识地书写、含混言语（glossolalia，说话方式奇异、不可被理解）以及潜隐记忆（cryptomnesia，记忆表象出现在意识中，但不被识别出为记忆，而是显现为原创物）。

荣格感到，自己应该更充分地参与，以便感受正在发生的事。他的参与必然是超出了客观、科学的手段。他亲自加入桌灵转，关注言语暗示对受试者的影响。他甚至还进行有更强影响的试验：他亲自非常轻柔地推动或进行一连串有节奏的轻微拍动。即使当他停止施加这些刺激，桌子的活动也会变得更强烈及持续。荣格把这个解释为一种部分催眠性恍惚（hypnotic trance）的诱导，并把它相比于催眠师在引导出一次自动症（automatism）表现时所经常使用的方法。

他考虑到了暗示感受性（suggestibility）的因素，还考虑到了受试者的可疑的心理健康状况。全部这些能够很好地解释意识状态改变的某些方面，但关于S.W.所谈论内容的来源，他仍然一无所知。随着她的状况变得更极端，她貌似正发展出一种高度系统化的"神秘主义科学"。她开始暗示：那些鬼魂向她揭示了这世界之中及之外的那些奇异力量的本质。

她断定自己可以信任荣格，一段时间之后她给了他一张纸，上面有她写下的许多名字。那是些新创的语词（neologism），据称是描述指导宇宙的力量的本质，这些力量既是物质的，也是精神的，作用于人类及物质世界。荣格依据她的指示，描绘出整个体系，并追查"或许导致了那些字词杜撰"的她的字词联想模式。它们是包括了来自物理学、占星术、神话的字词碎片的一个大杂烩。他同时也感兴趣于体系自身的建构，比如说，无意识过程自身是如何试图解读我们的世界的创立及运转的神迹。他从自己的经典研究中得知，在每个文明中都会出现宇宙起源的神话，并且经常为文明发展的方式奠定基础。他对 S.W. 的讯息的着迷，是否和他的这个信念相关：神话不仅发生在一个集体背景中，也能够自发地出现在一个个体之中？或许甚至他的某些个人体验，例如他对自己的童年时的阴茎崇拜梦境的回忆，或许能令他从容地迎接这些神话的出现——在那神话中，个体不受一种普通意识的束缚。

　　S.W. 还有其他浮夸言行（extravaganza）。其中一个，是有一个德国北方口音的轻浮绅士，他试图迷住在场的全部女士。另一个，是报告鬼魂们的关于火星地理的说明。她得知，在火星上，人们的旅行都是借助于飞行机器，那里早就有这种机器（这是特别有趣的，因为在这个报告的出现几年之后，莱特兄弟在一个重于空气的动力驱动机器中进行了首次飞行）。在她叙述的那些复杂体系中，"转世轮回"（reincarnation）也在其中，由一个被称为"艾文思"（Ivenes）的鬼魂作为代表，自圣经时代以来，它周期性地每200年显形一次。她编织出一个复杂的叙事结构，其中包含仍在世及曾经存在的她的全部家人，她对"必然是她从某处听来或偶然获得"的细节的"惊人的沉着及……聪明的使用，令荣格及其他人既惊讶又困惑。"[6]

　　在荣格的论文中有迹象表明，他在深思这些事宜的同时，已经开始在自己的心理中构想心灵的多面（many-faceted）无意识部分这个概念，当它被激活时，能够产生出无法仅仅借助于压抑理论来解释的大量材料。但之后发生的某个事情，妨碍了荣格在当时进行进一步的思索。随着描述了"艾文思"、S.W. 的亲人以及转世轮回，S.W. 的产物已经抵达高潮，在这之后，它们的品质明显逐渐降低。这种精神恍惚（ecstasies）变得越来越空洞，它们的现象变得更浅薄，而先前被完全差别化的人物，现在变得被混淆且难以归类。短时间后，交流变得不稳定且谨慎，那相当平淡的年轻人开始进行掩饰。

　　情况已经变得可被荣格察觉到，S.W. 现在开始明显地强迫自己的"鬼魂"去行动，其表现很快具有了一种欺骗特征。到这时，荣格失去兴趣并退出活动，后来他为此深感痛惜。

　　荣格推测，这里所浮现出的各种人格，特别是被清晰界定的、规则且连续地出现的，可能表征了变得分离于受试者的意识人格的无意识方面。在通灵期间，正在进行言语表达的受试者能够受到暗示，这些暗示的催眠作用隔离开言语中心。例如，向灵媒的询问"是何人在说话？"能够作为一个通过暗示而综合（synthesize）成的无意识人格。他能够表明，无意识人格是如何经由暗示而逐渐建造起它自身，以及无意识人格的形态自身是如何对"更深层无意识人格的发展"有巨大暗示力量的。他推测，当分裂出去的无意识人格在降神会时涌现，与它们相关联的情绪就不得不被转变为似乎不是"受试者自己的感受"的一部分的某种东西。因此是否能够得出这一结论，即被分裂出去的心理部分，是伪装为超视力者（clairvoyant）及早已死去的其他非凡形象的象征性表达？在此，荣格在自己的著述中首次提及弗洛伊德："这是否与弗洛伊德的梦的调查结果相似，尚不可得知，因为我们无法判断，在何程度上相应情绪可被视为是'被压抑的'。"[7]

至于视觉幻觉，荣格为 S.W. 的入睡前夕的幻视寻找了一种可能的基础。寂静会促进听觉幻觉，而黑暗会促进视觉意象。"能够看到一个鬼魂"的期待会引起视觉区域的兴奋。然后出现"内视（entoptic）现象"，即在明显的黑暗中似乎看到拥有形状的微量光明，特别是当个体有丰富想象力的话。

关于在荣格的事业伊始最初公开的这个成果，他的假定特别重要：无意识对陌生及神秘体验的感受性，远远超出意识心理。在荣格获得这个领悟的时候，心理学领域中仅仅开始谈论无意识这个概念（虽然艺术家、诗人、剧作家，以及所有时代的浪漫主义者都熟悉它）。荣格在此所触及的，很可能是一个多重人格障碍的个案。在那个时代，这种疾病不被承认，但在今天，它被理解为解离性障碍（dissociative disorder）的一种形式，通常是源于某种早年的创伤事件或情境。

荣格时常与自己的主任讨论学位论文的情况。当尤金·布鲁勒（Eugen Bleuler）检查荣格这位年轻医生的工作时，心情应该会非常复杂，因为那些吸引荣格去开展研究的素材是否适合于科学论文，都是非常值得怀疑的。而他完全清楚这其中所需要的平衡的技巧——当他指导卡尔·荣格进行字词联想研究工作的同时，S.W.、"艾文思"以及对神秘科学的揭示正占用荣格相当大的精力。

在伯戈尔茨利诊所期间，联想试验工作占用了荣格的大量精力。似乎他愿意把自己的创造性能量集中于证明：患者对系列字词的反应能够被测量及评估。或许他是厌倦于思考那些难题——为他带来那些问题的有 S.W.，更有那神秘的"艾文思"，它不知来自何处，当然不是来自那头脑简单、所受教育糟糕的 15 岁女孩自身往日的经历。

字词联想试验，即使不是第一，也是最早被设计出的心理投射测试之一。在当时仍不曾使用"投射测验"（projective test）这一术语，这种工作的名称是"试验"（experiment）而非"测试"（test），原因是："测验"说明对于所提出的询问或问题，只能有一个正确回答，"试验"则说明不存在期待的特定回答，被试自由地就被询问的事宜做出自发的响应即可。此外，"试验"必须是"目的开放"（open-ended）的，因为进行试验的目的是为了发现之前未知之物，而"测验"的目的是找出被试如何能够接近于测试者所渴望的响应。

在联想试验中，首先会告诉临床患者：这不是一个测试，答案没有对错之分，也不会有竞争性的评估。逐个向患者呈现 100 个字词，并要求患者尽可能迅速地用脑海中第一个浮现出的字词来响应每个字词。告诉患者，他的反应会被记录，反应时间也会被计时。做完这个之后，再次把那个字词清单给患者，这次要求他尽可能使用第一次时的同一个字词做出答复。试验目的声称是揭示出为精神病人做出诊断时，字词联想的作用。

布鲁勒教授曾经断言："所有心理活动都基于源自感觉与记忆线索的材料的交互转换，都基于联想。"他确信：也许除了那些存在于最小生物中的、甚至值得怀疑的可以感受痛苦及快乐的能力之外，无法想象任何不含有联想的心理活动。他曾经表达自己的惊奇说："联想律是我们唯一的思维定律，这一命题竟仍然遭受质疑。"他提出理论：一旦我们认识到，联想律并不仅仅包含

02
情结与魔鬼

那几个明显划分的类别（相似、对比、同时性等的联想），思维定律就应该被视作等同于联想律。他确信，思维过程中的每个联想，都伴有无数不同的呈现方式。在可能呈现自身的联想中，能够出现那些与个体往日经历有关的事件。包括生活中的事件亦或是曾经盘踞其脑海中的幻想体验。联想的另一个丰富来源，可能是个体的目的或意图，它们太不成熟而不被承认为意念。被试的心境既能够抑制也可以提供足够的联想。布鲁勒得出结论："联想活动镜映了往日及当前的整个心理本质，连同它们的全部体验及欲望。联想从而成为全部心理过程的索引，我们不得不去解读它，以便能理解完整之人。"[8]

当有同事询问布鲁勒，他是否可能过分强调了某个字词能唤起什么联想这个"小事情"的重要性时，布鲁勒则更加维护（strained）自己的理论假设。他的著名论断是，在某种意义上，"每个心理事件，每个行为举止，只能以某种确定的方式，对那个具有特定过往的特定的人产生影响。每个单独的行动都可以表征整体之人：从人的笔迹、面相、手掌形状、风格，甚至穿鞋方式，来推断整体的努力，并不是完全愚蠢荒唐的。"[9]

就验证这些试验所基于的布鲁勒假设而言，荣格及同事在几年中所做的工作显然是失败了。联想类型与各种实际疾病之间无任何有意义的关联。可能有几个例外，但总体上，布鲁勒所界定的各种联想类型在正常及病患的人群中都普遍存在。至于反应时间，当对研究结果取平均数后，可以发现总的来说，男人倾向于比女人反应稍快，有文化者倾向于比未受教育者反应稍快。但通过患者的联想类别可以诊断出患者的疾病的这个假设，是无法确认的。

荣格仔细考虑自己工作中令人失望的结果，他意识到，他未能专注于试验中出现的一个意外但重要的因素，即同一位患者对各个字词的反应时间的巨大差异。他发现，在正常被试中也是如此。虽然呈现的大多数刺激词会在 1 秒至 2.5 秒内引起反应，但某些字词被试反应前会有一个延长的间隔期，而某些字词甚至会让被试置若罔闻。荣格自问："这意味着什么？"，这被证明是他的情结理论未来发展的开端。这样一来，曾经的一个联想的描述性理论，现在突然变为一个联想的动力性理论；问题不再是"这是什么类型的联想？"——现在它是"联想过程是如何起作用的？是什么促成它？什么干扰它以及原因为何？"

按照荣格的理解，联想过程的关键是意图（intention）及注意力（attention）。多数情况中大多数人的意图，是把一个信息关联于另一个信息。最简单形式的"思维"就是这样，而基于已有证据推断，更复杂的思维形式也是如此。虽然我们打算把一个事实、概念或观念与另一个相关联，但我们发现，为了达成这个目的，我们不得不引导自己的注意力。以至于我们关注于自己的所听、所读或所见，我们能够思考它并从中得出有意义的推断。在联想试验中，当注意力集中于那个字词，迅速反应的目的就可以达成。然而，主试说出某些字词时，会带来异常反应，这是一种注意中断。荣格认为这类异常反应指向情结。除了被延长的反应时间之外，还有其他可以反映情结的指标。荣格最早发现它们，后来这些都成为一些经典的诊断线索，在被应用于所有理论流派的心理治疗实践。

其中一些情结指标是：（1）使用不止一个字词做出反应；（2）违背指令的反应（这可能与分心有关，或可能表明智力不足）；（3）复述中的错误（这些可能暗示回避或回忆失败）；（4）面部表情变化表达出的反应（被人发现但不自知，如同被当场抓住偷吃饼干的孩子）；（5）笑声所表达出的反应（可能有情感置换，例如当试图掩盖一个痛苦联想）；（6）脚、身体或手的活动（暗示不自在、不舒适）；（7）咳嗽或口吃（拖延时间，以便找到一个次级联想，替代进入脑海的第一个）；（8）"是"或"不"之类的不充分反应（这些可能指向阻塞，使人无法做出一个真正的联想）；（9）对刺激词的现实意义无反应（这应该是对被试者的自我意象的防卫）；（10）习惯性地使用同一个字词（这也指向回避，可能指向对压力的刻板响应）；（11）用一种外语反应（在此重要的应该是：找出这种语言在此人的生活中有何作用）；最后一点（12）完全无反应（因为这也是一种反应，一种有意义的反应；在心理治疗中，"无物"就是"某物"）。

如此，荣格走上了一个全新的道路，即探索接受该试验的精神病人中存在的情结是如何干扰他们的字词相互间联想的过程的。非精神病人的另一些人也体验到同一种困难；虽然这些结果不如患者强烈，但仍然支持这些研究发现：对联想的干扰来自注意力中断，而注意力的中断又来自于情结的冲突。联想的模式及其中断现象都指向情结。

在分析过程中，分析师非常密切地跟随患者的联想。借助于询问适宜而开放的问题，联想能够追溯至情结，可以通过揭开情结来揭示其核心元素。但患者不会直接把情结告诉分析师；他更可能揭示自己隐秘的魔鬼（demons），因为情结经常以那种方式出现。作为一个例子，让我们看看保罗的个案。

保罗是一个独立房地产公司的运营商。有几个人为他工作，但他明显是负责人，处理大部分重要交易。在人生的很多阶段，他已经赚取了大量钱财，但经常是通过不道德的交易。在这个过程中，他失去了朋友，也树了劲敌。对他来说，现在事情正变得糟糕起来，于是他开始治疗，希望找到看待自身人生的另一种方式。他的当前症状是严重抑郁，缺乏之前曾激励他的活力及热情。分析的特点是：有大量关于他在过去的全部不正当行为的"真实忏悔"，也夹杂着他表达"改变"的欲望，以及对他赚取无耻财富时所犯下的罪过及错误的懊悔。全部的这些检讨，并没有减轻抑郁。我认为，在我们能够开始看到希望之前，必然会发生大量其他事情，所以我要等待一个线索。最终它出现了，是以如下的梦境形式："我与妻子正坐在客厅中，谈论我正尽力处理的生意上的问题。我面前的桌子上有个小物体，靠近桌子边缘。我暗中想到——如果这个物体从桌上掉下来，我就会破财，但如果它停留在桌子上，我就会获得成功。如果我不触摸它，它就会稳妥。但我想到，如果那物体是在桌子中央，则它会是绝对安全稳固的。所以我开始轻柔地把它移向桌子中央，但我的拇指刚一碰到它，它就掉下来了。现在我确信：我的无意识通过让我移动那个物体的方式来控制我的意识心理。"

我询问保罗，他在日常生活中，是否曾有跟梦中相似的那种感受？他回答说，他经常有这样的感受：他人生中的某些事件是征兆，它们可以告诉他事情会如何进展，而当它们作出预言后，结果都是应验了，似乎都是像之前预言的那样进展。我问他，他是否能够回忆起任何其他事例，是否能够回忆起第一次在他身上发生的这类事情？

他想了片刻，然后说，他知道了第一次这类体验可能是什么，那是发生在一场高尔夫球赛上。当时他已经设法使用一系列欺骗手段打入一次锦标赛，当时他认为自己能够侥幸成功，会有非常好的运气。他是赚大钱来的，但这次毫无耍手段的机会，虽然他实力不错，但对手确实远超他太多了。如果他侥幸有赢的机会，那么肯定是非常幸运的。而他非常想赢。他的身体状况极佳，斗志昂扬。他打得很好，实际上，他全力以赴。气氛越来越紧张了。在倒数第二个洞时，他已经与自己的对手打成平手。他的对手从球座开球，让球很好地进入球道。保罗仔细瞄准，他的球落在对手球的附近。对手开了另一个好球，落入果岭。开始保罗稍有偏摆，他的球落在粗草区上，保罗开始祈祷。他告诉自己：现在我真的想要赢得比赛。由于我近来一直进行的生意勾当，它也正在报应于我。那么如果我克服困难，打球入洞从而赢得比赛，我就金盆洗手改邪归正，终止我一直在做的这个肮脏生意。当他来到自己球的所在处，一切已成定局。他的对手长推击球，球在球洞边上摇摆，没能进洞。保罗感到宽慰轻松。他疾速跑开，来到果岭边上。他知道现在他不能失误。然后他的对手把自己的球轻推入洞。保罗完美地轻打，使自己的球入洞，打成平手。那最后一球是保罗打得最好最顺畅的一次。他凭借一分之差赢得比赛。

但次日在生意上，保罗还是用他的老花招。他远远不关心那比赛了。然而在那之后，他的高尔夫球从不曾打得很好。每当情况变得棘手，他就会搞砸。他会提前知道将会发生什么，而且也总是会如其所料。他知道这是因为

02
情结与魔鬼

他不曾履行承诺。

还有不少令保罗饱受困扰的事例。他向我讲述了一系列这样的事件：其中总有某种非理性因素以他无法控制的方式操纵他的人生。他总是看到来自外界的惩罚性元素。

他想到一次玩纸牌的经历。有一次他曾经参加自己完全玩不起的一个游戏。他没有勇气向别人承认这点，于是他一次又一次与他们玩，经常出现自己无法承受的损失。某天，他伸手到桌面上拿纸牌，发现自己意外地拿了 6 张而非 5 张。他迅速丢掉最不可能成功的那张。与他一起玩牌的那些人的眼睛更快，他因作弊而被赶出游戏。但他"知道"："某种东西"正强迫他离开一个不适合他的游戏，而他仅靠自己无法离开那游戏。

保罗出生并长大在一个虔诚的天主教家庭中。童年时他被教导说：如果他祈祷，上帝会听到他的祈求并回应。但为了获得他想从上帝那得到的东西，他不得不服从母亲及教会的规则；如果不服从，他无疑会被惩罚。尽管母亲忠实地参加礼拜，但他父亲宁愿星期日早晨去睡觉。父亲似乎不太在意那些规则，他只做自己高兴做的事。包括频繁地外出晚归，以及喝醉酒回家，并且很少关注保罗及其兄妹的需要。如果保罗想要什么东西，他必须自己设法获得它。如果他想要钱，他会不经询问地从父母的梳妆台拿。当让他把一角银币放到募捐盘中，他会把它塞进自己的衣袋，之后在糖果店买糖吃。但总是有不安的感受：他会因自己的恶劣行为而遇到某种坏事——而当偶尔确实发生了坏事，他"知道"这一定会发生。他无法逃避上帝的全视之眼（all-seeing eye of God）。在后来的人生中，当他远离了教会，对于他来说，那"眼睛"就失去了它曾经有的任何仁慈。它变为魔鬼的眼睛，他有时可能与它讨价还价，但它总要索取他的费用。那个魔鬼会驱使他、干涉他、监视他。

荣格在他非常早期的文章《早发性痴呆心理学》中描述了情结的尖锐效应，写这篇文章时他还在伯戈尔茨利。尽管那时关于"情结"的概念还处于萌芽阶段，仍可以看出他是如何捕捉到了与情结相关的感觉，以及情结是如何显现大致略同的情绪基调的，保罗受到他的强迫观念的控制便是如此。荣格写道：

> 在现实中，自我中心的观念的平静循环不断被具有强烈感受基调的观念——即感情——所打断。迫近的危险会将一些平静的想法推到一边，并将他们放置在一个具有非常强烈感受基调的情结中。然后新的情结将其他的一切都塞进这样的背景中。在这时，情结是最独特的，因为它完全摒弃了其他所有的观念；它只允许那些适应现在情景的自我中心的观念存在。在一定的条件下，情结能够在短暂的瞬间将所有与它背道而驰的观念压抑进入全然的无意识状态，不管这些观念有多么强烈。情结现在已经获取最强烈的关注。[10]

多年以来，荣格在情结理论方面取得了许多进展。他提出了心灵能量的概念，他认为这类似于物理学中物理能量的概念。他在1934年写道："现代心理学与现代物理学有一个共同点，那就是对研究方法的关注超越了研究主题本身。现代心理学的研究主题——心灵（psyche）在表现形式上是无限多样的，因此具有不确定性和无限性，如果无法加以阐明的话，也就很难给它下个定义。"[11] 他继续写道："使用观察法进行定义会更容易"。通过大量实证研究以及临床病例观察，荣格认为"某种心灵状态，会将它自己嵌入到主题（也就是'心灵'）的实验中，这也就是'实验情景'"。这种"情景"会通过同化实验过程及实验目的的方式危及整个实验。通过同化（assimilation），荣格认为"对实验存在误解是因为事先假定它是不可逾越的（比如说智力测验）或者事先就不重视其背后的情景。"[12] 这种对待主题的态度导致个体试图对实验者真正想要观察的过程进行伪装。

因此，非常重要的是，荣格关于情结的发现不是来源于直接寻找支持假设的证据，比如研究情结确实存在的原理，而是在不经意间发现情结的。当联想试验被心灵自发的行为所干扰，即被试验表面的目的所同化。然后，荣

02
情结与魔鬼

格就这样发现了情结,而在以前这种情况被记录为一个"失败的反应"。

"情结是如何交织于'人格原型的根源及环境刺激'的核心,然后将其纳入到联想的内容中",关于这点的发现使荣格认识到原有观点的根基是多么岌岌可危——原有观点认为调查孤立的心理过程是可能的。荣格断言,没有独立的心理过程,正如没有独立的生命过程一样。"只有对注意力和专注力经过特别的训练,受试者才有可能从过程中分离出来,才可能满足实验的要求。但这是另一个实验情境了,不同于先前描述的实验情景,仅仅是因为意识心理接管了同化的情结的角色,而这以前或多或少是由无意识……情结来完成的。"[13]

意识到情结的存在,尤其是意识到自己情结存在的任何一个人,都不会天真地认为意识具有统一结构并以有序的方式在运行。如果是那样的话,那么在意愿和行为之间将不会存在障碍,而且个体就能够一如既往地完成他们想要去做的事情,除非有纯粹的外部环境干扰。但是,我们谁没有在早晨带着任务出发,在没有什么事情阻止我们的情况下,到一天结束的时候还没有完成任务呢?意识的统一性经常被无意识侵入干扰——它们妨碍意图、干扰记忆,并且它们也会耍各式各样的把戏,正如我们曾见过的一样。

荣格将具有感受基调的情结定义为:

> 它是某个特定心理状态的意象,具有强烈的情绪色彩,并且与意识层面习惯性的态度是相矛盾的。这一意象具有强有力的内在凝聚性,拥有自身的完整性。此外,它具有高度的自主性,因此它只在一个有限的范围内受意识控制,因而它会表现地像一个意识领域之外的活的外来物。情结通常可以通过意志努力加以抑制,但不能说它就不存在了,并且一有恰当的时机,它就会以所有最原始的力量重新显现。[14]

下面一个例子,是关于情结的自主性是如何运作以及它的受害者是如何通过一切可能的手段来逃避它的。勒罗伊(Leroy),一位企业老板,身担重任的他要努力将员工的能力发挥到最大。在合伙人眼中，勒罗伊在处理事务时是一位非常有主见和有魄力的人，但他仍然很乐于接受那些他直接负责的员工给的建议和忠告。在成为公司的下一任董事长的路上，他也是一位非常成功的商人。但是，他仍然一直处于对自己的工作不满意的状态中。他将大部分的业余时间都花在了阅读贸易杂志、计算他在股票市场上的投资以及与下属商谈等事情上。总体而言，就是在不断地努力提高自己的业务能力，而在陪伴他的家庭和妻子时，他已精疲力尽。他几乎没有注意到自己和妻子的疏远，当妻子告诉他，她对他的忽视感到厌烦，并且对自己像仆人那样去让他这部平稳运转的机器持续运行感到厌烦，她想离婚。这突然令他集中注意于自己和妻子的关系。

他几乎不知道自己究竟出了什么事情——毕竟他为妻子提供了良好的物质生活、社会地位并让她有机会发挥自己的兴趣。但同时，他隐约地意识到不管他工作多努力，总是还有更多的事情去做；不管他学了多少，总是还有更多的东西需要去学。他似乎踏在一部"永远还有更快"的跑步机上，他极度地疲惫。他知道自己需要帮助，于是他咨询了一位心理分析师。

在初次的会面中，勒罗伊告诉我，他最近感到非常不安，睡得也很差。他睡觉时总是不停地做梦并有很多的意象，并且他不能肯定这是梦中的意象——或许是醒着的视象（visions）。他对这些视象感到特别地不安。我安慰他说这些视象是睡前先导，意思是在先于睡前的假寐中显现，在这个时候意识对无意识的防御降低，并且这种现象十分常见。勒罗伊从来没有和任何人讨论过这些事，因此他很焦虑，也不知它们因何呈现。我认为可能值得一起谈论一下这种体验，并且告诉他，在下次会面前，如果还有这种视象，或许可以将它快速地画下来并带过来。但他说他不擅长于画画。我回答说，我并不是一个艺术评论家，他的绘画可以提供一个方法让我参与到他的这些视象中。这将有利于我们以后的分析，并且他也可以发现一些让他感到很意外的事情。最后这一句话激发了他的兴趣，他在下次会面时带来了一幅他画的画。

02
情结与魔鬼

勒罗伊不确定这是一个梦还是一个视象,但他还是勾勒出了一幅画。图画中有一个男人在高处并仅仅依附在一个建造蹩脚的塔上,这个塔是由一些松散的石头堆砌在一起的。看起来好像他在试图逃离某些事情,但他的脚一打滑,把一块石头踢了出来,结果整个塔就崩塌了。一个女人正坐在塔的底部,那些石头很可能会掉在她的头上。

因为这仅是第二次面谈,因此我只问了他"是怎么认为梦是如何表征他现实生活状况的",而没有试图过多地去理解梦。他说他真的很担心自己的事业以及和事业相关的整个生活,因为事业是他最关心的事。他说有很多不可靠的人在为他工作,他一直不相信其中的一些人。他怀疑这些员工会为了自己的利益而掩盖很多的弱点和失败,从而在每年的年末能够展示一个看似平衡的财务报表。他深深地感受到自己的位置风雨飘摇,在这张图画中,他描绘的是一直不愿意向自己承认的情况。而且他看到他的妻子是这些不稳定性的潜在受害者。

此时,通过反思,我认为塔可能与他的自我意象或者自我发展有关,而这个意象具有未完成任务和毫无计划的习惯的特征,我们可以对塔这个意象进行探究。在塔底部的女人可能表征他尚未意识到的关于自身的另外一面,而这一面正处于危险中。但我不确定接受分析者是否准备好进入这样的推断中,所以我暂时将这幅画放在一边,尽管它可以让我们更深入地思考,可能会在分析过程中产生更为深层的意义。我认为攀爬的主题、不稳定的基础以及处于困境中的少女都是神话传说中典型的原型主题,并且这其中的任何一个都可能指向情结的核心。

在下一次与勒罗伊的面谈中,另一个梦继续为这个戏剧搭建舞台,分析过程将会揭示它的意义。围绕这个重要的梦,我会描述一些勒罗伊的评论。

梦是这样开始的:我成为了一个国王。每个人似乎都很友好地接受了。这个梦与教堂相关。

他接着告诉我:"我从来都不想承认它,因为我觉得它有点儿令人厌恶，但是这始终是一个关键词。我的名字是勒罗伊，源自于 le roi，在法语中就是'国王'的意思。虽然我是以祖父的名字命名的，但我一直认为它带有一种宿命感。我记得当我还很年轻的时候，我认为自己将会成为一个特别的人物，似乎我的母亲也坚定地认为他的儿子也将成为某个领域的'伟大的人物'。这个念头最极端的情况是，有一天，我想自己是不是下一个救世主（messiah）。"

"或许教堂与这一事实有关：用尽全力成为我父亲的儿子，这也正是我父亲想要我成为的样子，我跟着他一起去教堂（在这个意义上我母亲并不虔诚），并且我在很小的时候就极其虔诚了。记得我在一次生日时，我带着大人给我的钱去了一个宗教商店，当然是和我父亲一起。我将所有的钱都买了宗教类的物品，比如一个大开本的皮边圣经、耶稣圣像、十字架等诸如此类的物品。在那时，我打算成为一名牧师。"

我问他，现在是否也有过类似于那些他刚刚说的关于早期记忆的感觉？

他回答说："关于我是'国王'的感觉，我现在仍有。我会跟一群人坐在一起，通常是一群陌生人，或许是在商务会议上。跟他们在一起，我觉得不自在，我会突然感觉到我所有的注意力都在自己身上。好像是我太大了，或太好了，似乎我希望房间里所有的人都与我有同样的感觉：我是被关注的焦点。但不知何故，我将这种不太舒服的感觉与早期成为一个大家最喜欢的小孩、注定成为一个伟人以及被父母的朋友都羡慕的感觉关联在一起。当有人说我是一个令人羡慕或出色的男孩时，我的父母总是非常在乎这一点——并且我自己听到后也是高兴得不得了。似乎在那时这是我最主要的目标：让所有的人都认为我是一个非常好的男孩子，我的意思是在各个方面都好，长相好、懂礼貌、勤奋、孝敬父母，等等。即便是现在，我也经常发现我自己希望比别人都做的好。"他犹豫了一下，我耐心地等着。然后他继续说，"即使是现在，虽然我承认需要你的帮助，我也会对自己说，'好吧，在最后，你还是会成为你一直被期望的样子。你会了解你自己，并解决所有问题，你还是一个优秀的人。'"

他接着说，"我前面提到这个问题：我努力让所有的工作按照我的想法去完成。当我觉得很难这样去做时，我的胃部深处会有一种很奇怪的感受，好像在说：'如果你知道什么是对你好的，那最好现在就停下来吧'，也许我的工作正如那把梯子，可以让我借此爬到塔尖成为国王。"

我想起了塔底部的年轻女人，而他却忘记了这个事实：他踢下的石头将会落在她的头上。

他继续说这个梦："我了解到杰克已经密谋了一个阴谋来杀害我。他像其他人一样看起来似乎很友好，但是却在设计谋害我。只有将他干掉才能阻止他杀害我的阴谋。"杰克是勒罗伊公司的部门经理，他升职非常快，但在一开始他就注定会失败，勒罗伊告诉我，因为他不会让任何人走在他的前面，于是他给了杰克一个不可能完成的任务，杰克必然会功亏一篑。然后勒罗伊将利用一切的机会在公司的会议上指出他的失败。

"我是沃特福德路这一狭小领地（他是在这条街上长大的）的国王。这让我想起了小小的法国宫廷（French court）。我有我的臣民，他们身着盛装，精心举办宴会。我统治了一段时间，然后到了选择我的继承人的时候。我的臣民正在玩一个游戏，他们正设法用弓箭射击我。而我试图逃离他们。我很害怕他们，我奋力飞离他们，跑到房子后面，尽力飞上树，但却被紧紧地困住了。"

我问他关于"飞"的事情，他告诉我说："自从我能记忆，'飞'便是我梦里一个重要的部分。它总是以同样的形式出现。我尽力地将我的手臂上下挥舞，用尽全力，才能以这种方式刚好能够上升。我总是上升地很缓慢，这令我感到苦恼。我心里一直清楚，如果我停止努力地上下摆动手臂的话，那么我就会跌落在地上。尽管我很努力地这样做，常常还是根本就飞不起来。这是最糟糕的时候。"他继续讲述着他的梦："我的三个臣民从不同的方向追过来，我不得不疯狂地摆动我的手臂以便取得些许进展。我非常艰难地想要摆脱他们。最后，我意识到唯一避免被抓或受伤的方法就是解除他们的武装。所以，我采取了一个冒险的行为，我设法接近他们，并且在不会受伤的情况下，解除他们的武装。但是其他人会继续过来，我继续以这样的方式盘旋。我在前面的草坪上方，疯狂地摆动着我的手臂，才仅仅能让我保持在空中，只有非常努力才能前进一点点。米切尔（他公司的另一位高管）来了，然后我告诉他，他可以成为这里的国王。关于谁是新的国王的这一困扰看似有了一个答案。但是好似问题并没有真正解决。很多人都想做国王，但我还没有发现谁是最佳人选。"

到现在为止，勒罗伊已经试着用四种方法来解决他的问题了。首先，他依赖于自己的王权和权威来保持他君王的地位。第二，受到威胁，他试图利用他手中可以用到的任何资源来逃脱。第三，发现进展很慢后，他决定摧毁威胁到他的力量。第四，他知道自己无法摧毁所有的反对派后，他决定采用指派继任者的方式来保持他的权威。但是这个方法，还是没能解决问题。

梦还没有结束。"我像往常一样非常努力地飞向房顶。然后我降落于上，将其作为一个暂歇之地，并且可以通过踏离它而飞向房子的其他地方。这种模式下花费的努力，要比我完全依靠自己的力量飞要少的多。"勒罗伊现在开始利用已有的建筑，并且从中获得一些支持和冲力，当他将自己孤立在空中并且仅仅依靠自己的意志时，他是无法做到的。

"然后，我看到一些树在我前面，我决定将他们拉到我背后去，让他们通过空气来推动我。我将会把一些刺槐拉到我背后去。但是这些树干上有刺，当我碰到它们时，我的右手被两颗刺扎伤了。它们刺破我戴的手套然后扎进了我的手指。在那个时候，我主要关心的是，这些刺是否折断在我的手指中（好像没有），我是否在流血（似乎也不太多）。

在这个时候，我意识到一个电视节目只剩下五分钟就要结束了，并且在结束前必须要选出一个新国王出来。在某种程度上，我非常地绝望，因为没有找到合适的国王，我认为这需要我出面来挑选新的国王了。这项交易是以这样的方式出现的：某人沿着这条路走过去，或者以其他的方式出现，然后，我臣民的所有注意力都朝向他，在等着他，注视着他，然后扑向他，并选他为国王。

院子里突然出现了一股很大的骚动。在最后一刻，有人进来了，并被选为了国王。我一看，天呐（lo and behold），他竟然非常适合，虽然不是我所期望的。事实上，我几乎不认识他，但他会成为一个好国王的。"

当勒罗伊向树寻求帮助时，也正是他积极地追求超越自己能力的极限，也就是自我机能。他再也不需要仅依靠自己去逃避"这个会威胁他'优越感'的追赶他的恶魔"了，他可以寻求其他的帮助。在这里"树"可以从象征意义上去理解，并且已经有比较完善的研究。但此处我们的目的仅是：这是一棵树，有深入大地的根，枝桠伸向了天空，象征着向上的趋势，并且与其他的象征也有关系，比如梯子和塔，这代表着"三界"（下面的世界：阴间、地狱；中间世界：凡间；上面的世界：天堂）的整体关系。树象征着的三个世界反映了树的三个主要构造：根、树干和树叶。普遍意义上说，这棵树的象征代表着宇宙的生命：持续、生长、繁殖、生产和再生过程。考虑到梦者的宗教背景以及其下的原型基础，所有这些，尤其是"三个世界"的象征，一定植根于梦者的无意识知识。[15]

但是梦本身所选择的特定树"刺槐"在几个方面比较重要。可以肯定的是，槐树上有刺，就像梦中所描述的那样肯定会刺伤人。在很多童话故事中都描述过通过荆棘之刺来唤醒人的意识。刺槐的木质是非常硬的，它们可以抵御伤害，并能存活好长时间。它们生长得很快，并通过根部生长的吸盘以及散落的种子进行蔓延。所以，根茎在四季中保持生命力，而花在盛开后便死去，就像荣格的隐喻那样：无意识是永续的，而意识是短暂的。刺槐通过地表之下的活动而蔓延生长。所有的这一切都表明刺槐是转换的象征，在梦中似乎也是这样暗示。这个想法不是现在才有的，在圣经中也可以找到。当摩西带领犹太人的子孙经过书珥（Shur）的荒野之时，他们三天没有喝水了。

到了玛拉（Marah）也不能喝水，因为玛拉的水是苦的，百姓们私下埋怨摩西。"然后摩西呼求耶和华，耶和华指示他一棵树，一棵刺槐，摩西把树丢到水里，水就变甜了。"[16]

正如梦者勒罗伊在考虑他的伤口时，他正在试图去评估超越自我寻求帮助的结果（也就是刺槐）。他突然意识到时间几乎要结束了。他被快速地带回到了现实意识中——电视节目马上就要结束了，并且这是所有能够允许的时间了。梦者非常地绝望，但仅"在某种程度上"——这就意味着他的绝望是基于他自己的假设：他必须成为控制者，如果不成为控制者将没有什么好事可能发生。他突然发现这种方式是行不通的，因为命运有自己的方式决定谁将是统治者以及谁将放下权杖。

在恰当的时间里，恰当的人出现了，并被选为国王。这并不是勒罗伊做的，也不是他所期望的。事实上，勒罗伊几乎不认识他，但他知道他会成为一个好国王。

勒罗伊的梦清楚地描述了这个情结，这是一个权力情结。这种感觉从他一出生就扑面而来，他家人为他所取的名字就是期望他处于一个统治的位置。"王权思想"这一核心从童年早期就制约着他的大部分行为。随着他慢慢长大，他救世主的宗教幻想、他人际和学业的成功以及后来的事业成功，这些情况一个接着一个，决定他想主导一切的心理倾向。在与他人相处中，他有时温和，有时专横，但这一切都必须要支持他是一个优秀的人这一自我意象。在意识层面，他一直都被一种担心困扰着，他担心自己比自己的期望要差很多，担心自己比那些导致他这样想法并认识他的人的期望要差很多。对于这样一个觉得自己需要承受如此沉重负担的人而言，他的生活会是多么的艰难啊！

如果这个梦指出了情结起源的方式，它同样也提供了一种面对情结的有效态度。事实上，这个梦很大程度上暗示了很多问题可以在分析进程中修通，因为可以看出什么事情需要完成，而其他事情可能需要终生的态度转变，改变思维的方式,从而改变行为方式。梦的意向表明梦者通常想仅仅通过他的意志来行使他的自我功能。他必须知道,当他的自我及他的意志已经与本性、命运或广义上的生物性、宇宙节奏(有人称为上帝)的要求不协调了,他也成不了什么气候了。所以,当感受来临时,他花了巨大的精力和努力去做的事情将会让他无所适从,然后他必须尊重不受意志控制的本性,并允许本性来帮助他。最后,如果其他的所有都失败了,他必须心甘情愿地、简单地说"让它发生吧!"。然后他曾经积极去追求并感到绝望的事情,现在却变得很简单,很容易就能实现了。"我几乎不认识他,但他会成为一个好国王的。"这个梦帮助勒罗伊去信任和关注无意识的智慧。那么,分析继续前行就是可能的。

无意识包含人类潜在的一部分。这一部分为了个体走向自性化、也就是成为任何他们与生俱来能够成为的人,是需要被现实化的。因此这对于我们人类来说是非常基本的,是任何事物的价值得以发展的原始基础。与此同时,它神秘的深度拥有奇怪的形态,有时会使我们感到害怕,好像它们这样做是为了人类意识的曙光。无意识世界中的集体和神话维度,一直以来都是宗教历史学家,也是荣格的朋友,米尔恰·伊利亚德(Mircea Eliade)的研究主题。伊利亚德解释说,神秘往往是和无意识以及未知相联系的,如下所述:

> 在古代传统的社会里,周围世界是被设想为一个缩影的。在受限的封闭世界中无形地开创未知的领域。一方面有一个有序的空间,因为这是人所栖息并改造之处;另一方面,在熟悉的空间外面,是未知和危险的魔鬼区域,全是鬼、亡灵和外邦人,是一个混乱、死亡和漆黑的世界。周围被认为是亡灵的王国或是一片混乱的荒漠地区,这个居住缩影的意象,幸存于那些即使拥有高度发展文明的国度,如中国、美索不达米亚和埃及。[17]

荣格也许会坚持古代人的意象,比伊利亚德在上文所认为的更加接近二十世纪欧洲人和美国人的心理。他在《古代人》[18]这篇文章中提到："不仅仅原始人的心理是古老的，现代文明人的心理也是……每一个文明的人类，无论他的意识发展的程度多高，他心灵深处仍然会有一位古代人。"[19]当他到非洲大陆内陆地区旅行时，他观察到当地人在他们的仪式和典礼上表演各种习俗。他所见到的原住民都没有理解到他们的行为所包含的特别重要的意义，包括他们和鬼魂、祖先的灵魂或是类似事物的交往。我们对他们的思维方式及理所当然之事是如此陌生，我们会认为它们确属异域之物，荣格不愿让我们产生这种观点。他用一个假设案例来说明他的观点：

> 现在，让我们来假设我对苏黎世是完全陌生的，来探索这个地方的习俗。首先，我会在郊区住宅附近的郊外安顿下来，和邻居们建立友善的联系。然后，我会对穆勒和迈耶（Muller & Meyer，常见德语姓氏）先生说："请告诉我一些你们的宗教习俗。"先生们都吃了一惊。他们从不去教堂，都不知道这些，还坚决否认他们在进行任何这样的习俗。到了春天，复活节将至。一个早晨，我惊讶地看到穆勒先生在做一件奇怪的事。他正在花园里忙碌着，要藏彩蛋，还要搭建奇特的兔子玩偶。于是我当场抓住他，问："你为什么要对我隐瞒这么有趣的仪式？""什么仪式？"他反驳道，"这什么都不是。每个人在复活节期间都会做这个。""但是这些玩偶和蛋的含义是什么，你为什么要将它们藏起来呢？"穆勒先生愣住了。他不知道，甚至连圣诞树的含义都不知道。但他还是像原始人那般做着这些事情……那厄尔贡尼族人远古的祖先会更知道他们在做什么吗？这很有可能。任何地方的古代人只是做着他们做的，而只有文明人知道他在做什么。[20]

还必须多说一句，今天，"古代人"存在于每一位在世的人中，就像是"文明人"。在非理性能够激励行为的时候，我们的活动就有了古代的特征，在理性功能占主导的时候，我们就被认为是在以一种文明的方式活动。我得

02
情结与魔鬼

赶紧指出，我无意对拟古主义的或是文明的物质技术的发展进行价值判断。我更愿意尝试在人类心灵的结构上去区分这两者，它们无论在时间还是空间上都是共存的。

由于心理治疗师意识到潜在的个体差异可能是心理障碍的基础，他们就需要以他们自己的存在方式去靠近来访者，看看这两者间是否存在任何的共同点。心理治疗师必须要慢慢地鼓励和陪伴来访者去寻找情结，做好充分的准备找到类似于魔鬼和其他奇怪的鬼神这些预料中的情结。持有这个态度，我才有可能去和一位年轻的寡妇玛蒂尔达（Matilda），分享一些奇怪的经历。

刚开始的几次分析没有暴露出底层情结的真正本质。玛蒂尔达有严重的抑郁，但没有自杀倾向；她在这一方面表现得很被动。相较而言，她的心情更多是一种对一般世界的极度厌恶。

这是一种模糊的、弥漫的感觉，她几乎对她所做的一切事物都缺乏兴趣。玛蒂尔达只有23岁，她的丈夫仅仅在一年前、他们婚后四个月就死于一场意外车祸。她现在体重超重20斤左右，不关心自己的外表，为人冷漠，表现出一种普遍缺乏吸引力的状态，即使她的身体体征是基本完好的。她曾陷入极度痛苦之中，而且仍然还在承受着丧夫之痛。她告诉我，她觉得这是毫无意义的，是命运中可怕的意外。她说不会有任何方式去理解它或者是接受它；这整件事都是无意义的，只是向她证明了生活本身是毫无意义的。

是的，它不可能有任何意义。她不能指望上帝的帮忙，即使一些善意的朋友建议她这么做。她不相信上帝。她不相信有谁会在上面拉着人们的命运之线。她也不相信会有如此遭遇。事件都是偶然发生的。任何事情都是一种随机的意外。没有必要去尝试付出努力或意志，你没有控制的余地。生活是一系列漫无目的的事件。这就是玛蒂尔达来找我的时候意识层面的态度。

我让她知道我接受她面对最近所经历的事采取的态度是一种合理的方式，也是因为她生活更早年的事件让她拒绝了各种形式的权威，包括当她还是孩童之时，是在原教旨主义的新教环境里被抚养长大的。但我问她，她是否觉得自己的态度是必须具有建设性的，因为要有目的、计划和更广泛的观点，才有可能建立任何的结构体、精神或者其他的东西。我建议说目标依赖于寻找生命的意义，与此相关，我建议她去读一些经典著作，比如维克多·弗兰克（Viktor Frankl）的《活出意义来》(*Man's Search for Meaning*)。弗兰克在这本书里写了他作为一名犹太人囚禁在纳粹集中营中的经历。他不得不观察到一些被拘禁者将自己交给命运，束手就擒被带进毒气室。然而，其他一些人习惯了诡计多端的方式和对哄骗的想象，他们的忍耐力被扩大到极致，以至于他们中的大部分可以以这样一种难以想象的方式生存下来。弗兰克观察到，那些经受住深渊黑暗的人，是能够寻找到他们生命的意义或使命的人，也就是他们觉得要活下去的目的。他们有一种他们不会或不能背弃信仰的感觉。

在一次特殊的会面中，玛蒂尔达开始谈到弗兰克的书，并带来了她隐藏在深处的秘密。很明显她的感受是矛盾的。她从书里她很喜欢的部分说起，随后很快便转向对作者某些"超自然""命运"的批判态度。她不认同他对被拘禁者的归因，他们的幸存是得益于从他们自己的能量中溢出的一些东西，也就是说，是在他们个人勇气与决心之外。一些东西在事先之前已经"被安排"的想法和她"理性"的观点是相冲突的，即所有的事件都是有前因的。她不知道对未来的预期可以影响到现在的事件和行为。她似乎很专注在自己独断的态度上，以至于我觉得有需要询问她是否曾经做过一个梦，是明显感觉到自己被真实地带到这世界之外。"有的，"她几乎是尴尬地回答道，她曾几次做到这样的梦："我梦见自己正站在树林里。除了田野和树木，没有任何的动静。我走到山顶上，当我站在那里，仰望天空，突然之间宇宙中所有的星球都在我面前运行。所有的星球都触手可及。风的声音就像是合唱的音乐。"

我非常清楚地知道这是一个特别令其感动的梦，因为她在描述这个梦时，是那么地兴致勃勃。我问她是否有类似的经历是像是对"触手可及"的星球存有敬畏感。她回答说她感受到的是壮丽的感觉，而非敬畏。在这壮观的景象中，她看到土星是那么的明亮，可以看到环绕它周围的所有圆圈，还有其他星球，都接近这种强烈的感觉。至于敬畏，那是对上帝的害怕的一种含蓄的表达，但是她在这里面没看到上帝，她感觉到的是自然，整个体验是全天然的，她觉得这种感觉很好，但坚持认为是缺乏敬畏感的。

对于这个梦，她没有更多可说的了，我们开始了沉默。我感觉到这个梦的回忆已经将她的想法带到了其他事情上。她似乎踌躇着要说些什么，几乎都要开口了，一次或两次，最终她说，"还有另外一个梦，我一年以前梦到的。"

这个梦发生在她婚后不久。那时她在一个家庭里为犯罪儿童做护理员，每周需要在那过一两个夜晚。在她工作地的某一个晚上，她梦见："我在晚上10:30接到一个电话，是一位密歇根州警察打来的。他告诉我比尔遇到了一场车祸，快要死了。他正在大急流城医院。梦的其余部分，是我尝试及时赶到大急流医院。没有商用飞机去那儿，出租车也不能载我，值班的工作人员也没有车。当我醒过来的时候，我正尝试去租用一架私人飞机。"

这个梦让她非常烦扰，当时她便告诉了她的母亲。妈妈可以证明她所说的。

大约在这个梦之后两个月，来访者的丈夫确实是死于一场意外车祸。她是被州警察电话告知她丈夫的死讯的。她当时正在儿童中心睡觉，非常难以找到交通工具去到她丈夫所在的医院。没有飞机，她工作的地方也没有可用的私家车。最后她不得不和出租车公司的人争论，找人送她过去。梦和现实唯一不同的就是发生意外的地点：方向是一样的，但距离更近了。

玛蒂尔达告诉我，这个显然预知的梦让她感到很沉重，一直都忘不掉。自那以后，每当她梦见悲剧发生时，都会不由自主地焦虑。就是她复发性的焦虑让她在来见我之前曾去做过短期的精神治疗。她感觉没效果，便终止了治疗关系。

我问她，那段时间是否还有其他因素促使她去寻求精神治疗。她回答说，"有。"

"比尔去世后的几个月，"她告诉我，"我正在医院献血以填补一些比尔之前所用的。当血液被抽走的时候，我发现似乎有什么不太对劲。我感觉到似乎有什么中断了，血液在凝结，一个血块在形成，正流向我的心脏。我觉得自己正在死去，这似乎是很容易的事，我只要放弃，随着它走就行了。但是，我叫来了护士，她急忙将针头移开。我感到摇摇欲坠。喝了些黑咖啡后，我生理上感觉好多了，可是那种放开生命的感觉一直伴随着我。我脑袋里有股很强烈的想法，觉得自己最好去看看精神科医生，几周后我就这么做了。

"我很自然地告诉了他那个精准预言了比尔去世的梦。他询问了我和比尔之间的关系，并发现和任何婚姻一样都存在缺陷。他得出的结论是，我在无意识中确实希望比尔死去。对他而言，这梦是一种死亡愿望的体现。我不能接受这个解释，"她极为肯定地说道，"因为这个梦实在是太接近真实发生的事了。他经典的弗洛伊德式解释似乎不太适合它。"

"如果那不能解释它，就你的经历而言，你认为会是什么呢？"我问玛蒂尔达。

"我认为有许多关于预知或者超感官知觉的可能性。"现在，它都准备要出来了。"我不大理解这些，但是我学习过杜克大学莱茵（Rhine）博士的实验，我不得不承认自己也曾有类似经历。鬼魂？我不知道自己是否相信有鬼，但我可以告诉你这些。比尔去世后一周，一些朋友来访，那时我还是非常非常伤心。当我和他们聊天时，我开始得到了真正的情感共鸣。突然间一堆碟子响得很大声。这是没有任何物理因素引起的声响。那堆东西在水槽里整个晚上了，却在这个特别的时刻发出了声响。我不知道这是怎么形成的。"

玛蒂尔达继续着，通过她的叙述将所有的伤痛都呈现出来。她讲述了一位老太太，她曾是她的邻居，身体不太好，玛蒂尔达那时总会去她家拜访她。那次意外之前的几个月，这位老太太被送到了玛蒂尔达每天上班都要开车经过的路上的一间疗养院。一连几天她都在想自己应该停下来去看看她，但她总是那么匆忙或者有事要做，便一直没有去成。一个早晨，当她经过那个疗养院时，突然有种强烈的冲动涌现并在说，"我必须去看看她，我不得不去看她。"她已经开过了疗养院，但她开了回来，把车停好，走过去敲门。当她询问老太太的情况时，得到的答复是，她来迟了，那位老太太当晚已经去世了。

接着，她回忆起另外一个经历——比尔曾不动声色地和她说过："你知道吗，卡特莱特（Cartwright）死了。"卡特莱特是他们几个月都不曾聊起或听说过的在另外一座城市的好朋友。几天之后，他们才知道卡特莱特曾经历过一次致命的心脏病发作，而几乎就是同一时间，比尔便感觉到像是在说："卡特莱特死了。"

对于这类体验，我还没找到任何使我自己感到满意的解释，所以我没轻易给玛蒂尔达任何回复。我发现特别有意思的是，这些都是在她如此坚决地宣称自己反对任何没有经过生物学或物理学检验的行为或经历的解释后出现的。读了弗兰克的书，她已经将他的信念归因为"超自然力量"，即使这本书实际上没有明确说明这一点。我不得不去理解她的怀疑，因为这是她避免去处理一些她知道是"某一种真实"的方式，即使她不知道那真实的本质。我可以想到，她已经离她的弗洛伊德学派的治疗师非常远，就像荣格之前离开弗洛伊德那样，当荣格向弗洛伊德介绍他的"神秘体验"，而弗洛伊德拒绝认真对待它们时，实际上，这已经在很大程度上能够解释他们分手的原因了。

荣格从不觉得所有事情都是可以被解释的，或是被排除在科学研究边界之外的。他更愿意用各种他可以采取的方式去处理神秘事件，他经常用隐喻的方式去说话，将心理体验视作好似可触的真实（palpable realities），并会提到"好似"。他可以将概念"意象化"，一旦意象化之后，意象之外的就是真实的涌现了。威廉·布莱克（William Blake）在他的一句谚语中告诉我们："我们曾经的想象是现在的真实。"

作为形成未见过事物意象的能力，想象力像是一种每个人都享有的普遍品质。不愿意去认识没从感觉中直接独立出来的可能性的感知，玛蒂尔达成为了被理性熏陶和自觉意志包围的中心情结的受害者。她不能走出感官知觉的局限；她不能使自己的信念处于危险的境地，因为有些事情不仅超越了她的理解，甚至超越了理解的可能性。她努力在信仰缺失时撑起信念，不断地压抑对自己生活中非理性部分的认识。所以拒绝神秘的情结便开始生长，不断吸取它自身被她一直拒绝面对的越来越多的莫名内容。直到被遗忘前，它们就像磁铁那样吸收着她的能量，让自己远离更为富有成效的渠道。因此，伴随能量丧失的感觉的深度抑郁、对于生活没有任何积极性等所有的这些，就像她说的，"我不是想去死，而是我看不到活下去的理由。"对我而言，荣格对情结的阐述让玛蒂尔达这样的个案变得更容易理解。他也阐述了情结和恶魔的对应关系：

> 个体无意识包含属于个体和形成他精神生活固有部分的情结。当任何应该与自我相联系的情结处于无意识之中，无论是被压抑的，还是淹没于意识阈限之下的，个体都会体验到一种丧失感。反过来，当一种丧失的情结再次被意识到，比如通过心理治疗，他会感觉到一股能量的增长。许多神经症是被这种方式治愈的。[21]

到目前为止，荣格和弗洛伊德都在讨论着他们的情结观点。但这正是荣格进入不熟悉领域的方式：

> 在另一方面，集体无意识的情结成为与自我的联结，比如变得有意识，就会感觉是奇怪的、神秘的，同时也是迷人的。在所有这类事件中，清醒的思维都会掉进自己的限制中，无论是觉得它的一些东西是病态的，还是为它疏远了正常生活。集体的内容和自我的联结总会产生一种异化的状态，因为一些本该存在于无意识的东西从自我中分离出来，融到了个体的意识中去。这些异物的入侵是引起许多精神疾病的典型症状。病人被怪异的想法占据着，整个世界看起来都变了，人们有着恐怖扭曲的

脸，等等。²²

针对这一点，荣格作了以下限定性的脚注：

> 熟悉这些材料的人会反对我的描述，认为那是片面的，因为他们知道原型、集体无意识的内容，不仅仅像这里所描述的只是消极的。我仅仅将自己限制在了可以在任何一本精神病学教科书都找到的普通症状学中，以及对任何异乎寻常的事物的普遍防御态度中。当然，原型也有一种积极的圣秘性（numinosity）。

他继续对集体情结与个人情结加以区分：

> 当个人无意识的内容被认为属于个体自己的心灵，那么集体无意识的内容似乎就是异物，好像是外来之物。个体情结的重新整合具有放松的作用，而且通常具有治愈效果，而来自集体无意识情结的入侵是一个非常不愉快甚至是危险的现象。原始信仰中灵魂和鬼神间的平行是明显的：灵魂对应个体无意识的自主情结，而鬼神对应于集体无意识。从科学的角度看来，我们将居住于原始森林阴影里的可怕之物称为"心灵情结"（psychic complexes）。但如果我们考虑人类历史上灵魂和鬼神的信仰扮演的特殊角色，我们不能满足于仅仅确认了种种情结的存在，还要去更为深入地探究它们的本质。²³

情结及它们对行为的影响，我用诸多案例来举例说明，这些案例亦表明对荣格情结理论进行更加深入的研究在当代依然重要。这些例子展现了情结是怎样在个体的生活中发挥作用。而超越了个体经验的集体无意识具有深远的影响，影响着某一社会中的各种群体。如果从荣格所说的"自主情结源自于集体无意识"的观点来看，所有的社会运动可能都能获得理解。

03

从联想到原型

当荣格对他所提出的情结这一概念的涵义进行研究时,他总是能够将情结的源头追溯到病人生命中的某段经历,这些经历对人的触动至深至痛,以致于它们无法在意识层面长久留存。压抑这一自我防御机制可以将受伤的心灵与痛苦的源泉隔离开来,使得受伤的心灵能够继续运行。压抑就像心理麻醉剂,有时会使病人出现感觉的丧失,不过当痛苦十分强烈时,麻醉剂无疑是当时的良药。压抑使伤口无法被触及,但是对病人来说这痛苦是可以忍受的。

荣格的联想工作指引他重读了弗洛伊德的《梦的解析》,一两年之前他曾将此书束之高阁。现在荣格忽然发现,这位精神分析之父早已在梦的工作中,从另一个完全不同的角度提出了压抑这一概念,而弗洛伊德对压抑这一自我防御机制的理解与荣格自己的理解殊途同归。许多荣格在伯戈尔茨利诊所对精神分裂症患者所做的工作、那些对其而言的新发现,早已被弗洛伊德明确阐述过。

这一发现让荣格热切地追随弗洛伊德的工作,并将精神分析的研究引入他工作的诊所。荣格甚至在他的同事圈中组建了一个弗洛伊德学习小组,即便持有些许保留态度,同事还是带着兴趣参与到荣格研究的这一方向中。这时,荣格和弗洛伊德之间开始通信,这一通信关系让弗洛伊德邀请荣格来看望自己，也最终促使荣格进入到维也纳的精神分析师圈子中。甚至在这两人还未曾谋面的时候，荣格就在写文章支持精神分析的新发现和新观点。

1905年，荣格被授予苏黎世大学精神病学讲师这一职位；同年，他成为了精神病治疗诊所的高级医师。他发表的关于词语联想测验和早发性痴呆（当时被称为精神分裂）的文章，渐渐地提升了他在大学中的地位。当时，弗洛伊德显然是不被学术圈待见的人，任何与他的联系都会损害荣格在学术圈中的名誉。

从后世的角度回看当时，颇有讽刺意味的是，在两人交往的最初，荣格是精神病学机构中一名积极进取的医师，坚决地立足于受人尊敬的科学研究；而弗洛伊德则被认为是一个持有充满主观臆测性理论的人，即使是被人提及，也只是被"重要人物"在背地里偷偷说起。荣格完全可以在发表自己的观点时不提及弗洛伊德。然而，1906年，在慕尼黑一个关于强迫性神经症的研讨会上，当人们还是小心翼翼，避而不提弗洛伊德在这一领域的研究时，荣格却决心表明自己的立场。荣格就此事写了一篇文章寄给慕尼黑医学周刊，这篇文章介绍了弗洛伊德关于神经症的理论，他的理论在极大程度上帮助人们更好地理解强迫性神经症。[1] 两名德国教授写信回应了这篇文章，宣称荣格如果继续捍卫弗洛伊德，这将会危及他的学术生涯。然而，既然已经表明了自己的立场，这两位著名教授的威胁便无法使荣格却步。

十年后，当弗洛伊德和荣格的友谊发展到巅峰，继而恶化，并以荣格从精神分析运动中退出为标志，两人关系彻底决裂时，弗洛伊德的理论已完全成熟，被公认为心理学界的伟人。那个时候，荣格已理所当然地被当作是一名不忠于精神分析协会的思辨哲学家并遭到忽略。他当时被严厉指责为"缺乏科学客观性"，同时弗洛伊德学派的人也故意不理睬他。

但我们推测，早期弗洛伊德和荣格的关系是极度热忱真挚的。据悉，1907年在维也纳，两人初次会面的那天，这两个密切关注彼此研究的男人进行了长达13小时的交谈！

03
从联想到原型

正如荣格多年后在他的著作中回顾道,这次交谈的影响之一是他意识到弗洛伊德对性欲的着迷,让性欲成为了他理论中近乎宗教信仰般不可撼动的核心原则。对于这一主题,荣格发现弗洛伊德的普遍怀疑论和批判态度没有得到应用。性欲是平衡弗洛伊德整个理论的基本原则,无论如何都要坚守这一点。从理论构建的各个角度出发,弗洛伊德都能将每一个理论关键点阐述得清晰准确。他的逻辑结构极其严密,尤其对于这一领域的新手来说,几乎是无懈可击的。一旦某些基本预设被确立,这个理论体系能够被无限地延展,几乎涵盖所有的心理现象。他的结论是确切且有技术性的,这些结论指向了一种包含特定可操作性技术的治疗方法。

不同于弗洛伊德,荣格的方法相对而言是模糊的,但这也使得他对人的本性有更丰富的理解。弗洛伊德大概会认为这是因为荣格当时仍处于他自身心灵发展的早期阶段,他的观点甚至都还未明确形成。时光飞逝,荣格的主要兴趣也从研究象征和象征化过程转变为关注意义的本质。他不像弗洛伊德那样被具体数据和事实现象所束缚,在对意义的研究中,他更关注无形的影响因素。此外,尽管身为牧师的儿子,他抛弃了父亲所秉持的狭隘原教旨主义,全身心投入到科学研究和医学教育中,但在本质上荣格仍是一个有宗教信仰的人。

孩童时期,他生活在教堂尖顶的阴影下,感受到了许多重大生命转化事件的神秘性——诞生,坚振礼[又称坚振圣事(Confirmation)或坚信礼、按手礼,是基督宗教的礼仪,象征人通过洗礼与基督建立的关系获得巩固,也是基督教徒的成人礼],结婚和死亡——这些经历使他形成了特定的思考模式。他的世界中充满了看不见的神秘力量,只有当它们展现时才能感知到。

对于荣格来说,精神层面的问题具有至高无上的重要性。他的"精神",不是指超自然现象,而是那些更高层次的抱负,它们是人们奋斗发展很重要的一部分,无论它们是表现在艺术作品中,还是体现在服务人类的事业中,亦或是展现在尝试理解大自然的运作和秩序的努力中。他表达的这种感受,是弗洛伊德自己也体会到但是所抗拒的那些冲动，因为他曾听弗洛伊德说道，精神力量的表达很可能是源自被压抑的性欲。"任何不能被直接解释为性欲的东西，他会解释为心理性欲（psychosexuality），"荣格这样说弗洛伊德。荣格反对这样的态度，认为如果按这种逻辑延伸开来，就否定了人类文明发展进程中所取得的成就的价值——这个推论弗洛伊德则会毫不迟疑地赞成。荣格问，"那么能否将人类文明归结为压抑性欲的病态结果？"弗洛伊德回答说，"当然可以，就是这样的，那不过是我们无力反抗的命运的诅咒。"[2] 荣格并不认同弗洛伊德的泛性欲主义，但同时他也确实意识到对性的领域持开放态度是非常重要的，这是探索病人神经症来源的一种可能的方法。

总体而言，荣格完全同意弗洛伊德的基本原则，尽管他对弗洛伊德所说的重点仍有一些疑问。荣格强烈地感觉到，心灵机能中存在一个广袤的领域，弗洛伊德对此领域也有意识，但没有完全将其整合到他的心理学理论中。两人都假设人类的心灵存在无意识，推断的依据是，会有一些不完整的素材进入意识，留下一串不易被解释或理解的想法和感受。这些素材的表现形式包括梦、口误、破坏行为、无缘由的迷信、失误，正如弗洛伊德在《日常生活的精神病理学》一书中指出的那样。这也同样可以在联想障碍和情结行为中发现，正如荣格的词语联想测验的研究结果所表明的。

弗洛伊德对无意识的兴趣，主要来自于他在与病人的分析工作过程中对无意识呈现方式的观察。他对无意识的调查研究是有条不紊的。从神经症患者日常生活中的症状开始，还有他们的梦，他推断无意识是一个未知且隐秘的领域，在那里，现实被防御机制以一套精巧复杂的系统巧妙地隐藏起来。弗洛伊德对无意识进行概念化，认为它由两种基本内容组成。无意识本体的第一部分，弗洛伊德称之为**本我**（id），与天生的或出生时潜藏的本能驱力相联系。弗洛伊德的性欲理论将这些驱力放在了首要位置，而这些驱力起源于婴儿期对喜悦和满足的需要，他认为这种需要本质上就是性欲。与本我相抗衡的是无意识本体的第二个部分，弗洛伊德称之为超我（superego）。它指的是无意识中不由人类机体内部产生，而是源自周围环境的部分。它根源于施加在个体身上的态度评价和行为准则，婴儿最早期通过父母、后来又通过成长环境中的文化媒介——也就是朋友和亲戚、教堂和学校，以及社会传统和文明。在此范围内，这些法则的同化作用是能被意识到的，它们被归为学习的范畴，在日常的理性思维过程中进行处理。但还有许多环境对个人施加的影响是通过阈下感知而被无意识吸收，所以人们发现自己持有某种价值观体系和某些特定类型的期望、愿景、信仰和偏见，却对自己如何变成这个样子知之甚微。事实上，无意识的价值观体系及其相应的期望形成了一种结构，它看似产生于个体内部，并随之成为个体本身的一部分。这种心灵结构就是超我。超我的潜在隐性规则对本能的层面，即本我，实施约束和控制，由此在无意识中引发冲突，只有当这些冲突影响到个体正常、轻松和富有成效的功能时才会被人们觉察到。

无意识的这两部分内容早在婴儿时期就处于活跃的对抗状态，也许在自我出现之初就开始了。作为一个独立存在的、与母亲分离的特殊个体，当离开了温暖的怀抱和滋养的乳房时，会感觉如同被放逐到外星世界一般。婴儿期各种各样的啼哭表明了孩子在想方设法表达自己的内在需求。最初，这些内在需要会被父母当作天性本能而接受；但随后，便会出现家庭的规则、父母或父母替代者的期望，这些本能成分的抑制开始出现。这些规则和期望大部分是通过无意识的通道传递，而不是通过行为指令。无意识的学习过程一直在进行，儿童在这个过程中学到了更多，如说话的语音语调、触摸与否的行为举止、所获关注的细微差异、接触到的人际关系总体氛围等方式，远甚于通过语言告知的方式。

婴儿期的中心问题，如弗洛伊德曾定义的，是源自年幼的孩童对异性父母的依恋，带着满满的性欲暗示，因为对弗洛伊德来说愉悦和满足本质上就是性欲的。与这种依恋相抗的是对遭到同性父母报复的恐惧，这将孩童置于一种窘境，想要亲密会招致惩罚，反之则会导致疏离感，而疏离感也同样是让人畏惧的。这就理所当然地导致了人所皆知的恋母情结的两难境地。

荣格完全同意上述的观点。事实上，他写了不少文章讨论婴儿的性欲理论，因为这涉及弗洛伊德关于梦的解析的理论。他甚至决定在自己的实践中完全遵循弗洛伊德的方法，因为他认为，只有其他的分析师才能恰当地研究和评估精神分析创始人提出的假设。

当荣格开始关注儿童发展时，他从检验弗洛伊德学派所谓的"乱伦愿望"（incest wish）的观点入手，因为这一观点在精神分析理论中处于中心地位。他在1912年写信给弗洛伊德，"一开始，我希望我能够证实乱伦观念，但最后我却发现结果并不像我所期待的那样。"[3] 绝对不是无视"孩童经历超人般的挣扎后达到原初本能的驱动力和现实日益增长的残酷性之间的妥协"，考古学和人类学的教育背景使得荣格认识到这些原初的驱动力，同时也意识到它们并不是纯粹的个人内驱力或孤立的习性，它们实质上是共同的、人类普遍存在的内容。因此他认为童年期的神经失调和精神失调是普遍现象，他站在与弗洛伊德不同的视角来看待这个问题。

荣格尝试将无意识理论假设拓展开来，使之在可以涵盖弗洛伊德的发现的同时，也能涵盖那些看似已超出了他们研究范围的现象，在这个探索过程中，他开始了自己对心灵意象和想法的研究。他细致地观察自己的梦和他病人的梦，尤其关注那些与梦者现实生活经验似乎毫无关联的梦的特征，同时他也研究精神病人的白日梦和幻想，他还专注于宗教比较和神话学的研究。他发现在世界上不同地区、在人类历史发展的不同时期都能找到相似的意象和神话主题，他得到了一个富有洞察力的关键结论：无意识是人格中的基本共性，也就是说，它是由人性中共同的、普遍的内容组成。他写道："无意识能产生决定性的影响，它不依赖于传统，保证每一独立个体拥有相似甚至是相同的经验，以及相同的充满想象力的表达方式。这个观点的主要证据之一就是神话主题的普遍相似性。"[4] 因此，无意识中包含了丰富的形成意象的潜能，也可以引发新思想的创造和人格的积极发展。

03
从联想到原型

荣格指出弗洛伊德在一篇小论文中写道,莱奥纳多·达·芬奇[5]的晚年生活是如何受到他有两个母亲这一事实的影响的。这在莱奥纳多的生活中确实是真实的,但对于其他艺术家来说,有双重血统的思想也在他们的生活中起着重要作用,也同样真实。但在这个真实的背后,双重血统是一个神话主题,在英雄传说中不断地出现。有时候是两个母亲,有时候是两个父亲,有时候是两对父母。奥托·兰克,荣格和弗洛伊德在维也纳分析师圈子中的一个同事,在他1909年出版的书籍《英雄诞生的神话》(*The Myth of the Birth of the Hero*)[6]中就提及这个观点。简单来说就是:英雄是地位最高的夫妻的儿子,他的孕育发生在困境中,会有一个与这个孩子的诞生有关的预兆性的梦或者神谕。这个孩子还会被送走或是处于险境中。他会被地位低下的人或者是乐于助人的动物救走,养育成人。成年的他在经历了许多冒险后,重新发现了自己的高贵出身,克服了征途中的种种艰难险阻,最后被认可为一名英雄,获得名誉和成就。最广为人知的,正如在这个系列中提到的,包括:阿卡德王国的萨尔贡、摩西、塞勒斯(波斯国王)和罗穆卢斯(罗马神话中的一个形象);兰克还列举了许多有此相同遭遇的人物,无论是完全相同还是部分相同:俄狄浦斯、迦尔纳(Karna,印度爱神)、帕里斯(特洛伊王子)、特里夫斯(印度国王)、帕尔修斯(宙斯之子)、赫拉克勒斯和吉尔伽美什(传说中的苏美尔国王)。毫无疑问,我们还会把奎师那(印度主神之一)和耶稣基督加到这份名单中。

弗洛伊德争辩称神话的内在源泉是孩童所谓的"家庭浪漫",孩童通过这种方式反抗自己与父母,尤其是与父亲的内在关系。他的理论是,孩童一岁前被一种伟大父亲的预期所统治,随后,在失望情绪和家庭内竞争关系的影响下,孩童会变得对父亲更加挑剔和批判。他总结说,神话中的两个家庭,一个高贵,另一个低微,代表了父母在孩童发展中不同阶段的意象。[7]

这个观点中关于共同的神话主题或神话题材——被称为神话的核心元素——的无意识来源,荣格没有完全认同。通过对自己的病人使用心理分析的方法进行严谨的检验，最终他承认了弗洛伊德提出的关于无意识的假设。在这个检验的过程中，通过许多独立的调查研究，荣格越来越清楚地发现，神经症和许多精神病的精神病理学无法避开集体无意识的这个假设。梦的工作也是如此。在梦境中，荣格从神经症性的幻想和精神病人的幻觉中发现了大量相互关联的想法，而这些想法只有在与神话相关的思想，也就是神话主题中，才能找到相似的内容。如他缜密的研究结果显示，在绝大部分这样的情况下，如果仅仅只是被遗忘和被压抑的材料素材，那么他就不会再麻烦地广泛研究传说或者宗教领域中个体和集体类似的材料。但是，他写道，"已经观察到这类常见的神话题材对一些个体的影响，这些个体既不可能学习过这类知识，也不可能从间接的来源比如熟悉的宗教故事接触到，又或者从名人的演讲中获悉。"[8]荣格强调这些结论促使他假设，他可能是在处理无意识心灵中"神话形成"的结构性元素，这些元素从神话题材中复活，不依赖于各种传统。这些元素的产物"从来都不是（或只有极少数是）有特定形式的神话，而是神话性的内容。由于它们的典型性，也可称其为'主题''原始意象''类型'，或者我们对它们的命名——原型（archetypes）。"[9]

这些原型代表了某些规律，不断地再现相似的情境类型和人物类型。荣格将它们分类，如"英雄历险""与母亲分离的斗争""夜航旅行"，称它们为原型情境。他也给出了原型人物名称的建议，如圣婴、愚者（tirckster）、替身（the double）、智慧老人和大母神。在脚注中，荣格对原型情境和原型人物进行了清晰的说明："据我所知，目前为止还没有其他对原型的建议。批评者满足于没有此类原型的主张。'他们'当然是'不存在的'，自然界中也不存在任何的植物系统！但是有人会因此否认自然植物系谱的存在吗？或者有人会否认特定形态和功能相似性的发生和持续重复吗？这与无意识中的常见人物大体上是一样的。他们是心灵活动先验的或者生物准则的存在形式。"[10]

这些伟大的原始意象，雅各·布克哈特（Jacob Burckhardt）曾如此恰当地称他们——为人类从远古时期流传下来的想象力的继承提供了证据。荣格

03
从联想到原型

相信这种继承解释了神话和传奇中特定主题在世界范围内几乎以相同的方式重复出现的现象。他还从中发现了为何他的精神病人能够重现同样的意象以及联想，而在古代文献中也有所记载。他还列举了许多例子，在《转化的象征》(Symbols of Transfomation)和其他地方对这些文本和现代病人的幻想生活进行了比较。[11]

荣格的理解是，这些原型，作为无意识中的结构形成元素，不但引发了儿童个体的幻想生活，也在一个民族中形成了各种各样的神话。不同于弗洛伊德早前强调的儿童的幻想完全来源于个人生活经历与父母的矛盾、本能和父母施加的控制之间的冲突。荣格提出的原型概念，为孩童思考实际生活经验提供了预设模式，而作为结果的童年期幻想通过这种模式得到具体化。弗洛伊德声称神话的形式是孩童经验的反映，伴随着他们的幻想，以某种方式转移到整个人类的结果。但是荣格，似乎以更为简化的解释，将神话看作是原型符号以集体版本的方式在社会中的呈现，正如他将幻想看作是原型结构在个体上的呈现。

根据荣格的观点，原型是集体无意识的显性成分。因此，为了理解原型的角色，就有必要了解荣格是怎样构想集体无意识的。这是一个关键性的问题，荣格超越了弗洛伊德观察无意识的范围，而探清集体无意识的结构对于临床治疗的应用过程是非常重要的。现在我们需要简要地思考一下，弗洛伊德和荣格关于无意识结构的观点有何差异。我发现这些差异也体现在两人关于幼年创伤对神经症形成的影响在治疗中的重要性的分歧中，荣格曾经是认可弗洛伊德学派关于无意识内容的观点的，但他不认为早期弗洛伊德学派的这个观点在后来的发展中具有充分的包容性。

据精神分析师爱德华·格洛弗（Edward Glover）描述，弗洛伊德曾提出一个关于无意识心灵系统的假设，假设的基础基于他所阐述的观点：除了意识之外还存在观念和隐藏的情感（个体情绪的主观体验），而且可以通过使用某种技术来克服某些"阻抗"而被个体意识到。这些阻抗表明了有阻碍进行压抑作用，这是一种心灵边界。自此之后，意识被当作是心灵的另一个系统，执行知觉的功能。在这两个系统之间是边缘性区域，这一区域的内容总体上来说是未被察觉的，尽管在恰当的刺激下它能被有意的或多或少地回忆起。他称之为前意识系统，避免使用"潜意识"这个术语是因为它会混淆意识和真正（动态的）无意识之间的重要区别。"弗洛伊德构建的这三个部分首次勾勒出精神结构的轮廓，一个接收内部本能冲动和外部世界刺激、管理这些冲动和刺激以使它们得到充足的释放（适应）的有机体。"[12]

毋庸置疑，弗洛伊德创建了现代深度心理学的根基，他关于无意识是一个动态整体的划时代发现，对人类意识产生了深远的影响。据弗洛伊德认为，无意识会自己呈现在梦中，通过神经症状呈现在日常意识生活中，以及在失误行为中。弗洛伊德的无意识的概念极大地扩充了人们的自我认识、加深了人们对他人需要和动机的理解。弗洛伊德阐明的基本概念，虽然在刚发表时遇到了暴风骤雨般的愤怒抵制，但现在在深度心理学和心理治疗领域中得到了普遍认同。现在的问题不再是这个概念的真伪，而是它是否真正地包含无意识所有需要被讨论的内容以及其结构的正误。

荣格形成原型这个概念的过程，使他对无意识的理解"又往前迈了一步"。这是指他对无意识两个层次差异的认识。用荣格的话来说，这两个层次分别是个人无意识（personal unconscious）和集体无意识（collective unconscious）。荣格对个人无意识的描述如下：

> 个人无意识包含遗忘的记忆，被压抑的痛苦想法（如故意遗忘），阈下感知（意思是感知觉刺激不够强烈，无法进入意识）。最后，还有对意识来说时机还未成熟的内容。[13]

集体无意识可能会被看作是非个人或超个人的无意识，因为正如荣格所说，"它与任何个人的经验是分离的，完全是人类共同的，因为它的内容能在世界上任何地方被发现，所以自然不带有个人经历的内容。"[14]

从联想到原型

觉得难以理解荣格关于无意识概念的人,也许是因为对这个概念过于咬文嚼字。他们假定个人无意识和集体无意识之间存在清晰的界限,个人无意识指的是弗洛伊德说的无意识的所有内容,而集体无意识则是没有人曾想到过的、荣格的特有构想。在阅读荣格的著作时,我们会慢慢发现在个体谈到的心灵材料中,个人材料表现出了集体背景的影响,往往像是用个人的声音表现一个古老的仪式。个人无意识不完全等同于弗洛伊德学派的无意识(包括前意识),因为它不包含那些明显所有人共同拥有的本能元素,而这些本能元素对弗洛伊德来说是无意识的一个重要方面。荣格认为这些元素是"超个人的",即普遍的。同时,荣格强调个人无意识包含"对意识来说时机未成熟"的内容,这些最初从未清楚进入意识的内容,并非是压抑的结果。需要注意的是,"时机未成熟"的内容是个人无意识的一部分,暗示着有推力促使其成为意识的新材料,这就定义了何为个人潜能。

集体无意识最好被理解为是个人无意识在更广泛基础上的延伸,包括家庭、社会团体、部落或国家、种族以及最终整个人类共同遵循的内容。接下来,无意识的每一层,都可以认为其在本质上是更加深入、更加集体的。集体无意识的神奇之处在于它包含了所有——所有的传奇和人类历史,带着未被驱除的恶魔和带着神秘和智慧的圣人。所有的这一切都出现在我们每一个人身上——微观中包含着宏观。对这个世界的探索比对外部世界的探索更有挑战性,通往内在世界的旅程也并非必然是容易或者安全的。

04

原型重要吗?

原型重要吗?绝大部分学院派的心理学家,如果他们问自己这个问题,答案会是:不。我很难想象会有人未能认识到人们常常会被奇怪的、通常无法解释的力量所感动,但那些自称擅于与人类心理打交道的专家却会迟疑地去命名在人们经验中起根本作用的神秘的模式-形成(pattern-forming)元素。意识主要是由我们知道的和已经了解的事情构成。原型与意识经验的距离就如同地心到地壳的距离。当读到荣格思想的一位主要阐释者的文字时,我们能清楚地看到原型对科学思维的蔑视:"对原型作出一个准确的定义是不可能的,我们希望最好的做法是通过跟它'谈心'来得到启发。因为原型代表的是远超越我们理性认识的意味深长的谜。它主要以比喻的方式来表达自己;它的一部分意义会永远不为人所知;它与公式化的表达格格不入。"[1] 既然原型不能完全被我们的意识理解——在某种意义上,它们的存在是我们思想加工的来源,因此也是我们态度和行为的来源——对原型概念产生的疑问一定会——多于对它的解答。

能够理解,大多数心理学家可能会认为他们的能力不足以对原型进行推测。他们勤勉工作,尝试揭开心灵功能的模糊和神秘之处。作为他们中的一员,我不想将还处于幼儿阶段的心理科学带到这个世纪才出现的形而上学的猜想中。我不认为仅仅因为答案无法清楚准确地呈现,就可以回避不去深思关于人类思想和行为的根本基础。

作为一名荣格学派的心理学者,我也不满足于将这些原始形成的元素简单归纳为那么几个众所周知的本能,如饥饿、自我防御、性欲、驱动力。毫无疑问这些本能很重要,但它们无法解释根植于远古背景下人类心灵的丰富性和创造力。

原型重要吗?行为潜能的典型模式是孩童们一出生就存在的吗?也许实验心理学家会是最后发现答案的人。但是伟大的剧作家和艺术家们一直都知道,诗人威廉·布雷克(William Blake)曾问出了切中要害的问题:

小鸡用什么感官避开贪婪的鹰隼?

驯养的鸽子用什么感官测量广阔的天空?

蜜蜂用什么感官筑造蜂房?尽管它们没有老鼠和青蛙的眼睛、耳朵和触觉。

老鼠和青蛙有各自不同的巢穴,

它们有各自的追求和乐趣。

问野驴为何拒绝负载,

还有温顺的骆驼,为何它钟情于人类:是因为眼睛、耳朵、嘴巴或是皮肤,或是呼吸的鼻孔?不,野狼和老虎也拥有这些。

问失明的蠕虫坟墓里的秘密,为何她缠旋,喜欢在死亡之骨上盘绕;

问贪婪的蛇,她从哪里得到毒液,

问翱翔的老鹰它为何向往太阳;

然后告诉我人类的思想,那一直隐藏在古老之后的。[2]

心理学家们避开行为的理由,即使他们在尝试操纵行为的方式。即便是深度心理学的先驱也不确定集体无意识最深处的大门在哪里。也许担心被自己强大的抽象推测思维所掌控,弗洛伊德觉得有必要通过实在的科学数据来对抗这一思维趋势。欧内斯特·琼斯在自传中提到他曾问弗洛伊德阅读过多少哲学书籍，得到的回答是："很少。作为一个年青人，我感受到了思辨对于我的强烈吸引力，我会无情地抑制它。"[3]

荣格相信，弗洛伊德压抑了自己本性中的原型精神，坚持主张自己的性欲理论。戴维·巴肯（David Bakan）在《西格蒙德·弗洛伊德和犹太人的神秘传统》（Sigmund Freud and the Jewish Mystical Tradition）一书中更全面地阐述了这个观点，认为在弗洛伊德的成长背景中，他的拉比祖父向他传递了卡巴拉神秘主义——不是直接地，而是通过对弗洛伊德父亲对这部分观点的否定态度，事实上这位父亲曾告诉自己的儿子："我们不再认同这些过时的迷信了。"但是荣格知道，占据弗洛伊德头脑的两个问题正是性欲和现代人身上遗留的古老痕迹。

荣格说道，在弗洛伊德的所有追随者中，唯有他探索这两个弗洛伊德最感兴趣的问题。他承认，性欲在心灵完整性的表达上发挥了必要——但非唯一的——作用。但是荣格的主要关注点"是研究超越个人重要性和（性欲的）生物功能之上的、心灵的精神层面和丰富含义，从而去解释那些弗洛伊德如此着迷但无法掌握的内容。"[4]

荣格在自传中叙述他自己心灵的漫游，从中可以发现对他与弗洛伊德的分歧以及他发现无意识独特地位的记载。书中，有一章的标题为"遇见无意识"。他讲述了自己如何观察不同潜在人格的形成过程，这些人格表现为无意识的拟人化状态。几年后，这些意象慢慢地归为了不同类别，仿佛它们是根据特定模式形成的。基于原型和一种特定文化的相互作用，他把这些变化的符号称为原型意象。

原型重要吗？荣格发现原型的概念对心灵的理解起着基础性的作用。如果原型元素不在人们的经验——特别是暴露在心理分析中的更深层次的心灵体验——中呈现出来，那么这个发现就仅仅只是一个形而上的断言。荣格的著作中充满了他称为原型现象的例子。原型似乎总隐藏于个人经验背后，同时又超越个人经验。诗人觉察到儿童脱胎于过去原初的人性。丁尼生《来自深渊》（*De Profundis*）中的几行诗表达了人类意识从伟大的神秘中显现：

> 从深渊中出来，我的孩子，从深渊中出来。
> 那里的一切将成为，那里的所有都是，
> 在浩瀚的虚无中回旋了百万个纪元，
> 回旋在洒满涡流光芒的黎明——
> 从深渊中出来，我的孩子，从深渊中出来，
> 穿过，这个不变法则中万物变化的世界，
> 以及生活越来越高的每一阶段，
> 以及上次月出后长达九个月的光明前的阴郁，
> 这个新月——她的暗球触摸到地球的光芒——来到了。
> 从深渊中出来，我的孩子，从深渊中出来，
> 从我们所见的世界中的真实世界而来，
> 关于我们的世界有着框架支撑。[5]

意识世界和无意识世界实际上是一体的，而要使原型概念对我们的生活有意义，那么我们必须去认识这两个世界。但如果原型只出现在理论或者诗歌中，那么它根本没有如此的重要。所以，通过运用一些自己分析实践中的例子，我想要说明原型是如何在我们的日常生活中呈现意义，原型概念是如何将受难者从个人痛苦感中解救出来。

萨拉是一个年约四十的女人。她是一名受人尊敬的企业家。在外界看来，她是一名成功的职业女性，没有结婚可能只是因为她的个人倾向。但事实远不是这样。萨拉从来无法与男人建立亲密的恋爱关系。在大学中她谈过几个男朋友，而一旦到了有可能发生身体亲密接触的时候，她就会找出一些理由来分手。萨拉与丧夫的母亲关系一直十分亲密，尽管母亲现在居住在另一个城市，她总是会和母亲一起度过许多周末和大部分假期。"我们相互联系，相互照顾"，她这样说道。她觉得自己有责任保证母亲的快乐和安全。逐渐地，

04
原型重要吗？

在她的分析过程中，她能够认识到母亲对她的保护中盛气凌人的部分。她将对母亲的愤恨带入到意识层面，因为母亲让她保持一种严苛的生活方式，让她紧黏着家庭，批评她所有同龄的朋友直到她不再邀请他们来家里。母亲总是用不祥的语气说话，像是在隐隐约约地警告"离男孩们远点"；像是要端庄要谦逊，要善待未婚的阿姨们。随着分析的深入，萨拉回忆童年、青春期和成年初期的事情，她开始表达对母亲的愤怒。她变得可以通过语言来释放对母亲的敌意，但仍然还有很多的怨恨。她再次激活了创伤的体验并开始咒骂。尽管能明白母女关系问题的个人根源，但是问题没有办法解决。她在关系中还是一如既往地紧张，即便她努力尝试在被守护感和控制感中体验自我。压抑作用是神经症发展的根源的这一假设在这里看来并不管用。压抑已经被释放，问题的起因得到了洞悉，但这种洞悉并没有带来解脱。

情感是感受和情绪得以体会的途径。心理健康的人，他的情感能够自由表达；愉快或不愉快的经历所带来的感受是伴随着恰当的面部表情、身体姿势和动作的。当我们仅仅是说起起这些经历时，同样的情感也可以被觉察到。对这些情感的观察是心理治疗的一种重要诊断工具。当这种情感是不恰当的，当病人微笑着描述一件悲伤的事情或者在完全没有焦虑因素的环境中变得焦虑，那么我们可以推测，真正的情感被压抑了。这也就成为了揭示和探讨防御作用的一条线索，从而试图找到被掩盖的材料。

在萨拉的案例中，确定她困境的形成基础是更为困难的。如果释放压抑的情感没有起到关键作用，那么也许神经症的根源并不完全是来源于她的个人经验。毕竟，我已经彻彻底底地处理了病人的个人史。

然后在某一天，所有的事情都变得不一样了。尽管在过去几次治疗中，她一直沉浸在对母亲的愤怒中，但我能感觉到这背后还有更多的怒火，可能这些怒火根本就不是针对她母亲的。我并不打算把这种感受告诉病人，因为我认为她会从理智上接受这一点，就像她接受我过去提出的其他观点，接下来还是一如既往地认为自己对这个问题有了更多的洞察。于是我等待，期待我所知道的，以及试图引导她尽可能跟自己的情感连接从而激发起新的感受，并会在恰当的时间爆发。所以，当她在某个早上瑟瑟发抖地前来治疗时，我一点儿也不惊讶。能看出来，她前一晚上几乎没怎么睡着，无论发生了什么，这一定是对她来说触动至深。我听她细细诉说："几天前我满身大汗地在黎明前醒来，意识到我的身体中有另一个'存在'，那种意识是如此地强烈，我现在可以清楚地回忆起当时的感受：'在我的骨髓中，那尽可能的深处，我周围笼罩着一层阴影般的薄雾，我生命的每一部分都能感觉到它'。"

接着她继续讲述这个母系遗传意象，她认识到这一意象并不只来自于她的母亲，而是存在于她、母亲和外祖母中，沿着母系代代遗传。每一代都从上一代身上得到这种幽灵般渗入身体和灵魂的、占有和毁灭性的行为方式。这个意象是如此地深刻，使得萨拉可以在自己的想象中面对它，与它交谈；而这一场景又是如此地生动，以致萨拉认为有必要在事后把这一切记录下来："你控制我，阻碍我的成长，让我缺乏成熟的性功能。你用男人用巨大的器官插入你的故事来恐吓我。你说不要在公开场合争辩，你剥夺了我的声音。你要求我过来见你的朋友们，而我还没有做好准备，我很生气你强迫我这样做。你将黑暗的阴影丢给我，破坏我的自我表达、我的自信。我都不是我自己了。你控制我的兄弟——夺走他们的生命，粉碎我父亲的身份。"

"你为何要做这些事？你为何现在住在我体内？你就是我，以幽灵的形式。我的母亲不是我的敌人，可你是。你也挟持了她。你甚至不是我身上的母亲意象，你是分裂的灵魂——住在她体内来挟持我的东西，我应该杀死你！"

"我拒绝维持这样的平静——这是在你掌控中的。我会清醒过来，唤起你，面对你。也许你冷漠地包裹着我，但我会不断地刺穿你直到你颓败。你要回答为何你要如此，我甚至可以原谅你，但你这样的想法将会是很危险的。"

大母神，这样一个原型意象进入到意识中，还有比它更震撼的例子吗？

04
原型重要吗？

她是一名可怕的女性，她的巨大力量以可怕的方式在孩子中（男孩或女孩）隐约显现——她知道所有的事情，你必须学习她的一切——根据她高深莫测的标准，她会给出惩罚或赞赏，通过给予或者断绝滋养，制造伤害或者提供安抚和治疗，她可以控制生死。每一对母婴都在温床上演绎这一原型剧本，力量站立在虚弱背后，智慧显现在无知身旁。而如果在与大母神——从无意识深处浮现的象征——这一敌人的对峙中，我们能够看见她是原型形式而并非是个人形式的，那么我们就有可能将问题的个人内容从其原型核心中分离出来。通过这样的分离，原型对个人深远的影响会被显著减弱。

大母神的原型也能够通过一种积极的方式来呈现，不阻碍个体的力量和权力。大母神意象在一种奇怪的环境中——充满巨大压力的一个小时——呈现在我的接受分析者玛格丽特身上，给予她高度意识化的一种体验。

玛格丽特是一个成熟的女人，来找我分析时她刚刚丧夫。她想要发掘自身的内在力量，弥补她坚强和能干的生活伴侣的丧失。她强调自己没有任何的宗教信仰，也不相信除了自己之外的人能够给予任何有效的帮助。而且，因为她觉得自己还没有办法调整去适应新的生活，所以希望我帮助她找到些思考问题的新方式。当我问她，是不是有可能继续发挥她丈夫对她有帮助的部分，或者与丈夫关系中的一些有益的特点，她不以为然地说我的想法是不现实的。然而，我所说的话肯定与她无意识的内容产生了共鸣，不久后，她就在我们的分析过程中说出了下面这件事：

"几年前，我和一个朋友在偏远的乡村处住了一段时间。她的丈夫要因公出差，而当时她正处在怀孕晚期，所以不愿意自己一个人住。可怕的暴风雨在某个晚上来临，当时断电了，所有的灯都熄灭了，甚至连电话服务都被中断。我们俩都开始感到不安，尽管我努力地掩饰自己的感觉，尽可能地安慰我的朋友。就在这个时候，她开始阵痛，但不可能会有人来帮我们接生。我头脑一片空白，根本不知道该怎么办，只是忙着确认周围都点着蜡烛，把暴雨来临前我们汲取的备用水放到煤气炉上加热。"

"我猜你可能会说这种情况是典型的将要出现极度恐惧的情况，事情又无助至极。但那个时候，我又渐渐开始感到会有人来帮助我们。起初，我想那只是一种无名的踏实，接着我感觉我放松了不少，进而几乎麻木，但是不再焦虑了。我感觉头脑中浮现了一些语句，像是'我能够做到的'或是'我知道该怎么做的'，接着我能明显听到这些句子，它们似乎是从某个方向传来的。我的朋友浑身是汗地躺在床上，因为疼痛而呼吸声沉重，我把视线从她身上移开，转头看向昏暗中靠近天花板的房间另一边的一角，有微弱的一丝光线。当我盯着那里看的时候，烛光里出现了一个女人的形象——我母亲，而她在大约十五年前就已经去世了。就在那时，我知道我听到的是她的声音。接着场景发生了转换，我能看到我的母亲站在床边，在我朋友的身边，而我仿佛站在房间的角落观察着这一切，但我同时也和母亲在一起。当她的手来回抚摸安慰产妇、帮助她用力产出胎儿，当她用温柔地声音鼓励我的朋友，我感觉大松了一口气，这一切都进行得很顺利。更令我惊奇的是，婴儿缓慢地从他母亲的两腿间出来，仿佛我就在那里看着这个强壮活泼的小男孩，听到他啼哭，却又像是房间的远处角落里传来的。然后，我的母亲抱着他，把他包在一块小毯子里，放到了他母亲身边。"

"接下来发生了什么我已经记不清了，似乎是我从黑暗的角落里脱离出来，站到了我母亲所在的地方，又或者是我在那里，她进入了我，然后我们分离。房间远处角落里那点闪烁的微弱光芒跳动了一会儿，接着就消失了，然后我发现自己完完全全地清醒过来，就像美美地睡了一觉后醒来，坐在朋友的床边。我的手上和围裙上沾着血。她的孩子躺在她的怀抱里吃着奶，她抬起头来微笑着对我说：'玛格丽特，我感到那么的平静，那么的安全——但你到底是怎么做到的？'我永远也不会告诉她，实际上也不允许我自己再去回想这一切，对那些神秘时刻的记忆很快就消失了。在今天之前，我从来没有对任何人说过这件事。"

玛格丽特是一位中上层阶级、受过良好教育的女人，她早已习惯作为一

04
原型重要吗?

名城郊家庭主妇的生活和相应的责任。她不是一个会怀疑自己看到幽灵的人,相反也不是一个对神秘的传说感兴趣的人。我选择她的例子是想说明,她代表了曾一次或多次体验到原型现象的许多其他个体。在这个例子中,母亲原型具身化为玛格丽特所熟悉的自己母亲的形象。我们用来了解外部世界的日常感知觉规律,是无法解释这种体验的。不如说,它属于那些直觉现象,我们通过这些现象直接转化为内在体验,而不经由理性思维的干扰或影响。

亲子关系中的原型体验比弗洛伊德提出的婴儿性欲理论要更为深入。以这一体验为主题的研究,占据了荣格在1911年至1913年期间主要的精力,那个时候他主要活跃在维也纳圈子里。当时他对精神分析运动起着十分重要的作用,因为弗洛伊德指定他为"王储",希望他有朝一日继承自己的衣钵,成为精神分析学派的新领导者。然而,荣格的独立精神要求他跟随研究发展的方向,而这一次的方向却是使他远离传统的精神分析学说。因为弗洛伊德婴儿性欲理论局限于个体的个人经验层面,所以有很长一段时间荣格都在尝试辩驳这一点,而现在他开始研究恋母情结的原型来源。

对荣格来说,这是一段困难和痛苦的时期。当他阐明自己的观点时,他也逐渐与弗洛伊德背道而驰,就像是一个有抱负的儿子对杰出的父亲一样,荣格的内心非常矛盾。首先,在某种程度上,荣格感到这位年长同事的压制,名扬天下的弗洛伊德已经用尽自己的精力使得性欲理论非常完善了。总体上来说,荣格对其中的基本原则是非常感兴趣的,也是十分认同的,但是对某些地方他还有一些怀疑和犹豫。当他提出自己的疑惑时,弗洛伊德却告诉他,他会有这样的想法是因为经验还不够。在这里,"耐心的父亲"的人物在热情洋溢的荣格身上施加了一种温和的控制。而从荣格的角度出发,他所期望的是进行一次平等的讨论,虽然他自己也意识到实际上他没有足够的经验来支持自己的反对意见。

在他的自传中,荣格在《牺牲》这篇重要的散文中提到,当他进行原型研究时,就知道表达这个观点会失去和弗洛伊德之间的友谊。[6]荣格在这里描述了他自己对于乱伦的意义的理解，而乱伦的意义是弗洛伊德性欲理论的基石。荣格认为应该从象征的角度来理解乱伦问题，而不是仅从字面上。所以，他认为力比多不仅仅是性欲背后的驱动力，它也可以转化为对自然的神奇创造力。乱伦的问题不再只被当作是个人的两难问题，而是作为人类集体经验向更高级意识发展过程中的一个阶段。

牺牲和恋母情结的解除，被弗洛伊德认为是个体的问题。所有的孩子在发展的过程中都必须与他们的母亲或者母亲的替代者一起解决这个问题。

荣格将孩子对早期乐园以及与母亲的有益联结的牺牲放入一个更广阔的背景中去思考。他把注意力转向一系列神话——他认为神话是集体无意识的语言——从希腊和挪威神话，到歌德的《浮士德》(*Faust*)，还有巴比伦人的吉尔伽美什史诗，到处都在寻找永恒且无处不在的牺牲主题：为了世界的诞生而杀死原初的存在。也许对这个主题最优美的描述是吠陀经：

普茹莎（Purusha，人，人类）是原初的存在，

从四面八方包围世界，统治十指之地，天堂的最高处。

荣格写道：

作为包围世界的世界之灵，普茹莎具有母亲般的品质，因为他代表了心灵原始的"破晓状态"：他既是包围者又是被包围者，是母亲和未出世的孩子，是未分化的、原初存在的无意识状态。鉴于这样的情形必须结束，并且同时它也是一个有回归渴望的对象，它必须被牺牲以便人类能够获得可区分的实体（如意识内容）。[7]

于是这一原初的存在被上帝和人类献祭，据说：

月亮诞生于他的思想；

太阳诞生于他的眼睛；

因陀罗和阿格尼诞生于他的口；

04
原型重要吗？

> 瓦尤诞生于他的呼吸；
>
> 大气诞生于他的肚脐；
>
> 天空诞生于他的头；土地诞生于他的足；
>
> 方向诞生于他的耳朵；
>
> 于是便形成了这个世界。[9]

荣格宣称，很明显，这绝不可能是物质的，而是心灵的宇宙起源。当人们发现它时，这个世界便产生了。但是，只有当牺牲了在原初母亲中的存在，即无意识的原初状态时，我们才能发现它。驱使人们走近这一发现的，正是弗洛伊德所定义的乱伦禁忌。乱伦禁忌阻碍孩子在婴儿期对母亲的渴望，促使力比多沿着生命的生物性目标前行。力比多，在乱伦禁忌下指向母亲，寻找一个性物体来取代被忌讳的母亲。这里的术语"乱伦禁忌"和"母亲"等是比喻层面的意思，在这种情况下，我们必须提出弗洛伊德诡论的格言："本来我们除了性物体外不认识任何事物"。[9]荣格坚持认为，婴儿通过吮吸而获得愉悦的这一事实并不能证明这种愉悦就是性快感，因为愉悦有各种各样的来源。原型经验发生在幼童身上也决不能说明这种经验是仅限于幼童的。古老的语言也同样是现代成人心灵生活中的活跃因素，据荣格的说法，如果我们愿意去注意的话，每个人都是活生生的证明。一个可能发生的情形就是在我们的梦里。

下面这个年轻人原型梦的例子将会说明荣格分析师是如何看待包含了与病人早期生活经验无法联结的梦的材料，事实上，这个梦的材料无法与病人任何个人经验联结。戴维，我的一个病人，刚进大学时学习物理。他告诉我，选择研究这一领域，是因为他希望知道这个世界是怎样运转的。但是随着学习到越来越多的专业知识，他却越来越不满意。似乎对他来说，还需要学习更多，或者是他需要知道不同于现在被教授的、另一种类型的知识。为了理解物质世界可观察的进程背后的逻辑结构，他转向了哲学。而哲学，也同样没有给出他想要的答案；哲学只是让他以更严谨的方式来处理问题。最后，他开始投身于神学。他希望通过神学寻找到自然可见秩序背后更广阔的意义，远远超越他本人智力可控制和包含的逻辑过程的意义。但是即便是神学也让他失望了——谁能说明上帝是什么，或者至少上帝想要的是什么？戴维来治疗时已陷入了深深的绝望，他尝试学习的每一门知识都使他走向他世界里迷宫的死路。他学习了那么多，又放弃了那么多，使得他难以与没有达到同样学时的人进行交流。他发现，即使是很多教授，都只信奉一个观点。"你无法与他们交谈"，他感到孤独，也许除了从自己放满了书的架子上把书搬到图书馆这样的强迫行为，他没有办法从任何事物中获得乐趣。

一天晚上，他做了这样一个梦："我正在观看一艘火箭起飞。忽然间，它的外形发生了变化，变成了一艘船。我在这艘船上，暴风雨来了，狂风骤雨中，这艘火箭船摇摇晃晃，把我抛来甩去，最后它还是倾覆了。我成功地跳上了一艘小的救生船，没有淹死在海里。接着一条龙从水中冒出来，并迅速地游向我。我非常地害怕，曾一度尝试躲到船底，但是我知道这并没有用。它来到了我的船边上。我恐惧得几乎全身瘫软，唯一能做的事情就是把手伸到船外，伸进水里抓住了这条可怕的龙的腿。这时，它变成了一匹小马，一个大约25厘米高的蜡制玩具。"

戴维评论这个梦："那天早上我醒来后，想起这个梦。在我伸出手抓住它的腿之后，这条龙变小了，变得没有威胁了，我感到十分惊讶。而且，从那时起，我都用一种积极的方式去看待它。这似乎是心理上的一种胜利。当我举起那小马时，我感到轻松、快活（jovial）。就像在说，这就是我所害怕过的巨怪，它可真小，没有任何危险啊。"

"jovial"这个词的语源不应被忽视。通过与奇异的龙进行立刻的、直接的接触，戴维打破了束缚思维的边界，其实这奇异的龙是他自身非理性元素的象征。自身有限的力量和他认为完全是外在超自然的神秘力量的成功连接，让他吸收了那些从前难以接近的自身能量。心灵的能量在这之前被包含在无意识中,"束缚在这条龙身上",或者说束缚在他对非理性因素的恐惧中,现在这些能量变得能够被他的意识(自我)获取。我不奇怪他会突然感到变强大了,就像不朽的丘比特,奥林匹斯山的统治者。这个学生不再需要依靠未知的和不可知的大海上空洞的知识泡沫过日子了。现在,他明白了自己是能够触摸到内心深处,将无意识的内容带上来的,不管它们是以理性的或非理性的方式呈现,并且他能够抓住它们,仔细地观察它们到底是什么样的。

原型可能会以古老的形态呈现,所以当我们作为一个无助的个体去面对它时,可能会觉得很可怕。但是当我们知道自己的害怕、醒悟、徒劳无功等感觉不仅仅是个人的沮丧,而是基于人性中共同核心的一种经验,那我们就会逐渐觉察到肯定存在解决这些原型问题的方法。神话学为我们提供了经典的解决方法,有时我们能通过勤奋的研究慢慢认识到这些方法,但更多的时候我们是无意中发现的,而在此之前从来就不知道要怎么去使用它们。

我的另一位病人用了一种独特的方式来讲述自己的个人神话。默里是一位艺术家,和女朋友住在一间破旧的公寓里。他非常地爱她,但是他不能完全确定她对自己的感情。她告诉他,她想要离开几个星期,去探望自己在另一个城市的父母。当她不在的时候,他想要为她做一些事情,证明自己是多么地深爱着她。他思考,自己能做什么呢,然后他想到了一个主意。他在自己的工作室附近找来了一堆厚木板,制作了一个自己设计的床架,希望当女朋友回来的时候给她一个惊喜。我问他为什么在所有能做的事情当中选择这样做。他跟我说,这个想法就是在某一天突然冒出来,就像一种很强烈的冲动;他知道这是一件正确的事,能够表达自己感情,所以他就做了。

我问默里是否听说过奥德修斯在特洛伊战争后经过多年的流浪最终回到家的故事。我告诉他,这位旅行者是如何隐姓埋名地回到他妻子的宫殿,为的是能了解现在的情况,又不被那些掌控着他的土地的贵族认出自己,那些贵族正要进行竞争,胜者将得到他挚爱的妻子佩内洛普。一番争议后大家决定,应该由他们当中最强壮的人赢得这位女士。衣衫褴褛的奥德修斯,通过拉开他以前留下来的弓展示了自己的力量,而其他的贵族却甚至无法使弦弯曲。但是佩内洛普,担心被欺骗,或者是某位神试图来诱惑自己,她要求这个声称是自己丈夫的人提供更多的证据来证明他的确是他所说的那个人。于是他告诉了她一件只有他们俩和那个整理卧室的女仆知道的事,那就是当他们刚陷入爱河时,他亲手用一棵活的橄榄树制作他们的睡床。没有别的人知道他是围绕着一棵粗壮的大树来建造他们的卧室,他砍掉了树的枝桠,用树桩来作为他们睡床的中柱。

我这位相思成疾的病人可能听过也可能没有听过奥德修斯的神话,他真的无法回忆起。但是他却莫名其妙地知道打造睡床的这一举措背后有他不能理解却能真实感受到的象征意义。

神话题材一再地重复出现。

原型,就像我们在萨拉的例子中所看到的那样,在心理分析的过程中突然就呈现在意识中。在戴维的例子中,它在梦中得到呈现。默里在做手工的过程中发现了它。原型在心灵生活中还有一种呈现方式,那就是通过语言。实际上,直到最近,科学家们才开始认识到"天生象征"的机制是普遍存在的,这个机制在正式的语言形成前可能已经被用来交流一些基本问题,如出生、生命、死亡、爱、斗争和恐惧的元素,这些是动物和人类所共同面对的。[10]

根据一份名为"关于证明集体无意识存在的语言研究"的报告,约瑟夫·杰斐(Joseph Jaffe)博士承认,当这一概念应用于最近对语言基础的研究时,所有人都存在集体无意识,这一结论是相当可信的。他解释说,世界各地的婴儿都是同一时间以相同的方式开始展现语言行为。这一行为,他说,并不是被教导的而是先天存在的、预先编写好的,而且与大脑发育的特定阶段和概念形成的能力一致。"外部环境中出现的某种语言只是提供了选择一系列规则和区分的工具而已,而这些规则和区分,随着婴儿概念能力的发展,早已由他们自主形成。在全世界婴儿学习语言的过程中先天普遍存在的,是概念分类的一种图式或目录(这正是荣格所理解的集体无意思的原型),大脑将这种图式和环境语言主题的各种变体对应起来（就像 X 语句通过某种方式对应 Y 分类）。"杰斐博士总结道，"没有任何一种自然的语言是不包含方向、肯定、否定等可比较的目录的，这个事实证明了在所有种族中存在某种通用的语法和语义。"[11]

像上述这些研究所显示的证据，无意识也往往通过一种令人惊讶的方式提供支持，也就是说无意识也会提供证据证明自己的存在和本质。本（Ben）带来了他的一个梦，他是一名工作不到一年的小学老师，刚刚开始感觉到学习能够以各种各样的方式发生，梦正是一个相关的例子："我在某个地下的实验室里，教动物们说话。我正尝试教它们读带有长音'e'的单词。一个男人进来，大概是个和蔼的饲养员，他问我是不是疯了。他说动物有它们自己的语言，它们才不在乎我的字母拼读法。"

这位和蔼的饲养员，因为每天都在观察这些动物，所以很了解它们。他凭直觉意识到了老师通常意识不到但科学家努力去发现的一些事情。这位饲养员早已知道的，也是他教导那位老师的话，与语言学家诺姆·乔姆斯基（Noam Chomsky）最近在电视上发表的言论并没有太大区别。我没办法逐字地复述他所说的，但是根据我当时记下的笔记，他的意思是语言结构的主要特性是人类大脑与生俱来的。儿童出生时就具有这些能力，他们只需要学习自己文化中具体语言的特殊性。乔姆斯基提醒说：不要低估人类大脑语言发展的原创性和主动性。

与那些行为主义专家的观点相比，这个观点是如此的不同。他们认为人类出生时，大脑这台机器或多或少是迟钝和空白的，然后受外部环境影响（电视、父母、老师等）才编入内容，如果接受了错误的刺激，那么，我们就要忙着删除这些错误观念，用自己的方式给这个人重新编程。在梦中，难道不是无意识（化身为 饲养员）告诉梦中的自我（本作为学校老师的视角）不应该忽视儿童以及其他形态的生命自发呈现的先天发展潜能吗？关于原型经验，必须要考虑到两种方向的思维：聚合思维和发散思维。

聚合思维是还原剂。它尝试将原型经验回溯到它的"起因"，可能在建立行为模式的早期经验中能找到，这些"起因"反过来会为人生剧本中将来上演的各种小插曲做好铺垫。当然，过去的残存片段必须被检验，因为这些内容影响着现在，我无法想象有任何心理学家会否认这点。但同时我们也不能忘记原型的核心是存在于所有人的经验中的。它的重要性不仅是帮助解释过去，而且也为将来的态度和行为提供了基本的预期可能性。当然，不借助于理解原型的作用也可以使人改变行为。像动物能够被驯化一样，男人、女人和孩子也能够被培训和再培训。人们能够成为有用的公民，适应他们的世界，愿意接受光荣和失败，为自己的国家摇旗呐喊，甚至投身于无意义的战争中——为了那些坐在后方操纵的人，或者那些微笑着按下战争按钮思考自己利益得失的人的荣誉而战。人们可以改变，他们能够变得更富有创造力，他们能够变得平和，他们能够学习如何生存于这个世界上，这一切的发生甚至不需要知道这个观念：人们生来具有自发性、独立思考、成为命中注定的那个人的这些潜力。

聚合思维这种思维方式认为生命过程是易于被分解为"问题"，继而必须将其解决的。对于每一个问题，只有唯一答案，或存在一个"最佳"答案，而我们的目标就是找到答案。有时，解决问题表现为研究这个问题、这件创伤事件的成因。有时，解决问题包括使行为从难以让人接受的类型改变为更易让人接受的类型，从而试图解开难题。不变的是，聚合思维体现了这样的观念：总是会存在一种正确的方法，只是需要找到和发现它。在"管制竞争"年代的医疗保健，强调的是"效率"和降低成本，巨大的压力促使人们达到"快速抢救"的目的。当然，有时候提供实际的解决方案的确是必要的。改变外部的环境有时能释放心理压力，允许心灵发挥其自愈的功能。药物治疗可以通过缓解症状来促进治愈的过程。但很多时候，要想使持久的改变发生是，对有必要进入到深层，从自性的根本寻求自我认识。

问题解决并不是原型心理学的首要目的。如果说有目的的话，处理问题

04
原型重要吗？

能力的提升可能是一个副产品。如果我们真的要使自己的生活发生持久的、有意义的改变，我们必须通过触及问题的原型核心，来努力转化（注意：我并没有说"治愈"）可能造成阻碍或破坏的问题。在个体超越个人进入到宇宙的层面之前，这样的转化是无法发生的。在这个过程中，随着越来越意识化，我们无法满足于被告知在社会中是处于怎样的位置。现代个体需要把自己从文化的狭隘主义中解救出来。没有别人能为我们这样做。为了达到这个目的，聚合的思维方式往往是错误的途径。使我们更具创造性的思维方式，总是一次一次溯回到童年、婴儿和出生时，最后达到意识的边界。

发散思维是一种更具创造力的方法。这是一种从中心扇形发散许多途径的方法，这个中心就是我们当时所在的处境。道路确实可以向过去回溯，但它们同样也可以往未来延伸，或者指向另一个方向：既不是过去也不是未来。发散思维者认为他们之所以会处于这种情形中，只不过是因为他们在思考这个情形的时候身处在其中而已。本来是否能够避开这些问题，或者这时应该身在另一个地方，对他们来说并不重要；事实就是他们身在这样的环境中，这就是他们当下必须面对的。认识到这一点，就会很容易地发现现在所在的处境从根本上来说跟之前别人曾经遇到过的处境是相似的。他们会发现，那是基础的生活经验，当他们开始观察人类经验的本性时，这一点会非常明显。只有了解到我们与其他人的共同之处，才可能理解作为一个自由的个体该如何走出这片混乱。神话学、童话、文学形式和宗教比较的研究，能够帮助我们理解和认识存在于每一个人之中的原型元素的力量，并把个人经验置于更宽广的视角。原型，如荣格曾经说："是无意识的必要内容，当变得意识化和被接纳时，它会发生改变，会从个体的意识中带走它的影响。"[12]

这样一来的话有人可能会问，在荣格提出原型这个概念之前，这个世界是如何发展了那么久的。情况并非如此，荣格并没有宣称自己发现了这个概念，它是一个很古老的东西。在他的论文中，荣格认为"集体无意识的原型"这个概念的历史可追溯到古代。他告诉我们：

原型最早出现在犹太人斐洛那个时期，在他的身上出现了关于上帝的意象。原型也同样发生在伊勒内斯身上，他说："创世者并不是直接依照自己来创造出这些事物，而是复制他之外的原型。"在《秘义集成》（*Corpus Hermeticum*）中，上帝被称为"原型之光"。这个词也在《狄奥尼修斯大法官》（*Dionysius the Areopagite*）中出现过数次，如"无形的原型"和"原型之石"。

圣·奥古斯丁并没有用到"原型"这个词，但描述的也是同样的意思。他说到"思想的原则，不是由它们自己形成的，而是被包含在神圣的认识中"。"原型"是哲学文化表相的解释性意译。[13]

然后荣格总结道，"目前我们所讨论的集体无意识内容，处理的是古老的或者说是原初的类型，也就是说，从最远古的时候开始就一直存在的共同意象。"[14]在荣格学生时代读到的19世纪晚期的文学作品中，如果没有直接提到原型这个词，那也已含蓄地指代了。在比较宗教学的研究领域中，学者休伯特和莫斯用到了"想象力的类型"这个词。一百年前，人类学家阿道夫·巴斯蒂安（Adolf Bastian）用的是"基本的或原初的观念（Elementargedanken，基本观念）"一词。伊曼努尔·康德（Immanuel Kant）说所有的人类认知都拥有一种先验的来源，那似乎是超越所有经验的极限的。根据上述参考文献，能够很清楚地看到，他所提的原型其实是一种早已存在的形态，它并不是孤立存在的，而是已经在其他领域被认识、命名的。

约瑟夫·坎贝尔（Joseph Campbell）告诉我们，动物行为学的学生创造了"先天释放机制"（innate releasing mechanism，IRM）这个词来描述神经系统中使动物在未经历过的环境中作出预定反应的遗传结构。刚出壳的、尾部还粘着蛋壳的小鸡，当老鹰在头上飞过的时候就会马上飞奔去寻找遮蔽物，而当鸥、鸭子、鹭或者鸽子飞过头上的时候，它们却不会这样。而且，如果在鸡笼的上方用绳子吊了一个老鹰的木制模型，小鸡们也会作出跟真老鹰飞过时同样的反应，除非把老鹰模型吊在它们身后，才不会反应。[15]

廷贝亨（Tinbergen），对动物的学习尤其感兴趣，他不仅证明了不同物种有各自的学习倾向，而且揭示了动物内在学习倾向的成熟只发生在成长期的某些重要阶段。他写到，格林兰岛东部爱斯基摩狗（北极雪橇狗），以大概五到十只的方式群居。群体的成员会抵御其他狗进入它们的生活领地。一个群体里的所有狗都清楚地知道自己领地的边界，警惕其他群体从任意位置来攻击自己。但是，未成熟的小狗是不懂得捍卫群体的领地的。它们常常会在整个栖息地里游荡，有时会入侵到其他领地，它们会很快被驱赶出来。尽管受到的攻击常常会使它们受重伤，但是它们还是学不会辨认自己领地的边界，从这个角度来看，旁观者会觉得它们实在是太愚蠢了。然而当进入性成熟期后，它们开始知道其他领地的范围，在一周之内，原来那种侵略的行为就会停止。第一次同性交配、第一次捍卫领地、第一次避开陌生领地，在一周之内就会全部发生。[16]

自然记录片已经展示了海龟产卵和孵卵的现象。雌龟从水中爬出，在海滩的潮汐线之上找到一个安全的地点。她在那里挖一个洞，产下上百个卵子，再盖住洞口，然后回到海里。18天之后，一个小小的海龟军团就会从沙里爬出来，准确无误地赶上海浪，尽可能在天空中的海鸥俯冲下来叼走它们之前赶回海里。坎贝尔在描述这一现象时评论道，再没有比这能够更生动地展示出探索未知的自发性了。这些小海龟知道它们必须赶快行动，也知道该怎么做。显然，它们也知道自己正在赶去什么地方，当它们到了那儿之后必须得游泳，而且到了水里之后马上就知道该怎么游了。[17]

我们身上正在觉醒的原型功能，对我们、尤其是对每一个人的生命来说到底意味着什么？我们应该怎样运用这种认知？是一种自己的心跳和宇宙韵律共鸣的方式吗？是一种感受到自己不仅是历史的产物同时也是历史的创造者、甚至就是活生生的历史的方式吗？

我们现在知道的神话和传说曾一度是信仰的核心。现在，因为另一个时代创造了另一种语言，所以我们对原型的呈现方式也感到十分陌生。我们可能会在大教堂中认出原型意象，但当它跳动在电视显像管中时，我们却不一定能很容易就认出它。原型的内容发生了变化，正如它们在每一个时代的改变。但是原型的形式还是一样的，还是有大母神、令人敬畏的天父、圣婴、英雄、魔术师、智慧老人、玛纳人格（Mana-personality）以及其他。他们只是以新的形式呈现，会有新的版本。对话可能会出现新的转变，但主题会一次又一次地再现。

　　原型重要吗？对于我来说，研究者的任务不是去决定他的发现是否重要（漫步太空重要吗？）。研究者要做的是观察和报告结果，致力于"是什么"。不管是在实验室里研究动物行为的实验心理学家，还是解释测验结果的临床心理学家，或者是分析病人梦的心理治疗师——病人把内在的某些特征显现给他，他将观察结果概念化。当回溯根源时，这些概念最终都指向原型。重要的不是原型——科学家们常常不愿作出这样的价值判断。只不过，原型是一种对探索广袤的集体无意识领域的有用的分类工具，而原型所呈现的意象通过一种朝向它们终极意义的方式，帮助我们组织个体的生活经历。

Boundaries of the Soul
—— The practice of Jung's psychology ——

第二部分
内在过程

05

自性化：通往整合之路

我们已经探索了荣格的一些最为基本的概念：关于心理能量运转、情结的构成、作为集体无意识组织原则的原型等观点，现在我们将继续深入。尽管借助接受分析者的案例分析阐明了这些概念，我们依然要去关注分析进程的不同方面。无意识通过接受分析者的日常经验、梦境、反思和冥想、幻想、创造性表达以及其他数不胜数的诸多形式表达出来，原型由此得以呈现。我们说过原型属于心灵的更深层次——集体无意识，因为它们是无意识的，因而我们无法直接观察它们，但是我们可以通过原型意象和象征这些原型的表现来接近它们。当我们试图更好地理解自己时，这些意象和象征引领我们从已知通往未知。分析依照西方诡秘思想的神秘创始者赫尔墨斯·特利斯墨吉斯忒斯（Hermes Trismegistus）的传统展开，荣格喜欢引用他的一句话："知晓自身，则知晓全部。"

自性化过程是一条自知之路。无论我们知道什么或者自认为知道什么，都必须通过心灵知觉的入口。因此，我们通过荣格所称的"自性化过程"的内省训练，利用分析的过程来帮助自己建立心灵的知觉。在这条路上，我们会面对一些主要的原型意象，这些意象被不同年龄不同地方的人所共享：调解斡旋于个人和社会之间的**人格面具**；人格面具面对世界感到不自在时投射在无意识中的**阴影**；作为我们无意识部分的**阿尼玛**和**阿尼姆斯**，带着与我们性别向左的神秘；以及作为整体或"全然存在"原型的**自性**。在很大程度上，人类的态度、思想和行为是由出生并生长于其中的文化以及所接触的人所塑造出来的。然而这种塑造并非落在一块空白的石板上，而是落在一套复杂的倾向和性格之上，这些倾向和性格是小孩出生时的个体天性，并随之引导他成长为独特的个体。自性化过程有两条轨迹。第一条用以帮助人们认识和实现他们自己独特的潜能。这需要将自我和被家人及其他外部影响所施加的塑造性约束区分开来。第二条轨迹要求和个体的环境区分开来：问，我是如何成为环绕我的环境的一部分的呢？我又如何与之区别呢？换句话说，它是区分"我"和"非我"的能力的发展。

按照荣格的描述，理想的自性化过程是指个体内含的所有可能性得到有意识的实现及整合。毋庸置疑，极少人实现了（成就了）自性化。和许许多多的理想一样，在过程中奋斗比贪求遥远的目标更有价值。荣格原则上反对适应集体。作为瑞士一个小镇居民的儿子，他通过对集体立场的决然反抗找到了其个人认同。他把那些集体态度看作"大多数人都愿意生活于其中的一个组织化社会"的预制规则。对他自己而言，他们是令人窒息的，因此他提供了自性化过程，以便人们能够找到他们自己的方向，并根据自己的目标来生活。自性化为那些因为无法或不想达到集体规范和集体理想而受苦的人们带来一种价值感。对那些没有被集体认可的人们，那些被排斥甚至受轻视的人们而言，这个过程在他们建立自身内在价值观之际提供了一种恢复自信的途径。它为他们找回人类的尊严，确保其世间的地位。

有许多人，已经达到这个世界通常意义上的成功，却仍在寻求如何更好地理解"自己是谁"，以及对"自身生活目标"的一种更深切感觉。尽管他们能按照集体的规则与集体相处，但他们还是清楚，如同在现实世界中一样，心灵里也仍有尚未开发的资源。他们在寻找通往无意识宝藏的途径，因为他们知道自己不止于现实世界中的这个身份，他们希望去探索更广阔的那部分。

当我们开始探索自性化过程时，我们将从原型的概念转到它们进入我们

05
自性化：通往整合之路

个人生活及寻求我们关注时所呈现的意象。

在芝加哥这座主要依靠机器和电子存在的城市里，有一个叫作新镇的地区，它是旧镇的后续；旧镇曾经是反文化运动的中心，一直到硬性毒品（hard drugs）贩子进入后，开始走向衰落。那些已经惧怕在旧镇生活的人们和过分沉迷于终结自我（end-in-itself）的致幻经验的人们在新镇开起了小店，做起小生意，他们在这里制造、展出和售卖有趣而不寻常的产品。你顺着一条繁华的大街走，突然烤面包的美味气味从一个面包店里头倾流而来，勾起你的思乡之情；陶匠在制作和售卖陶器，邀请你进去学习他们的技艺；艺术家在工作室里绘画；还有一个店里，人们随处坐着，以公平的价格售卖他们精致的腰带、领结和墙上的挂饰品。

这些是在经济大萧条时期长大的孩子，他们的父母在第二次世界大战期间或结束时结婚，定居下来，为了美好生活而努力工作。父亲是听话的职员（organization man），在郊区有座房子，每两年换一辆新车。他不得不为这种安全（security）付出昂贵的代价——丧失个性，而且大多数的时候他从来没意识到，它（个性）在逐渐地消失。但是他的孩子们并没有饥饿的恐惧和无法获得教育的情况，他们已经在寻找它们（个性），也对富裕社会的一成不变变得清醒了。许多人已经从过分组织化和标准化的系统中解放出来，正在寻找有可能提供更好机会来表达他们自性化需求和才华的其他选择。

这种表达看起来特别符合现在世界状态的需求，它也是荣格早在第一次世界大战时就倡导的精神；由此以及其他种种方式，他（荣格）超前于他的时代。他提倡通过明确的"个性化"和"个体化"的努力达成自性，这个倡议提供了一条路，不断地吸引人们的关注、唤起使命感，他们感到有必要打破17世纪和18世纪塑造我们城市的集体性所施加的束缚。就像荣格的构想，那种努力就是自性化之路。

荣格派意义上的自性化过程意味着个体本身所有可能性的意识化实现和整合。它与任何类型的适应集体（collective）都是对立的；并且，作为分析工作中的一个治疗因素,它还需要反对那些心理预制模型(prafabricated psychic matrices)——常规心态,大多数人喜欢生活于其中。

让人们不依赖于任何外在机构的认可而自由地去实现他们自己的"自性化过程"是指什么呢？在"自我和无意识的关系"这篇论文中,荣格设定了自性化过程的基本内涵：我们发现"自性化意味着成为一个单独的、匀质的(homo-geneous)存在,并且,由于接纳了我们内心最深处的、最核心而无可比拟的独特性,自性化也意味着成为其自身(becoming one's ownself),因此我们将自性化理解为自我实现(self-realization)"。[1]只说"做你自己"很容易,但是要知道真实的自己是谁却是相当的难。如果不知道自己是谁,你怎么能做你自己呢？因此,自性化过程变成了寻找自我认识。

人们经常批评寻找自我认识是一件内向的、自我中心的事。曾有接受分析者向我坦白,对于花如此多时间和精力在自己的内在进程上,他们是羞于承认的。正如他们观察到的,当外在世界有如此多问题急需要解决时,很难为探索内在世界打个圆场。

关于我们时代的社会问题,处理这些问题的人的属性将会影响解决办法的性质。我在精神治疗中总能发现这点——一个为了成为精神分析师而学习的人将会掌握心理领域的基本问题,他会学到这种或那种训练(discipline)的特定规则、技术或方法。但是最后,治疗师这个人本身比任何其他要素更能决定案例的进展。同样地,在社会问题中,个体确立于"环境中各种各样的变化或改进"之上的价值观,决定了最终采取的行动进程。价值观来源于个体视角,他们是相冲突的核心本质以及生活经验对这一本质施加的影响之间的结果。

个体的核心本质不仅包括优势力量,也包括弱点。我们每一个人都具有创造潜能,但同样也呈现出毁灭潜能。印度的神,梵天、毗湿奴、湿婆——创造者、保护者、毁灭者——居于我们每一个人之内；一切都需要纳入考量,就好像我们生活在一个心灵系统中,这系统的生态必须保持平衡。我的来访

05
自性化：通往整合之路

者说道"我在读政府将高危险的瓦斯（nervegas）密封于成吨的混凝土中，然后取出来倾倒在太平洋处理掉的报道"我意识到这种说法多么不正确，因为我们从来无法真正地摆脱任何事物，外界根本不存在可以寄存的地方。即使在太平洋里，它仍然和我们在一起，即使在海洋，空间也是有限的，并且在那里的东西也影响着陆地。在心灵中也是一样的，我们不能"倾倒"危险的或破坏性的方面，我们只能知道它们的存在及它们如何发挥作用。如果改造它，我们也许能够将这些黑暗因素从恶性的东西转换为可以控制的东西。那即是荣格"心灵的自我调节本性"概念的部分伟大之处：他从不认为邪恶可以被处理掉，而是寻求开发和理解我们自己灵魂里邪恶的潜能，就如对灵魂里的善一样。

当接受分析者（analysand）理解到这点，她懂得了自性化要求我们探索是什么在我们之内运作，并对我们的决定做出决定。我们的目标是什么？我们怎样达成它们，荣格在他对《金花的秘密》的导言里[2]（introduction to *The Secret of the Golden Flower*）说道："一位古老的专家说过：邪人行正道，正道亦变邪。"这句中国格言与典型的西方结果导向或成功导向的信念相矛盾，后者相信"正确的"方法与使用者无关。荣格写道"事实上，在这类问题上一切取决于人，只有少部分或根本不取决于方法。因为方法仅仅是途径，方向是人选择的。行动的方式是本性的真实表达。如果不是这样，那么方法不过是装模作样（affectation），一种人为附加的东西，变成无源之水无本之术，只能为自欺欺人的非法目标服务。"[3] 也许，当今心理治疗实践中最严重的问题之一便是——对方法极为强调，对"人与其自身深层次需要及承诺的关联"反倒缺乏重视。

让我为你展示一个我实践中的案例，从中可见正确的方法如何在错误的手中失效。戴尔在绝望的状态中来到我这里。他最近婚姻破裂了，并且处于在过去七年中第十个工作的失业边缘。戴尔绝不愚蠢，也不缺乏魅力、自信和恒心。他在几个抚养他的家庭中学习到，可以操纵和奉承他人直到他们满足他的需求。然后他会享受于自己如此狡猾而获得的小小奢侈，而不会特别考虑到为其他任何人谋福利。游戏变成"能得到这么多，同时付出那么少。"他十分擅长向女人献殷勤直到与她上床，而在他第一次请求成功后，他会致力于在他喜欢的任何时候以任何方式获得满足。一个又一个女人会告诉戴尔，"我刚开始感觉爱上你的时候，你就会突然转身离开。"他的婚姻全都以通常的迷人方式开始，但是在蜜月结束之前，他的妻子们都相继抱怨戴尔完全变了。他不明白，从不能理解问题在哪里。这个人参过军，在军队里也是一次次地与人关系不和。他卷入一场斗殴，因为不服从命令而遭到申斥，直到最后事态发展到很严重的地步，以至于他因需要精神治疗而被勒令退伍（psychiatric discharge）。军队推荐他进行精神治疗，还愿意为之买单。此外，他还享有了残疾福利（disability benefits），所以他不必去工作。

治疗绝对是相当长程的，由于没有别的事情可做，戴尔决定利用军人安置法案回到学校，以便打发空闲的时间。恰巧他足够聪明，能在工程学中名列前茅。他开始致力于研究垃圾和污水处理，并很快成了这一领域的权威。当时这一领域的研究很缺乏，以至于戴尔毕业时，到处都需要他。实际上，他大笑地说，他是国内最吃香的垃圾处理工（garbage men）之一。他感觉很有力量，每次找到了新工作，他都要确认他的职责有清晰的轮廓，以便他恰如其分地完成，"一分不多一分不少"，他会独断地说。接受批评是完全不可能的，哪怕一丝需要通过服从来完成的工作都根本不能商量。他宣称他不会受任何人的气（wouldn't take any shit from anyone），但是讽刺的是，他的工作的本质就是从每一个人那里收取垃圾。

尽管有公认的专业知识，他却不断地辞职或被解雇。然后以更高的薪水找到新的工作，而整个情况又和以前一样。

缺乏稳定性让他感到焦虑，最后他寻求分析。我问他的工作，他没有什么话说，只说"那是生计"，并补充说他晃悠到下午4：45之后，然后离开一个无聊的工作匆匆忙忙地又回到家里无聊的妻子那里，而这对他都没有意

05
自性化：通往整合之路

义，要将他从关于他正从事的工作性质中拉出来是很困难的，我花了很大的劲催促，才了解到他已经写了几篇重要的论文，且在生态学会议上提交过一两篇；还了解有人邀请他从事助教或研究的工作，但是考虑物质报偿后，他拒绝了——尽管有些犹豫。

只有当开始探寻隐藏在他的职业选择之下的无意识感受时，我们才开始理解是什么样的内在历程让他选择了这个工作。对自己他有种不可动摇的，彻头彻尾的腐臭的感觉，就好比一个自出生那一刻起就被丢弃的小孩一定是令人作呕的。此后他不得不一直面对一个充满敌意的环境，但又以某种方式使它可以忍受。坦率地说，这个世界是一堆垃圾，而他能做的最好的方式就是去清理掉一些。所以他学会了一种高度精致的方式来做这件事。这个方法没有问题，在这个方法上他是专家，但是这没有太大的助益，不论是在他能给予这世界的影响上，还是他对自己的感觉上。

只有在分析中，当开始面对无意识时，他才能知道，是他把认为自己是垃圾、是毫无价值的这种感觉投射到这个世界上的。接着一些变化发生了，他首先要面对自己的黑暗面，去找出那杰出的科学家究竟是谁，"自我觉知"（self-knowledge）对他而言并不是一个愉快的主题。他之前无法通过找到简单却收入颇高的工作将自己所看到的垃圾清理干净；他也不能赎回他的自我意象，即使他达到了这份工作明确规定的要求。他开始明白，他将他个体性格积极的和潜在的具有建设性的方面，以及其消极的和潜在的具有破坏性的方面区分开来了，以这种方式，他将需求外在化，去保持他心灵功能的彻底平衡。

我们谈了很多他的"内在生态"，而没有多提他的工作。渐渐地，他开始不再把自己看作人类的遗弃物，而是其中的一员，他的生存和生产效率很大程度上依赖于让自己和自己的知识对这个世界有用，及对这个世界上的人们及其需求有用。渐渐地，他开始付出一点，而不是只索取。直到有一天，他才明白，他参与的分析工作可以被理解为"心理学的生态学"（psychological ecology）。理智上他一直知道，但是突然有一天他完全接受了它作为他的整个存在的事实。他知道，他是这整个世界的一个缩图，在他的内在生活里，他可以将自己的污垢转换为给予生命的清泉和养料，就像在他所从事的工作里，他能将环境中的污物和污染转变为可以呼吸的空气和可以饮用的水。态度的转换发生得很突然，但是这种转化的潜在倾向其实一直在他心里面。正是将自己从污垢中赎回的内在驱动，安排了那次神经质的行为，让他从军队里出来，进入一个准备满足他内在需求的地方。

我在分析戴尔时想到，那个"垃圾人"不仅存在于他之中，这个形象也在我之中。分析师不也是一种垃圾处理人吗？将接受分析者生命岁月中的碎石挑出、分类，尝试把那些已不再需要的丢弃掉，这不就是我的工作吗？但是，为了避免被"做个好人"的意象诱惑，我特别提醒自己也必须处理我自己的垃圾。分析师所接受的分析训练是为了教会我们将生命中的垃圾清理掉，以便为那新的和正在成长的部分开辟空间。但是这不是分析训练的终点，我不仅必须取出我自己的垃圾，还要十分小心不要接受他人的垃圾。当我晚上醒来，为某人对另外一个人所做的不公平之事而焦虑时，就会想起这点。我想起在诺斯提主义的《真理的福音》（Gospel of Truth）里给出的建议："让曾跌倒之人的脚步坚定，向生病之人伸出你的手"，但紧跟着这句话的是："顾好自己，不要关心其他已经抛弃的事。不要转去吃已经呕出之物。不要做飞蛾，不要做蠕虫，因为你已经扔掉它了。不要成为魔鬼的深思之所，因为你已经摧毁了他。"[4]

有一次，在我们刚开始一起工作的时候，戴尔说他刚跻身工程的这个特殊分支，因为它是一个极度开放的领域——没有多少人会对在工作日检查城市下水道正在腐烂的垃圾感兴趣——工资还很高。顿了一会儿他承认，他体验到内在声音呼唤的强烈感觉，这声音引导他去选择他所做的课程，尽管这些课程当时在大学里并不受欢迎。因为某种他尚不能了解的理由，这个领域的工作吸引着他，所以他跟从了自己的感觉，从事了这一研究。最近戴尔开

05
自性化：通往整合之路

始看见他所做的事背后的动机，我敢说，如果现在他的潜能打开了，他将对社会做出杰出的贡献。因为分析师不仅对个体说话，还必须认出个体在社会等级中的地位。他开始知道他是谁，现在，存在这种可能性：正确的人开始以正确的方式工作。

接受分析者经历了当前人生中的问题，试图寻求分析师的帮助，去看象征性行为的背后意味着什么，并且愿意将当前的行为追溯到"持有能打开的当前运作模式的钥匙"的任何更早阶段，他已经来到分析的关键点了。有可能危机已经过去了，治疗的急迫性就不再存在了。也有可能，一些症状不再可见，或者如果可见，接受分析者开始学会与它们共处，且有足够的控制，使它们不会过于干涉他的功能。他变得更好，最明显的损害似乎已经得以修复了。于是到了做个决定的时候了，即是否要继续分析，走上揭示被隐藏的东西的黑暗之旅——不仅是不可提到和不可接受的东西，还有它的组成部分及运作方式。

就如在分析中体验得到的一样，自性化历程需要一个长期且费力的过程，以便将无意识人格中所有破碎的、混乱的碎片整合为一个完整的整体，这整体能意识到自身及其运作的方式。回顾我们最初的一个梦想，这个问题就简单了——你已经学会了开车，这就足够了？还是去看看（引擎盖）挂钩下面是什么？大多数人经历了一生，但从不知道引擎盖下面是什么，在城市街道上行驶也许没有大碍，因为每隔几个街区就有一个机械师在有麻烦的时候帮助你。但是如果想在更长的旅行中自足，如果想拥有随意选取道路的自由，那么去看"引擎盖下面"有什么是必要的。

症状减轻之后是否继续治疗抵达更远的目标，这一决定是如何做出来的呢？对此没有单一的答案，在实践中可以体现出这点，然而我的信念是：存在一种回答，能够将接受分析者给出的答案和分析师给出的答案都包括进来。许多人在通过阅读或听讲座、工作坊、电影或其他公众项目（节目）了解荣格之后会进入荣格派分析，并对自性化过程十分感兴趣。他们进入分析，因为知道大量阅读给予他们的会比一个肤浅的描述更多，知道他们必须踏上那个旅程——读一本旅行指南，而不是一个代替品。所以自性化的渴望从最开始就被表达为一种倾向。即便如此，并非所有寻求这条路的人都能够去实现他们想要去做的。对分析的简单尝试，也许并不能产生"唤起人格的原型基质"的那种象征材料。

另外一方面，有时分析又展示的太多。一个女人在连续几年做了大量令人印象深刻的、感人的梦后进入治疗。她对阅读荣格和在荣格中找到她感觉可以帮助理解她的梦的象征感兴趣。我们开始了分析。随着时间的流逝，她发现自己经常大汗淋漓或从惊恐中醒来，就好像她已经被追赶了一整夜一样。她读得越多，越试图去理解，就越会做奇怪而惊扰的梦。在分析期间，她每次会面都会带来几个梦，它们在情节上是如此奇异，呈现的意象是如此明亮美好，以致于让我懊恼地发现，有时我在盼望她的来访，就像一个艺术生预期在乌菲兹美术馆（Uffizi）会遇到一个松鸡（Jay）。接下来她带来的梦表明，她是这类人中的一个，即对他们而言，无意识的唤起不是有用的，反而是危险的："我正站在一个伸向夜空的高阳台上。东方的天外有颗星星发出越来越亮的光，并朝我滚来。在靠近时它变得更大了，发出深宝蓝色的光。一个银色的光环围绕着它，它越来越近，发出更亮的光。我知道宇宙中所有的空气凝聚在它之内，它离我足够近，方便我踏进它且如空气一般轻盈。它如我所期望的来到我这里，如月亮般大，我几乎能够伸手触碰到它。我感觉轻到能靠在它之上，但是接着我看见远处有另一颗星逐渐变大，并从南边向我驶来。它已经十分近了，辉光闪耀地悬挂在我所站处的几米之上，我知道如果让自己走向它，就能永远被温暖。然后西方的天外，一个极纯净的白球又朝我所在的方向飞来，我可以看见它在沸腾和冒泡，如同百万个滚滚海浪在汹涌闪耀。在我靠向它时，我回头突然发现所站的阳台从建筑上分离了，并且整个地球是一个褐色圆球，以令人震惊的变换形式从我这里退去。"

即使没有分析这个梦的象征意义，我也足够确定，这位接受分析者不需

05 自性化：通往整合之路

要进入集体无意识的神秘里，而且她应该被隔离于这迷人的原型。对接受分析者而言，站在深渊的边缘，她最需要的支持是帮她重新回到物质世界。对自性化历程的强调在这时对她而言绝对是一种禁忌。

但接下来这个梦呈现了十分不同的信息。这也是一个女人带来的，她的生活境遇正得到充分的改善，在工作中也是很成功的，即便它并未给她与其能力相应的机会。她感觉若在这个工作之外成长，她就能松开，更强势地表达她的理念，但她缺乏勇气。她梦见："我在一栋房子里，它跟我小时候的房子很像，我站在通往父亲工作室的门前。我被告知不能进这个房间。现在我知道，那是父亲存放某些危险电子工具的地方。但是，作为一个小孩，我被警告说如果我去那里就会遇到可怕的事，于是在我想象中，里面充满了妖魔鬼怪，如果我打开那扇门，它们就会抓到我。当我站在这扇门前时，我发现它的尺寸很大，中央有一个方形的黄铜盘，盘上有一个大的铜把手，在把手下面有一个钥匙孔。我正站在那里想要做什么，你（分析师）从后面向我走来。你把一把钥匙放在我手中，接着又剩下我一个人，我走向门，将钥匙插进钥匙孔里。它自己转动了。我往后退，门慢慢地打开了。我往里面看，但看见的只是一片漆黑。我正在颤抖，接着听见一个声音说：为什么不进来呢？我感觉进去肯定没事，就走进了黑暗里。我所见的都是黑暗，然而我仍然向里迈出了几步。不久我分辨出在最远端有深灰色的微影，我便知道在我视线之外的某处一定有光。我又迈出一步，然后停下，黑暗渐渐地变得淡了。"

这女人准备好开始对未知的深处进行探索，于是我们继续进行分析。

再讲一个梦。这个梦来自一个年轻人，他很难"以一种有感受"的方式与人们建立联系。他倾向于只认识到自己的需求，而无法意识到他人，尤其是那些在表达自己时较为谨慎的人的更为微妙的反应。他害怕向亲近的人敞开，因此他感觉不能维持任何强烈的亲密关系。他的梦如下：

"我在一间新房里，发现一只僵死的鸟，也许我在努力地温暖它，但是它是死的。

晚些时候我回家，准备搬进来住，在正要把它丢出去时，我居然发现它是活的。我立即开始努力让它苏醒过来。屋子里非常冷，是寒冷杀死了它。我开始努力温暖它，将它靠进热源。这屋子是通风的，我用手罩着它，以便把温度保留并将风挡住。我这样做了很久。然后它醒过来了，屋子的窗是开着的。我将小鸟罩在手里，以免它离开，或不小心从门口飞出去。它在外面绝对活不下去。然后我绕着屋子走，用胳膊肘把窗户关上。

然后我又站在热源旁边，我正在用双手罩着它，试图为它聚集更多的热量。它的羽毛开始变柔软。它变得鼓胀且柔软。我认为它是一个白色的鸟，有蓬松的柔软的羽毛和一个长长的故事（tale）——（注意，这不是印刷错误，而是一个具有特定含义的口误）。

然后它轻啄我的手指或手，它为什么这样做？它想要咬我吗？有一下我感到害怕，但随即就过去了。它不是在咬我。

我的父母进来了，又或许一直在那里。我告诉他们鸟儿的事，说它还活着。说的时候我很动情，他们似乎并没注意。

接着，鸟儿爬上热源——一个散热器，坐在那儿。我担心那里对它太热了。我感觉了下温度，觉得还好。它将腿收回放在身体下面，坐在那里往外看，镇定而温暖。

我的母亲与父亲打开窗，我告诉他们别开窗。我走去关上大开着的窗户，以及其他微微开着的窗户。现在这里将真正暖和起来，不再寒冷了。

然后我看向散热器，鸟儿在那儿，坐在我们前面，独自地看向外面，泰然自若，神清气爽。

然后我担心起了食物，之前有一刻我觉得它看起来饿了。我四下打量，在那桌子上找到一系列鸟用物，有水，供它沐浴的地方等等，我感觉它一定知道在这里能做什么。我决定就把那些东西放在那里。然后我又找到一些鸟食。我抬头看见那只鸟正卷起炉壁架上的玩具娃娃。我真的惊呆了，我将这

05
自性化：通往整合之路

一幕指给父母看，他们问我，我的哥哥是不是没有选好这个地方，使之与炉壁及其他相协调。

然后那只鸟在小滑雪板上滑雪，它滑下窗帘，然后滑下我们的衬衫，它有很小的滑杆，还带着很小的银色滑板，我第一次见到（这样的滑雪板）。

我注意到窗外有人在滑雪，那只鸟儿看到了，就有了自己的想法。我惊奇于这鸟儿如此聪明，如此令人惊叹。

然后我说：

'这是一个转世再生圣人的灵魂，这是先代人类的心灵。'"

这个年轻人的梦富有象征性，这象征可以被讨论和放大以指明他生命的方向，他的困难和潜能，我们没有按此目的从细节上对之加工，而是原原本本地呈现给读者，展现了梦者和他的鸟儿之间十分缓慢的变化关系。鸟儿是属于大地而又不完全属于大地的生物，由于它会飞，这是人类不可理解的部分的象征，有时被称作心灵。它涉及不是严格意义的物质层面的关联感——人—鸟关联是非有形状态的。在我们对梦的讨论中，我们把鸟理解为梦者无意识方面的表达，它最能回应被珍视和关心的温柔感觉。恰恰是梦者的这个品质，被描述为休眠的，但不是死的。他几乎放弃了它，但后来当他回去确认已经没有希望时，他发现毕竟还有一丝生命，值得尝试去激活。接着便是他倾其所能努力去抵御杀死或者几乎杀死这只鸟的寒冷漫长而艰难的一段时间。付出关心和努力相应于分析的过程和在那里所显现的奉献，正是对感受和反应的细致观察，使得将温暖和生命带给原来只有寒冷和僵硬之地一举成为可能。

当感受更为鲜活时，接受分析者就能更完整地经验他的情绪生活。长羽白鸟和白"故事"唤起了圣灵的意象和传说。对梦者而言，它指的是关系的神秘的一面，这一面需要在信念上接受，而这对他而言是困难的。接受首先必须从内在升起，延伸到那个被威胁、难以生存的敏感一面。鸟儿轻啄他，似乎在试验他，这表示他的开放让他更容易受伤。这个想法他开始是抗拒的，但接着便接受它成为过程中必要的部分。它甚至是一件值得庆祝的事，在梦里，他是鸟儿的生命和力量的标志，在心理上则代表了处理被他人拒绝的这一能力的提升，如果他会向他们伸出手的话。

他父母的出现和他们的活动象征了梦者退行的倾向，因为他梦中的父母和现实中的一样趋向于把他当作小孩，认为他的感觉不值得注意。即使在小时候他也想过去表达自己并得到一些深层的反馈，但通常都不被当作一回事，他父母更关心他的其他问题。这种拒绝的态度，以及受到轻视，在童年时就被梦者无意识地接受了。在他先从父母，其次从其他地方赢取支持的努力中，他已经拒绝了自己的敏感灵性一面，即他的白鸟。

梦向他展示了通过不允许预期的死亡的来临来解放内在鸟儿的感觉力量，他将些微的生命迹象视为值得全身心地付出的。渐渐地梦者能够变得成熟到反对他的父母，后者代表他内在抗拒感觉的倾向，关上窗户意味着他需要保持约束他内在的这种新近复苏的能力，竭尽所能地避免父母式的"批判"态度威胁到它。当他决定采取坚定的立场，去照顾鸟儿，不管父母会怎么想，他便发现需要的一切已经准备好了——因此鸟食、水以及其他东西在梦者为鸟儿寻找时就出现了。

梦有时会带来令人惊叹的幽默，鸟儿突然成为一个独立的生物，卷起小玩具娃娃让梦者很吃惊。这跟生活多么相像：当我们最后学会以新方法做事时，相关知识便接管了，且开始有它自己的存在，使我们见识到连做梦都想不到的可能性。（鸟儿的）滑雪就是这种情况——这是绝对的感情洋溢！梦者完全地震惊了，他以为最多只是一只宠物的小东西，结果具有想象力和相关资质。梦者将滑雪和山对他的意义联系起来——那原始的高度，这里精神的价值即最初的价值。梦者对阅读拜山宗教感兴趣了，这些宗教的象征经常影响到他的梦。然而在这个特定的梦里，梦的两个相反而分离的方向同时具备：一方面是作为宗教信徒通过阅读和学习获得的稀有智力上的兴趣，另一方面是将万物一体的抽象概念延伸到与真实结构的联结感的能力。鸟儿被看作一

05
自性化：通往整合之路

个转世灵童，一个远古时代的人类，这似乎传达出一种"古代"和"现在"的联结感，一种遥远的智慧老人和梦者此时手里颤动的生物的结合。

在处理这个梦的过程中，梦者和我都受到了深深的触动，除此之外，我不能说更多了。这是一个重要的自性化之梦，在此期间，它让梦者在这个过程经过一个被束缚和恐惧的时期，带着这种感觉进入另一个阶段，在这个阶段他会谨慎而负责，但不会盲目地焦虑恐惧。关心会开始取代焦虑。这个梦，以及随后出现的其他梦，被证明是为新出现而尚未确认自身位置的人格提供方向的路标。

问题产生了：是从治疗进展到通往自性化的分析、还是当求助的症状已经得到颇为令人满意的解决时便结束治疗，这个决定究竟该如何做出呢？也许，在回顾这些明显指向自性化历程的梦的过程中，决定因素已经变得明显了。这因素当然就是无意识自身。通过梦及其日常生活的表现，无意识提供了我们需要知道的一切信息。无意识及其创造性的象征方式向我们呈现了这幅画面：即便存在这样那样的障碍，但是这里有新位置的机会，可以提供更宽广的视野。或者，无意识可能在这道路上设置粗鲁的对抗，如果鼓励继续搅扰原型材料，则警以灾难。这样的警告在前面女人那个阳台的梦中被清楚地呈现。对被唤起的无意识材料做极致关怀地"解读"，并且允许自己被它引导，是分析师的责任。

这并不代表整个过程完全依赖于无意识及其呈现。荣格非常强调意识及其洞见能力所起的决定性作用，尽管他反对"意识的独裁"（dictatorship of consciousness）并坚持要注意从无意识中冒出的内容。这是双管齐下的努力：无意识被给予应有的注意，而同时又持续不断地努力去加强意识，以便在面对无意识内容时能胜任对它（意识）提出的需求。[5]

在分析过程中，每个人将会找到自己面对无意识的方法和方式。可能性是多种多样的，我将在本书的讨论中持续给出例子。所有这些方式的关键在于，个体让自己完全投入无意识过程，并且同时决定努力维持世俗真实和生活施予的责任。作为一个分析师，我让接受分析者知道，我们一块进行的工作不会为他提供一个简单轻松的出路，以及——他可以借此摆脱困难的人际关系，或因为情绪不稳定而暂停工作，或期望他的妻子容忍他的坏脾气或漫不经心。我当然也认识到，分析有时让接受分析者处于大量的情绪负担之下——并且我让他从一开始就知道这点。

如果他不能或不愿忍受提升意识的额外负担，他就不应该投身于分析严格的自性化历程中来。那种纪律是个人纪律，那些遵守它的人必须是自主负责地这样做，且不能期望以他们的朋友、妻子或情人为代价来变得完整。

另一个问题出现了，也许更多地在我自己的脑中而不是在接受分析者那里。当探索进行到更深层面时，接受分析者应该期望分析师一路带着他，做一个一直在场的支持和保护者吗？出于分析师和接受分析者的共同承诺（mutual commitment），他有权在陷入不寻常困难的任何时候都期望得到分析师的帮助吗？答案并不简单——我的第一反应是，他应该在分析师的引导下、不要操之过急，并确保：在途中的每一步，新的发现及洞察能够被彻底消化，当接受分析者准备向前推进时，它们变得可被使用。这样在接受分析者准备继续前进时它们才有用。此外，可以说，分析师应该鼓励接受分析者利用自己"关于自己的梦及幻想材料"的批判性判断——借助于在分析时段中给自己充足的机会去参与对它的阐释。

但问题是，所有这些都是理论上的；实际上它就完全不起作用。与我所知道的大多数治疗不同，荣格派分析并不是主要在咨询室中进行的。在分析的更高阶段更是这样。咨询室在很大程度上可以看作是一个缓存区，个体经验及随之产生的洞见在这里是被组装的，分析的讨论在这里发生，讨论的目的是为了在所思虑的事务中找到意义。然后接受分析者又被送进与世界的斗争——带着与分析师一起处理已有材料时出现的无论什么样的理解。经常在阐释之后，我必须对接受分析者说："真正重要的是你现在——当你从这里走出去的这一刻，以及从这一刻到你再来之时这期间你是如何处理一切。那是证明我们所做的是否有价值的东西。"

事实上，我不能做任何事来向接受分析者或我自己保证他将能够处理尚未看见或预见到的危险。没有什么能保证他不会陷入恐慌，或者他不会被他无法掌控的抑郁抓住。如果我意识到有这种可能，我会让他知道，他可以妥善地处理它，我会从他个人的需要出发给出特定的建议。如果，即使如此，他仍感觉急需帮助，他可以给我打电话，我将尝试帮助他。在我的经验中，极少有人滥用他可以在必要时联系我的这个权利；极少数的时候，只需要在电话上聊上几分钟，就带来了更冷静的观点，而更多时候，光是知道我在那儿，就足以让人度过那个艰难的时刻。

此外，也涉及分析师作为一个人的有限性的问题。我相信分析师让自己除了在几个短暂而特定的时间外不可联系是错的。另一方面，我相信分析师表现得好像他随时都在且无所不能是一个更大的错误。一个不为自己留下时间来放松、恢复、阅读和娱乐的分析师晚上不会睡得很好。荆棘之冠会变得最不舒适。

简而言之，分析师使用的工具是他自己。让这个工具，即他自己，在身体和心理上都保持良好状态，是对病人的责任，他必须找到对他而言做到这点的最好方式，以便使自己保持在所能达到的最高水平上工作。有时，他会和一个同事坐在一起，令自己经受分析过程，以帮助恢复他自己的客观性、并重新衔接于他的无意识生活。不管他做其他的什么事，他需要每天为自己留点时间来反思和评价他的工作，去考虑：他在哪里获得了理解，在哪里忽略了重要的事情，在哪里需要重新考虑已经完成之事并在其中找出额外含义。他必须意识到自己在每天的工作过程中被搅起的情绪，以及为什么会有这样的情绪。我通常在一天结束时趁整个会面还鲜活进行回顾，并且记下出现在我脑海里的"诸如我会怎样处理下一个会面"的任何想法。我需要这样做来为我的工作带来某种程度的远景，但还有另外的原因。我希望接受分析者去反思会面的"真义"（substance），并把自己的反思整合进他的意识中、甚至是行为中——但是否我有权利希望他做得比我自己所愿意做到的更多？

接受分析者在会面之间所进行的工作是如此多样化，可以说每个人的工作都是独特的。将这种工作联结在一起的一个特质就是：在某些方面，它全然是自我与无意识内容的相遇。不是所有都是用言语表达。这种相遇的独特性会在本书第十章讨论，但这里提供一个接受分析者独自完成的，对漫长的人格转变贡献如此之大的私密的、个人的工作例子会很有帮助。

这个例子以一首深思性诗歌的形式呈现在我面前。在写它的过程中，这个人在处理自己的抑郁。他的工作很无聊，有时他从工作的挫折中抽身出来，将情绪发泄到妻子那里，激起她负面的反应。事情随着时间变化愈加糟糕，直到他开始感觉他所有的工作都没有得到重视，他一定只是一个毫无价值的人，他陷入了顾影自怜的沼泽。过去他以醉酒或与妻子争吵起来逃避这种倾向。渐渐地他在分析过程中学到不要试图逃避抑郁，而是让自己走进它们，去完整地体验——去看它们是由什么组成的。为了这样做，他会退进他的房间，如其所是地将自己的感受写下来。他将他的这例征服抑郁的例子命名为"一个人的自性化之歌"。他给我的文本是这样的：

> 当我沮丧时，当我所有的魔力都零乱，散落到各个朋友那里时，就是我亲爱的妻子以"看在上帝面上，你知道，世界并不围绕你转"抚慰我灵魂之时。
>
> 那时她变得如此惊慌，为了她感觉到的拒绝，
> 而她如此并无过错，我确实拒绝了她和所有她维护的。
> 有时候，当一个男人需要空间，当他渴求独处，
> 好让他的思想漫游，回味"关于自己和身边人"的种种观念，
> 有时一个好丈夫也必须愉快地想象妻子的死亡。
> 当然不是她的问题，对我而言那很清楚。
> 而是那魔鬼，他活跃在内部而非外部。
> 去记住同时

05
自性化：通往整合之路

它被投射到妻子身上，是最佳婚姻关系的钥匙，那并不
简单，你知道，它要求我所喜欢的蝴蝶倒转。
我能够解释这个，因为众所周知，之前我曾经多次镇静地这样做，
但现在让它就这样吧，
也让那些理解的人闭嘴，
以免连这也在风中零落。
我很快会离开，又去试着实践心中所有，但为了
消除与妻子及与我自己的误会，让我说出这个最后的话语，
"我拒绝我自己，而非我的亲爱妻子，我不会
跑开去找某个往日的接纳性表象。我将原位不动，拒绝
这种将要结束的草率、毫无益处、不负责的如虫子般的日子，
我开始意识到，通过原位不动
并让妻子远离我的关系网，
内在中诞生出某种'坚定决心'之类的东西
那将是我次日清晨回到我的路上所需的。"

没必要解释这首诗，因为当他写"让那些理解的人闭嘴"时他已经说得很清楚了。我只想提及一个有趣的细节，当作者将这首诗带进分析时还没意识到它。那就是最开始的人称代语"我"（I），然后一直到倒数第二次用这个词的一行都是用小写的"我"（i）。几乎就像最开始自我在掌控，但是随后就一直交给了无意识，直到最后，当自我带着大写的"I"回来宣称自己作为一个出来面对世界的个体。

这个运动是自性化历程的特征，尤其当它发生于生命前半段期间的时候。

我经常被问及为了获得"自性化历程"的好处，是否有必要采取一个程式化的荣格派分析。我的回答是，自性化是自然而然的，当人们在生命进程中意识在深度和复杂度上都增加时，自性化就发生了。过去各个时代有许多

方法被开发出来加强这个进程，有着不同的练习和不一样的对象。荣格的方法并不适用于每一个人的处境或需求。对那些特别认同荣格发明来处理人类心灵的方法的人而言，自性化历程能建立一个自我沉思的意识和包含于"整全"（the All）的无意识之间的关系。这是一条困难而危险的路，就和通向内在智慧的每一条路径一样。

06

人格面具与阴影

一位相当正派的年轻姑娘曾与我进行过分析工作,她来自一个十分保守的家庭。在我们早期的工作中,她带来了这样一个梦:"我来到你的办公室,身穿一条漂亮的黑色高领长袖天鹅绒长裙,但是当我转过身时,我的背后从上到下都是完全赤裸的。"

在个体社会化的过程中,我们会在自己的自然倾向和社会规范中寻找折中点,使用自己能够认同的某种特定的特质或立场。荣格称这一立场为面具或人格面具,指的是古代演员为了突显他们所表演的人物角色而佩戴的舞台面具。人格面具以社会为导向,更精确地说,是以社会对个体的期望为导向。在她所生活的特定环境中寻找自己的位置,所以她穿着与环境相符的服装。朝向社会的那一面已经做好了准备,展现自己。通常一个人为了参加派对而精心打扮,可她恰恰是唯一一个没有意识到自己的背面也会公之于众的人。

人格面具也并非总是消极的。它在协调个体与社会之间的关系中发挥了重要功能。我常常告诉我的接受分析者,人格面具是很必要的;它将个体伪装,这样能够帮助其他人恰当地认识到这个人是怎样的。我可以肯定,如果你准备送出一个钻石戒指,那么你是不会用一个纸袋子来包装它的,而如果你准备给人1升牛奶,你大概也不会选择将牛奶装在一个水晶瓶里。人格面具的目的是为了表明这个人是什么样的,正如舞台面具隐含了这个角色或者演员的情绪。人格面具参与促进个体适应社会要求的过程，也可以在特定环境里定义个体。根据不同的情境，我们可以把自己表现为老师、父母、爱人、商人、佣人或向导。

荣格以一种更为苛刻的观点来看待人格面具：

> 因人格面具与集体心灵略微沾点关系，我们可能错误地将它理解为是完全属于"个人"的某种东西。但是，正如它的名字那样，它其实是集体心灵的面具，一个伪装个人特征的面具，试图让别人和自己相信这是一个独立的个体。其实不然，个人只是参与了集体心灵表达的过程。
>
> 当分析人格面具时，我们摘下面具，然后发现那些似乎是个人的东西实际上都是集体的；换而言之，人格面具仅仅是集体心灵的面具。从根本上说，人格面具不是真实的东西：它是个人和社会在一个人应当如何表现这个问题上的折中点。他有名字，拥有头衔，代表一个公司，他是这样或者那样的。在某种意义上来说这一切都是真实的，但是在与个人本质的关系上，它不过是次要的现实，是妥协的产物，其他东西所发挥的作用往往要比它大。人格面具是一种表象，一种二维的真实。[1]

人格面具的象征就是种种伪装：他们在梦中表现为衣服、帽子、盔甲、面纱和盾牌；或者他们会表现出某种职业或行业的特征，如工具、各种各样的设备、某一种类的书籍；或者他们会表现为一辆汽车，或者在一些情况下甚至是表现为一座房子或公寓。人格面具也可能会表现为奖励、证书，或者形形色色的所谓"身份象征"。人格面具的认同在社会的所有阶层都是很常见的，当人们认同自己属于某一类人，他们就会让自己的行为符合该类人的特征，摒弃不匹配的行为。他们很快开始相信"我是这样的。我是一名成功的医生，或者一名知识分子，或者一位流行音乐家，或者一位伟大的幽默作家"，而且他们几乎会在你有机会开口跟他们交流之前就让你知道这一点。这一过程会进展得很顺利，直到某件事情的发生，改变或者损坏了这个介于个人真实和期待意象之间的面具。然后这个人才开始疑惑，"我是谁？"对于自我身份认知的缺失，可能会导致严重的危机。然而这样的一个危机几乎总是会出现在自性化过程中，或早或晚，因为在认识到虚假的自我之前，真正的自我是不会被发现的。

我的一位病人就是这样的情况，他是郊区一所大教堂的神父。他在一次分析面谈中带来了一封信，很明显，这封信让他心情烦躁。这封信是他的一位老教友——一位刚刚退休的老律师写的。这位律师前不久刚刚退休，没有太多的事情忙，教区活动成为了他生活最主要的部分，同时，他也是教区基金的主要捐献人。这位老律师上周日来到教堂，回家后就写了一封略带道歉口吻的信，说他对神父允许妇女在集会上侍奉圣餐这一行为感到很不安。在他看来，这样做是不对的。他还抱怨说里奥神父（Father Leo）没有遵守教会的惯例，本该由神父本人诵读的祈祷，而神父却要求圣会的民众和自己一起诵读。这位律师认为应该坚定不移地遵守教堂的惯例。信的结尾写道，"我相信你肯定在庆幸教堂中并没有太多律师在这些问题上向你们施加压力！"

里奥神父非常地生气，他觉得自己受到了攻击。"根本不可能让所有人都满意！如果我听取这位保守派律师的的意见，那么我就会失去教会中所有的年轻人。如果我做了这些年轻人所呼吁的'适当的'改变，那么我将会失去这些老教友，同时他们也是教堂资金捐献人。我总是得妥协，但是无论我做什么，总是会有某些人因此不高兴。"

我们谈论了他的处境，他认为神父的这个角色似乎就是他的全部存在，他必须要做一个好神父。他意识到，每一个人，在追求事业成功的过程中，都承担了某种角色，不管这个角色是牧师或是屠夫，教师或是精神分析师。我们进入"角色"时学到，某些行为是可以接受的，而其他的是不能接受的。有时候这些是微妙的事情；牧师说话的音调，分析师的停顿，就像是覆盖在脸前的面具：当看到面具出现时，你会知道这个演员将会带来什么。我们说过衣着是如何告诉人们这将是一个怎样的人，即使是在他人遇见我们之前。

人们为成功而穿着，或者穿着以显示他们不属于一个有特色观点的独特群体。

里奥神父，坐在我面前的这个男子，习惯性地穿着有教士服领子的一身黑色套装。他的人格面具清楚地告诉别人不应该在他面前口出秽语，他应该得到人们充分的尊重。即使是因超速而将他截停的警察也会微笑着向他招手，当看到他的装束时，警察会放他走，说道："我相信你是急着要去看望一名生病的教友吧。"但是当里奥神父去见他的分析师时，他通常会穿运动衫和休闲裤。因为，他不希望在这里因穿戴牧师面具而受到区别对待；他渴望一种更直接的对质，所以他才如此穿着。

里奥神父的人格面具的问题是他过于认同自己的人格面具。他不是特别清楚应该如何卸下神父的身份，开始做为一个正常人。那位律师不是批判里奥这个人，他是在批判他的神父，那个礼拜天穿着黑色套装站在布道台上的人，那个不符合他——这位律师——想象中那样按照传统进行布道的神父。当里奥认为他是在批判里奥这个人时，他就已经认同了自己的人格面具。这时自我和人格面具变得难以区分了。

里奥必须认清他的现实处境，他是一个因职业目的而承担起某一特定角色的个体。这并不是说他抛弃了他的信仰，也不是说当他脱下长袍时就不再关心精神和信仰，完全不是这样的。但是，社会对他的职业的要求应该简化为："我这样做是为了告诉人们我是他们的精神导师，不过我仍然保留着我个人的部分，保留我个人的信念。我知道，我不能满足所有人的需求，我能够平静地接受这一点。"

但是如何应对这位律师呢？一旦里奥理解了人格面具是如何影响他的，他就可以准备好采取下一步行动，也就是将分析中涌现的感悟运用到实际生活经验中去。这本该是一件很容易的事情，不理会这封来自律师的信，告诉他："很抱歉让你对此感到困扰，但是我们总得时不时在教堂里做出一些改变"，然后愉快地请他喝杯咖啡。可是如果这位律师也同样地认同于自己的人格面具呢？有没有可能他无意识地运用了自己的人格面具以获取里奥神父的

06
人格面具与阴影

注意呢？这是一位退休的老人，他曾位高权重，而他现在想要从他的牧师身上得到一些情感上的支持，但是除了使用自己传统的行为方式他不知道还有其他的方式。只能作为一名律师，运用自己的人格面具，来对教堂的服务做出死板的、吹毛求疵的评价。

当一个人与我进行分析，我们俩都知道，他有责任在自己的人际互动中觉察到在表象下正在发生什么。如果一个人没有能力提高自己的意识水平，那么又有什么做分析的必要呢？因而里奥神父应当能够理解，那位律师是认同了他自己的人格面具，认同他的律师角色，然后他与里奥的人格面具相处，将其错认为是里奥本人。他不认同的是那个人格面具。里奥需要明白，他本人并没有受到攻击，受到攻击的是他的人格面具。一旦他认识到这一点，他就能后退一步，与他的律师教友讨论整件事情，而不会感觉受到了个人的威胁。如此便完全不同了，不再需要用一种道歉或者自嘲的方式来捍卫自己，他可以正面这件事情。里奥可以对他的朋友解释说，是的，他也考虑到了这个问题并且看到了其他建议的价值。然而，这是一个不断变化的新时代，除了照顾一直以来做出了重要贡献的老年人，他还不得不维持与年轻人的和谐关系，而这些年轻人希望用他们认同的语言方式来得到教会的服务。

里奥神父不能期望他的老教友向他妥协。作为一名接受分析者，拓宽意识的范围是他的责任。这就要求他要主动去找他的朋友，通过向其呈现自己现在所处的矛盾困境来引导他的朋友理解他；这个矛盾就是要清楚教区内所有派别教友的需要，并且不让任何人觉得教堂这个神圣之地与他们期待的样子有天渊之别，从而能够保持教区的凝聚力。但是为了达到这个目的，里奥不能每次在自己的服务方式被抨击时就觉得是自己个人受到了的威胁。他必须清楚，只是他的技巧受到了抨击，而并不是根据自己价值判断提供服务的这个人受到批判。

在某种程度上，自我（ego）功能总是受到一定数量的人格面具的覆盖。自我处于一种接收环境刺激的持续过程中，也同时接收来自于无意识的观感，这些观感有时会支持当下正在发生的且自我参与的事件，有时又会与这些事件所冲突。自我总是需要去调和刺激与反应；实际上这意味着我们必须持续地在每一个瞬间决定，去选择顺从或者不顺从当前处境的需求。每一个决定意味着在许多的意见中选择一个而拒绝其他的。正如我们所看见的那样，个体的类型在决定自我的本性以及自我随后可能做的选择这一过程中起到了重要的作用。这些决定，被潜在的类型支持，构建出一个人格面具，这是对某些集体要求的一种回应方式，也是角色的性格特征。根据荣格的说法，这是错误的："如果在事情发生时没有认识到在这些特殊的选择和人格面具的背后终究是存在一些个人的因素，尽管人格面具有着自我意识的独特同一性，**无意识的自性**（the unconscious self），即一个人真正的个性，也总会呈现出来并且使其直接或者间接地被感受到。尽管在一开始，自我意识等同于人格面具——我们展示在社会前的妥协角色——然而**无意识自性却永远都无法被压抑殆尽。它的影响主要表现在其增强和补偿无意识内容的特殊本质中。"[2]

伴随着人格面具的是另外一个我们不会有意展现于公众前的人格阴暗面：阴影（shadow）。这是我们人格中的弱势功能，我们不会允许自己表现出这一部分。人格面具越强大越僵化，我们越认同它，就必须越否认自己人格中其他的重要方面。这些方面被压抑到无意识中去，或多或少地参与构建自动化的分裂人格——阴影。阴影找到了自己独特的表达方式，特别是通过投射。我们不能在自己身上承认的，往往能够在他人身上找到。如果，当一个人说起他讨厌的另一个人时带着似乎不合常理的激烈情绪，他可能会谈论到最讨厌这个人的某些性格特质，通过这些你就能够了解到他自己所压抑的那些东西，这对于其他人来说却是很明显的，尽管他自己并没有意识到。阴影是个人无意识的主导部分，由所有那些不被社会标准和人格面具接纳的原始欲望和情绪组成，那是所有令我们羞愧的东西。阴影也同样有其集体方面的内容，它们通过神话的方式被表达出来，例如恶魔或者巫师。但是阴影也同样有积极的价值，至少是存在于它的潜能中。没有意识就不会有阴影，正如没有光明就不会有黑暗。阴影是一个人的必要方面；如果他完全没有阴影的话，那么他是不完整的。荣格写道：

> 阴影是一个挑战自我人格完整性的道德问题，因为没有人能够在不考虑道德后果的情况下使阴影意识化。意识到阴影就需要认识人格真实存在的阴暗面。这一举措对于自我认识是不可或缺的，因此它也毫无疑问会遇到一定程度的阻抗。事实上，作为一种心理治疗方法，自我认识通常需要许多辛苦工作，花费很长时间。[3]

这里有一个极端的例子可以告诉我们，当阴影完全无法被辨认时会发生什么。这是一位小学的校长，我们可以称他布莱恩（Brian）。对于认识他的人来说，他根本不像是一个期待参与分析工作的人。实际上，他也很小心地不让大家知道这个事实。明显，这样的行为并不符合他的人格面具。布莱恩大概四十多接近五十岁，帅气、干净，年轻的时候是一个精力充沛的典型美国小伙。他用"十分幸运"这样一个词形容他自己。"事情总是很顺利"，他说。他告诉我，他对时机有非凡的把握能力，他就是知道什么时候应该推动一个新项目，什么时候应该打住。他把教工管理得很好，也很受学生的欢迎，他在工作中投入了大量的时间，还经常受到学校董事会的嘉奖。

他小心地向我解释，来找我并不是因为他自己的问题，而是因为婚姻问题。（我在很久以前就学会去注意那些在治疗中带着其他人的问题来的病人！）他说，他的妻子难以取悦，无理取闹，常常会在公开场合贬低他。她有让他无法忍受的洁癖，而且她十分地独立，有很强的控制欲。他说他希望能够摆脱这段婚姻，只是这可能会让他花费一大笔钱财，也可能会影响他的声誉。通常，他会在晚上去参加学校里的体育运动，或者各种各样的会议，而周末的大部分时间会与学生一起外出和露营。真的很难去批评这样一个人，尤其是从社会传统的角度来看。

布莱恩来自于一个农场家庭，家庭的道德标准是传统而刻板的。他从小被教育要尊敬妇女，所有的性活动都要发生在婚姻的架构之内，性行为开始和结束的目的都是为了生育后代。他初次性行为是跟一个性工作者，那时他十八岁。在那不久后，他便开始与一名女孩约会恋爱，描述她是"情场老手"。他迅速地陷入了与她的热恋中，并且很快她就怀孕了。他与她结婚，觉得自己并没有别的选择了。正如他所说的："我感觉被困住了"。但他们在婚姻中并不经常有性生活，他并不是特别想要。他那无趣的妻子曾有过一段短暂的婚外情。他像对待一个顽皮的学生那样训斥妻子，然后很快地原谅了她。他给我的印象是，他怎么可能是一个那么好的人！如果他真的如此，我问自己，为何他的妻子和他在一起显然是不开心的？为何她在一开始的时候会怀上他的孩子？她真的那么有心机？当她决定嫁给他后发现了什么表里不一的事情？

　　布莱恩跟我说了一个他经常会做的梦。这是一个关于打架的梦："我遇见了一个不喜欢的人。事实上，我恨他，对他充满怒气。在这场争执中，你用尽全身力气挥拳过去，但最后变成像是慢动作，拳头慢慢垂下来，你无能为力。"这是布莱恩的原话。我不禁注意到，当他暗示自己的无能时，他并不能把这个症状与自己联系在一起，所以他叙述的角度从第一人称转换为第二人称。对此，明显的还原性解释是，他无法与妻子进行性生活，对于他来说，性欲是一种他想要和必须表达的攻击，但是他否定了自己的这一需求，直到这一需求完全无法被表达。然而这背后还有更深层的含义，远远不仅仅是性欲。他进而在自己的生活中抑制他的敌意，无论它何时被唤起；而处于这样一个职位，需要不断和学生、他们的家长、教工和管理层打交道，谁不会偶尔感到挫败和愤怒呢？所以，敌意在他的无意识中不断地聚集能量。这促使他在清醒的生活中去释放这些能量，减轻它所造成的压力。但是他害怕这样做，因为这并不符合他的角色、不符合他的人格面具。梦中提供了一种争斗的氛围，这是对他意识态度的一种补偿方式。这个完美的好男人变成了富有攻击性的坏男人。接着他害怕自己会无法摆脱它，这表现为他的无力感，他不能完成整个动作。这一无意识的恐惧与攻击的内驱力交织，在无意识中形成了一个无法解决的冲突。自我认同于人格面具，以自信、亲切、愉快的姿态面对世界。他让自己过度工作，因为如果不这样的话，"他们"可能会发现他真的是无能的。阴影，这卑劣的一面承载了所有的攻击需求，不会处理他所感到的敌意。

作为他的分析师，我倾听了他对一系列表面症状问题的独述。我一直都在疑惑，阴影可能会从哪里找到表达自己的出路，然后我想这肯定存在于他生活中某些深层的无意识中。我有一种不祥的预感。我见过看起来很完美的人跟跟跄跄地跑来分析，就在他的人格要开始瓦解之前，就像他们知道灾难马上就要来临，而他们想要在那一时刻到来的时候待在一个安全的地方！我感觉到布莱恩就是这样的。

一直以来，从数次的治疗谈话中，我从他身上了解到的是"正面思考的力量"的方式。"我可以做到任何我真正想做的事，我所要做的就是要足够努力。"我忍不住回应，"你试图去说服谁，你自己还是我？"接着有一天他告诉我，学校里发生的一个危机事件，在学生中爆发了种族间的冲突。他的处理方式并没能阻止操场上的流血冲突，学校的董事会就此责备了他。他受到了很深的触动，我感到他和从前不一样了。他表现得十分沮丧，情绪极度低落，比较沉默寡言。他轻松愉快的举止消失了。他的人格面具无法证明自己的无所不能了。

几天之后，他的脸上带着一些划痕，在我们的分析治疗中他叙述了这次经历。他告诉了我一件酒后发生的事。那是在他和妻子的一场争执后，他横冲直撞地离开了家，跑到镇子另一头的一个酒吧，在那里喝了很多威士忌。接着他给住在附近的一位军队旧友打电话，尽管当时已经是深夜了，他的朋友邀请他到家里来再"喝几杯"。他去到朋友家里，又喝了不少酒，他完全不知道到底喝了多少。那位朋友，他回忆道，邀请他在家里留宿，但他记得自己第二天早上还得去上班。他记得的下一件事，是有那么一瞬间，意识到自己正在高速路上时速144公里地开着车。接着他的头脑再次一片空白。然后他在一个停车场打开了一辆没上锁的车门，翻看汽车的储物箱中都有什么。他脸朝下地摔到地上，不省人事。当他醒来时，正是黎明，天空朦朦胧胧地散发着灰白的光线。他转头四望，根本不知道他是在哪儿，但是他还是莫名其妙地找到了自己的车，开回了大路上。他在马路的指示牌上找到了自己所在地的信息，从而找到了回家的路。至于他脸上的划痕，他完全不知道是怎么回事，但是他彻底地变了一个人。现在，他准备好去面对自己的阴影了。实际上，他也别无选择。

在随后的治疗中，他有过周期性酗酒并且偷窃的经历。偷窃仅仅发生在喝酒之后，酒精让他从某种抑制中解脱。他从来没有偷过任何他特别想要的东西，他对偷窃也总是有特别戏剧化的天赋。有一次他拎着别人的手提箱从巴士站出来，当他回到家，清醒过来，发现自己刚才做了什么，他将手提箱带回到车站，偷偷摸摸地将箱子放回到他原来拿走的地方。还有一次他从公园里拿走了一张野餐桌和两张长椅，成功地把它们塞进了自己的旅行车。他的所作所为都是很危险和疯狂的。当我问到他是否曾经偷过钱，他回答说："没有，那会让我成为一个贼！"他更多地是把他的"经历"当成是冒险，来向"他们"证明自己不是非要遵守他们白痴的标准，"除非是我自己真的想要"。当一个人只想活出自己人格的其中一面，意识会使态度适应，而相反的一面会停留在无意识中，等待某些能让它冲破束缚的机会。在本世纪，法国心理学者称这种状态为"abaissement du niveau cental"，一种低水平的意识状态。在这样的状态下，无意识的内容能够进入到意识。睡眠就是一种类似的状态，这就是为何我们会做一些展现自己另一面的梦，而且除了做梦之外我们没有别的机会能够获知那些内容。当自我认同于人格面具、主要任务是展现公众所要求的形象时，那么压抑的阴影迟早都会找到一种方式来打破人格面具的不平衡。

在分析工作的前期，个体可能还期望自我保持地位与迅速涌现的无意识内容之间有一番激烈的争斗，但那些无意识的内容看起来极具破坏性，它们撕开了个体关于自我的意象。当人格面具开始因来自无意识的压力而四分五裂时，自我可能会比以往更为疯狂地紧抓住人格面具。经历这一阶段的接受分析者，梦会戏剧化地表现出这样的情形，个体也会经历要改变对自己的所有认识的恐惧。这个梦是这样的："夜里，我在房子周围建造了一个电网来抵御坦克和步兵，我们还有反坦克炮。小组里的某个人企图拆下电网，他住在附近的一个房子里，我们看到他破坏我们的劳动成果，看到他朝自己的房子走过去，于是我们就用反坦克炮把他炸飞了。然后场景发生了变换。早上，我站在二楼从窗户向外看，看到两三头大象正忙着撕开电线和周围的伪装。有几个人正在指挥它们。不知道为什么，窗户上本该有玻璃的地方却什么都没有。我冲过去，拉开了电闸。大象们被电击，大声嚎叫。电线缠绕着它们的鼻子。它们挣扎了很长一段时间，但最后还是用自己的脚帮着解开了缠在鼻子上的电线。其中一个人指挥大象去找电闸。显然它们的脚是不受电击影响的，或者说电流没有强烈到能够阻止它们。一个大象来到了我所在的窗户，它的鼻子伸进来，然后到处找开关。我觉得它应该会看到我，但是它并没有。它一离开窗户，我就跑下楼了。"

这个梦表现了自我防御尝试保护心灵免于无意识因素的攻击，这些东西长期被压抑，拥有强大力量。电流是梦所提供的激发生命能量的意象，对于这个病人来说，那就是促使他保护房子（他的心灵结构）不被摧毁。还有反坦克炮，这是试图摧毁人格中阴影元素的攻击工具，与那个试图瓦解防御工事的人一样。尽管他在最初的战斗中获胜了，这也不过是徒劳，在他的睡眠（无意识）中电网防御再次被攻击，而且这次是大规模的非人类力量的攻击。大象似乎更多地属于集体无意识，而不是个人无意识，因为它们对病人的生活经验而言并没有什么特殊意义。

荣格提到过一个类似的梦的心理学意义：

一旦个人的压抑被解除，个体和集体的心灵会以一种联合体的状态涌现，从而释放出一直以来被压抑的个人幻想。幻想和梦境此时似乎是呈现了不太一样的面貌。判断集体意象最可靠证据是"宇宙"元素的呈现，即梦中或幻想中表现出与宇宙特征相关的意象，如时间和空间的无限性，高速和延伸的运动，有关占星的东西，地球、月亮和太阳的类似物，身体比例的变化，等等。神话和宗教主题在梦中的明显呈现也是指向集体无意识的活动。

集体心灵表现形式的多种多样使得其含糊不清、难以辨认。当人格面具逐渐瓦解，无意识的幻想得以释放，这毫无疑问只会是集体心灵的特定活动。这样的活动唤起了那些一直存在却从没被梦到过的内容。但是当集体无意识的影响慢慢增强，意识心灵会失去领导力量。这一切以几乎不被觉察的缓慢速度发生，与此同时无意识和非个人的过程逐渐取得控制权。[4]

现在我们知道了大象的绝对重要性。这种难以猜测年龄的、巨大的、笨重的生物，代表了无意识中受到刺激时爆发的巨大力量，这些力量有可能会颠覆意识的地位。可能正是因为过度忙于困住这些力量，才刺激了它们的爆发。尽管这样，梦中还是呈现了有希望的元素，那就是对于特殊意象的选择。如果恰当地对待，大象能够成为人类的朋友，使用它们强大的力量帮助人们完成仅凭一己之力无法完成的事情。据此逻辑，可能有人会问，为何要唤起这些危险的力量？离它们远远的，并且通过支持意识的态度来加强防范与之对抗不是更好吗？在这个例子中，病人正是或多或少有意识地尝试这样做，但最终他是没有办法不去面对如此严重的深层问题的。荣格教导我们："无论何时，当必须要克服一个看起来无法克服的困难时，要经历这样一个过程是无法避免的。"他告诉我们："很明显，并不是在每一个神经症案例中都有这种必要性，因为可能在大多数情况中，主要目的仅仅是消除暂时的适应问题。当然，在严重的个案中，如果性格和态度上不发生深远改变，病人是无法被治愈的。在目前为止的大量案例中,对外部现实的适应需要耗费很多功夫,所以在很长一段时间中都没有内在的对集体无意识的适应。但是当这个内在的适应过程出了问题,无意识就会产生一种奇怪的、无法抵挡的吸引力并且对生命的意识方向施加有力的影响。无意识影响的主导,再加上人格面具的瓦解,共同作用于从力量中沉积下来的意识心灵,导致了一种心灵的不平衡状态,在分析治疗过程中,治疗的目的往往会故意引发这种不平衡状态,从而解决了阻碍个体进一步发展的困难。"[5]

任何一个有此经历的人都知道,意识态度的崩溃并不是一件小事。原来有序的系统变得混乱,负担变得无法忍受,生活状况似乎彻底失控了,而个体对此完全无能为力,那是一种难以理解的痛苦。此时,正是自我正在让位于集体无意识,而集体无意识接管了控制权的时刻。在这样的危机中,很多时候都会出现一个"救命的"想法:一个幻象、一个内在的声音,带着不容质疑的坚定力量,为生活指引一个新的方向。[6]但也有很多时候,崩溃带来的灾难摧毁了原有的生活但又没能提供新的出路。个体会如何应对这样的情形?这是个重要的问题。

荣格对此提出了几种可能。一种是个体被无意识完全控制,或者导致精神错乱,从此不需要再去面对现实中自己病态的想法,或者进入到一种自杀式性的抑郁状态中。当这种趋势出现时,治疗师必须全力去充当病人的意识自我,发挥移情的力量,直到受伤的心灵重新获得力量能够独立运作。

第二种可能性是个体"轻信"了集体无意识的内容。然后他可能会沉迷于奇怪或者反常的想法,可能是那些表面看来具有宇宙意义的想法:他会觉得自己奇迹般地预知了伟大的真相,其他人对此一无所知。他可能会变成一个喜欢预言的古怪的人,但是没有任何事会发生。因为他口中的真实,在他人看来都是荒谬的。随着朋友对他的日益疏远,他可能会变得如孩子般任性,并且逐渐断绝与他人的联系,成为一个社会孤立者,一个背负着无人能懂的使命的可怜之人。

第三种可能是荣格所说的"人格面具的退化式回归"。这种情况会发生在一些人生的灾难性转折事件后,这些转折摧毁了个体的事业、爱情、对未来的希望和计划。这样一个受到重创的人,会竭尽全力地去修补自己的生活,尽管事实上他无比地害怕自己的人生会再次支离破碎。因此他会寻找一个要求不那么高的新职位,或一段挑战性没那么大的新关系。他使自己恢复正常运作,不过远低于他应有水平。正如荣格说的:"因为他的恐惧,他会退回到人格的早期阶段;他会贬低自己,假装还是之前的自己,尽管完全不敢想象自己再经历一次这样的危机。之前,他可能会心比天高,现在他甚至不敢尝试去做自己能力范围内的事。"[7]

这种人所采取的最有效的防御机制就是投射阴影。这是指他不会看到自己的弱点,却能够从周围的所有事情中找到自己无法发挥才能的理由。总是会有一些不幸的事情出现与他作对,或者有某人在他背后捣鬼。那个人不可避免的会被他深深地怨恨,描绘为带有卑劣的品质,实际上那些是他无法看到自己身上存在的、阻碍着他每一步前行的缺点。

一位印度古鲁(guru)曾告诉他的弟子:"你必须收集你自己的粪便,施肥在自己的植物上。只有那些愚昧至极的人们才会小心翼翼地收集自己的粪便,扔掉,然后再出去购买别人的粪便来给自己的植物施肥。"

找到可以处理阴影的方法是很难的。这需要坚持不懈地寻找这一阴暗势力存在的证据,一旦找到就必须将它们交给意识:这就是我,这就是我能做到的。无论何时,不管阴影以何种方式伪装自己在梦中出现,都需要对其做仔细的检查,必须认识到与梦者生活方式有关的这个意象的意义。生活中的每一种让个体有强烈情绪体验的情境,无论是使他极度愤怒或担忧甚至狂喜的,都必须考虑到,因为这有可能是无意识中的阴影以投射的方式表达能量的特殊途径。而且,这并不是个体在有限的分析治疗过程中产生的,接下来,当阴影重归于平静,那么可能他就能够进入到分析工作中更出色更辉煌的层面。阴影,实际上就像是恶魔一样,每当你觉得你已经知道他是怎样的,他又会改头换面从另一个方向扑过来。所以这样一来，在荣格式的心理分析工作中，接受分析者开启了一个终身的过程。向内观察，愿意反映从内在看到的漫长和艰难，是为了避免被其所控制。我必须强调，并不是说分析师就能幸免于阴影的攻击。只要他是一个分析师，甚至说只要他还活着一天，这就是他必须一直追求的。在分析的过程中，分析师必须能够区分自己和接受分析者的反应，这样他才能够知道接受分析者呈现给他的到底是什么，而他自己的无意识又将什么内容投射给了接受分析者。更进一步来说，他必须知道阴影的投射问题是一把双刃剑，因为尽管他在向外探索自己有可能向接受分析者投射了什么内容时，他还必须注意到接受分析者有可能向他投射了什么，否则的话他可能会落入陷阱，从而接受病人对他的评价。而实际上接受分析者是在评判那些自己不敢面对的隐藏的方面，或者是嫉妒那些没能认识到的自己身上存在着的潜能。除非分析师能够分清上述的一切，在分析进程中使用这些材料来扩大意识的范围——首先是他自己，然后是接受分析者的，否则他可能会不知不觉陷入无意识的影响。再次，我必须指出，分析师接受足够长且彻底的训练分析是非常重要的，这能帮助分析师为处理深度无意识过程的复杂性做好准备。

  阴影的问题不只呈现为个体身上作为适应的意识方式与无意识自主表达的消极或压抑因素之间的冲突。阴影问题的社会性也类似于个人的体验过程。我们知道当某些不被个体所知的品质进入意识中时，会被看作是敌对的和邪恶的。因为自我还没做好准备将这些品质同化为自身的一部分，它们被投射到其他人的身上，投射到破坏性事件上，也就是有时说的"意外"。大部分人不认为有必要使这些投射意识化，尽管这样会将自己置身于一个非常危险的处境。如果从个体微观的角度来看是这样的，那么从国家宏观的角度来说，情况也会是这样。"国家间的心理战明确地把这种情况暴露出来：我们国家所做的每一件事都是对的，其他国家所做的每一件事都是不道德的。卑鄙和邪恶的根源总是能够在数公里之外的敌营中被发现。"[8] 荣格在1928年写下的这段话，适用于当时，也适用于今天。可以发现，将我们自己这一边在战争中的暴行合理化为对集体利益的追求，同时将敌人的残暴作为继续我们自己的罪恶的理由，这是多么可悲啊！只有当我们的年轻人从战场归来，他们那留在家乡、躺在电视机前或沙发床上的受伤的、饱受药物折磨的、痛苦的灵魂才开始认识到这一点。那些到过战场的人们将投射放下；他们必须面对现实中敌人的面孔，同时也必须面对自己家中朋友的面孔。

作为一个国家，需要发现自己的阴影。我们能够在投射的意象中找到它们，只要我们能够记住它们是我们的意象。只有当个体愿意去认识自己的阴影，这个集体的认识过程才会开始。在这样做之前，他能力还不足以处理他人的赞美或指责，更不用说从国家的层面。这并不是说在分析进程中就不要关心社会问题，二者并不矛盾。恰恰相反，在寻求社会正义方面最有成效的人，往往也是对自己十分苛刻的人，会注意区分自己的错误，并在改正之后才会出门去劝告邻居。他会通过树立榜样来扩大自己的影响，而不是通过恫吓的方式来让对手屈服。一个投身于终生从内在与无意识对质的人，同样也会用一个更广阔的视角来看待在现实世界中所遇见的未知事物，更重要的是，会用一颗智慧的心。我记得一个朋友向我推荐过一句话，尽管我的朋友承认他从来没有查到这句引语的出处，甚至有可能只是梦到的，但他认为这是荣格所说的。不管怎样，我把这句话送给你——据说这位老人说："绅士们，别忘了，无意识也在门外呢！"（"*Gentlemen, do not forget that the unconscious is also on the outside*"）

07

阿尼玛和阿尼姆斯：内在的对立面

　　性、性别以及两性关系的概念是过去半个世纪里最具颠覆性改变的思想文化领域之一。一直以来，这些都是涉及心灵的经久不衰的话题。荣格有大量的思想和著作致力于此，这方面的文章主要出版于20世纪20年代（《分析心理学的两篇论文》[1]）到50年代（《关于原型——特备涉及阿尼玛概念》[2]）之间，因此，如今我们发现他部分观点是基于他所生活和工作的文化语境的，而另一些则是具有永恒意义的，便不足为奇了。对于荣格有关阿尼玛和阿尼姆斯的构想中的哪些部分是我们理解性别差异的基础，哪些又仅需视为过时的历史产物，我一直抱有疑虑。

　　当我还在苏黎世荣格学院受训成为分析师时，我曾向我的督导分析师——Heinrich Fierz博士提过一个棘手的问题："男性和女性之间固有的差异是什么，这些差异又有什么样的文化基础？"他停了一会，对这个问题进行了思考，然后回答说："好几代人都在思考这个问题，并且从先天和教育，或者说遗传和环境的对比角度上给出了很多讨论。在所有的讨论和研究过后，只有一件事是所有人都认同的——那就是区别确实是存在的！"

　　对荣格来说，无论我们的意识态度究竟是什么，无意识都潜藏着与其相左的观点。荣格发展了阿尼玛和阿尼姆斯的概念，认为它们是我们的意识态度所对应的无意识方面。他设想，从自我意识的角度来看，不同性别的个体都认同其生理性性别（有少数例外的情况），而无意识则携带了相反性别的"人格"。所以，对于男性来说，阿尼玛代表了他无意识中的女性"另一面"；而对于女性来说，其男性的"另一面"则用阿尼姆斯来表述。

让我们来尝试着理解一下荣格所使用的"阿尼姆斯"和"阿尼玛"的含义吧。这对概念被他表述为相反性别中的孪生原型：阿尼玛代表了一个男人的"永恒女性"方面，而阿尼姆斯代表了一个女人的"永恒男性"方面。正如我们对女子气和男子气的意识态度并不相同，我们在每个社会框架中的禁忌也是不同的。所以阿尼玛代表了无意识中男性和"阴性"相关的方面，阿尼姆斯代表了女性潜在的"阳性"。由于与原型相关联，阿尼玛和阿尼姆斯通过集体的形式和特点表征：男性的阿尼玛可能以阿芙洛狄特、玛丽莲·梦露、抹大拉的玛丽亚、智慧的化身索菲亚或者毁灭的化身卡莉的形式出现；而女性的阿尼姆斯则也以赫尔墨斯、阿波罗、希特勒或者比尔·克林顿的形式出现。有无限可能的形象，但是从某种意义上讲都是比"生命更大"的，并且当他们在我们的梦中或意象中出现的时候，会唤醒某些强大的力量。

阿尼玛和阿尼姆斯，对荣格而言，是指卓越心灵的意象创造功能。这些意象不胜枚举，并且与特定时间中的文化流行元素相关联。然而，创造意象并被它们所影响这一功能则是不受时间约束的。这些心灵中相反性别的元素——阿尼玛和阿尼姆斯，作为原型具有制造心灵意象的倾向。这些意象本身是与文化相关的。如果我们理解了这点，无论置身于何种文化框架之下，我们都能将相反性别的原型意义应用于对性和性别的差异的探索上，因为我们认识到每种文化会根据其特定的时间和情境调整相应的意象。关键是要记得，正如我的导师告诉我的："差异是存在的"。

荣格心灵结构设想中的一个**核心要点**（kingpin，英语的含义为轴心）在于人们的意识和无意识生活中两性的互动。首先我们要知道，荣格谈及"阴性"时他并不是指那些仅属于女性的部分，同样地，"阳性"也并不独属于男性。对几乎所有的人类而言，我们属于某种性别是再清楚不过了。要是性别

07
阿尼玛和阿尼姆斯：内在的对立面

问题是如此明晰就好了！但它不是，因为性别主要是语言的结果——所有的词语和概念都建立在我们附加在某个性别上的词语，无论它们是否理应如此。性别是心理的，而非生理的。

我上面说到相反性别的对立是荣格心灵结构理论中的"轴心"。"轴心"就是一个性别化的词汇。当我看到自己曾写下的东西时我震惊了。为什么不是"牛奶（Queenpin，与 Kingpin 对应）"或者简单地称为"基石"呢？因为我们已经内化，或者说习得了几乎是下意识的性别化的思考方式，事实上，直到20世纪晚期的女权主义者呼吁大众的关注，我们才有所意识。现在，很多出版商都要求作家不要去假定男性指向的词语也同样适用于女性。女性也不再愿意被认定到"不说也可以"的领域中。多亏了女权主义作家们的努力，现如今女性可以发表她们的言论并为其负起责任。

所以我们必须意识到，当我们开始思考阿尼玛和阿尼姆斯时，我们所处的时代已经不同于荣格提出这些原始构想的时期。当人们批判荣格有关男子气和女子气、意识和无意识概念的文化局限性时，他们对此抱有质疑是正确的。因为其中有很多在荣格时期确实如此，但如今却不再适用。旧式的家长式传统在荣格以下的陈述中依然是十分明显的：

> 但是没人可以回避这样的事实，即当女性以男性的方式从事了由男性特质所支配的工作、学习和职业时，她的行为倘若对其女性本质没有产生直接的损害，也必然与之有所出入。女性心理学建立在爱神的原则之上——她们像是更好的连接者和传递者，然而古老的智慧则归于男性的理性，以男性的支配原则来体现。[3]

我们很想知道，假如荣格得知在他所处的世纪结束之前已经有至少两位女性坐在了美国最高法院的席位上，女性也同样占据着像是司法部长和军医处处长如此重要且对智力要求严苛的位置，而且越来越多的女性将在美国的国会中工作，他会作何感想。当代对性和性别态度的诸多积极转变都归功于包括荣格在内的心理学家、人类学家以及其他人的努力，他们把我们的注意转向了每个社会所规定的可被接受的性别化行为。社会建立起了男性和女性应该如何表现的刻板印象，并对遵从这些刻板印象的人施以奖赏。但是根据荣格所言，原型意义上的现实是：人类潜能的实现不能仅限于集体意识所接受的部分。

我们的人类潜能也包括我们是谁，我们可以是谁，我们是否能够认识和发展我们本性中或许是属于无意识的、不合潮流的、非传统的，或被认为是我们的性别角色不适合做的这些方面。心灵力求完整，但是在这条路上，我们偶然会发现我们逐渐相信社会对我们的期望，而这些信念会极大影响着我们作为男性或女性的行为方式。

即使在今天的最高领导阶层，男女差异也开始被弱化，男性和女性都在他们的私人生活中寻求方式表达他们个人的性取向。似乎一旦社会开始使性别间的差异最小化，表达个人本质上相反的性别方面就开始变得更加自由了。这种自由并不会破坏女性的阴柔和男性的阳刚。这种性别间的差异一直都存在，不断改变的是我们对这些差异的界定方式——而如今这种变化是如此剧烈，以至于围绕着这个问题存在大量的困惑。荣格对男子气和女子气特点的文化性描述在我们今天看来已经过时了，但是人们对男性和女性差异的意识将会继续提供给我们永不停止的探索、讨论，带来惊愕和愉悦。

关于什么是男子气和女子气总有一些几近普遍的观点存在，我们称之为性别概念的"原型观点"。我们可以理解它们的普遍性最初基于性别之间的心理结构和功能。除此之外，跨文化以及文化体系内这些性别概念都存在差异，因此实际上我们无法区分出哪些性别经验是固有的（原型的），哪些是受我们所处的社会影响的。我倾向于相信从长远角度来看这并不重要。男子气和女子气的内在关系的发展和变化如此之多，人们及整个社会之间发展和变化的因素如此之多，因此，纠缠于哪些是不可改变的，实在是毫无意义。

当我第一次阅读荣格关于阿尼玛和阿尼姆斯的作品时，我对他所描述

07
阿尼玛和阿尼姆斯：内在的对立面

的女子气和男子气的品质感到反感，主要是针对前者。我并未充分认识到阿尼玛和阿尼姆斯在原型上是极其显著的，而很多和阿尼玛以及阿尼姆斯相联系的特质却更多地属于文化领域而不是本质层面。以原型为基础的本质基于这样的认知，对于每个年龄段的人以及对于每种文化，男女性之间并不仅仅存在性别的差异，社会在很大程度上决定了性别角色并由此对心灵产生深远的影响。因此，在男女之间存在性与性别的差异，并因此导致双方似乎都无法完全理解对方——虽然尝试（去理解对方）无疑是种绝妙的富有启发性的体验。

对于荣格而言，男性的阿尼玛是一种"灵魂的"性格，阿尼玛是拉丁语中灵魂的意思，存在于女性之中。但是为什么灵魂是阴性的呢？她必须对男性显现出阴柔属性，是因为她代表着"其他"，是"不同"的，是他永远无法彻底了解的，因为她属于他永远无法知晓的特定体验。我这里所说的不仅仅是关于生育、月经、哺乳和其他生物性功能的神秘，而且也包括女性——仅仅因为她是女性，又或更进一步，透过她所处的时代及社会中所盛行的女性形象——身为社会成员所充当的角色和功能。这些形象在媒体上尤为显眼，正是利用了男女之间长期存在的差异感。这些差异时而受人敬仰，时而令人鄙视，时而令人反感，但是无论你用什么方式对待它——差异是存在的！所以男性的阿尼玛——灵魂，隐藏很深或未被意识到，立于他的自我——其意识核心的对立面。

荣格同样认为，阿尼姆斯，作为女性携带了男性方面的内在人格，无法被她意识层面的女性气质知晓或完全实现。荣格在他成长的文化语境中设定了他的阿尼姆斯的概念，带有19世纪后期的家长式价值观。女性的角色在于当她的男人从外在的商业世界回家时，为他提供情感支持。"孩子、教堂、厨房"就是女人的位置，并且大多数女人不能远离这些地方去冒险。无意识的阿尼姆斯角色在荣格那里代表了女性的男子气方面，而在他所在的社会中，女人更可能压制她们的能量、创造力、表达力这些渴望被接纳的部分。由于被摒弃在意识之外，阿尼姆斯往往会爆发出搅乱良好社会秩序的能量，因此很多女性会把她们的这部分看作是不得体的、男性化的。由于感觉到她们必须服从传统的态度，女人心中积累起了大量的怨恨。荣格在他的实践以及其他地方观察到这样的女人，对她们的无意识感受评估如下："我们必须……期望女性的无意识呈现出与男性截然不同的层面。正如阿尼玛产生情绪，阿尼姆斯产生观点。"[4] 对于荣格来说，观点一经女人表达，便成了"固执己见"的表述。很多女人今天读到荣格的这段话时变得非常愤怒："阿尼姆斯的观点常以固执的形式表现出来，这些观点看似有效而实际上毫无用途。如果我们分析这些观点，我们很快就能得到无意识的假设……实际上这些观点根本不曾被思考。"[5] 今天很多人，打个比方，假如他们看过电视直播中明显由男性占主体的国会审议，会认识到，激烈地表达无根据的观点并非女性被压抑的男性化功能所特有的属性。荣格认为，阿尼玛和阿尼姆斯是无意识的一部分，很难被了解并整合进自性化的进程中。我相信对荣格及其所处的时代和地点而言，这是正确的。但是从处理两性问题的畅销书单来看，荣格写完这段话后的半个多世纪后，这个神秘领域如今已经照进许多光亮，古老的刻板意象已然被打破。然而，古老的性别意象让位于新的男子气和女子气的表达方式，重要的事实依然不变，那就是它们之间存在差异。

正如我今天看到的，女权运动第一阶段的努力主要指向缩小两性间的差异，至今一直在逐渐转变，当我们渐近世纪之末时，我们开始尊重和重视性别间存在的真正差异。不管我们更关注的是哪一方面，可以确信的是另一面就会得到更少的关注。所以，此时社会所接受的女性化和男性化意象会发生改变，他们代表的对立也会经历彻底的变化。

为了公平起见，我们必须明白荣格所说的阿尼姆斯，一旦被女性的意识所整合时，即她实现了自身全部潜能，对她而言便确实是"灵魂角色"。通过把原本被抑制的能量转变为积极而富有创造性的力量，阿尼姆斯帮助她变成一个完整的人。荣格意识到理智和情感天赋对于女人来说同样重要。在他

07
阿尼玛和阿尼姆斯：内在的对立面

早期的圈子中，大多数接受他的训练成为分析师的都是女性（不像弗洛伊德和他的圈子，基本上全部由男性组成。）这些和荣格近距离工作的杰出女性，她们对于将分析心理学向大众的传播起到了重要作用，并且，她们在苏黎世建起了第一个荣格训练小组，创始人包括——Liliane Frey-Rohm、Jolande Jacobi、Linda Fierz-David、Barbara Hannah、Marie-Louise von Franz，还有Aniela Jaff。这些女性都是善于表达而富有天赋的人，她们在荣格在世（直到1961年）时担负起了荣格心理学最初的传播。即使今天在荣格学派的圈子中，女性仍然充满了创造力而很少有压抑。一位颇有名望的女性荣格分析师，最近被问及她是否期待女性在荣格学派中享有与男性完全相等的权利。她想了一会，然后回答道："我不是很确定，那就需要有所降低，不是吗？"

荣格认为阿尼玛和阿尼姆斯的形成取决于以下三种因素：原型的、发展的和社会的。原型因素包括两性间普遍存在的生物学差异，由此产生了心理倾向性，并形成了不同的意象和概念。荣格推断我们是完整无缺的个体，我们的各个方面是以相互联系和相互依赖的方式运行的，因此，适用于个体生理结构的也适用于心理结构。

今天，当我们对激素以及激素和性之间的关系有了更多的了解，我们可以看到荣格的这一直觉是正确的。心理会受到无意识的影响，不仅仅是通过身体结构而且也通过体内的化学物质，尤其是雄性和雌性激素的作用。我们应该谨记在心：累月经年，身体中的化学成分一直在变化，而且对女性来说，生育期雌性激素产生，而更年期雌激素消退、雄激素产生。而中年男性身上的变化从某种程度来说则更微妙，但是男性同样倾向于对化学变化做出回应，这意味着他们青年期的终结，也意味着需要对生命重新定位。这时，阿尼玛和阿尼姆斯变得更加活跃。无论哪种性别，我们都会以不同的方式对这种变化做出回应，但是究其本质，可以归为两类：一些人把精力花费在否认这些发生在他们心理/身体上的变化，并且拼命地寻求将青春延长。很多产业都建立在这种努力上：像是化妆品、整容手术、激素注射治疗、服用能保证恢复他们的性欲和性能力的产品、激进地控制体重，等等。另一种则接受了青年期不可被无限延长的现实，并且意识到他们处于另一个生命阶段，这个阶段同样能为他们的自我实现提供乐趣和机会。这些人并未去追逐青春的甜蜜鸟，相反，他们作为过来人利用已获得的智慧来教授、帮助并服务他人。他们会把自己的能量放到较之过去更安静的追求上，他们通过教育的深造、旅行或服务社区来实现自己的兴趣。他们通过合理的饮食规划、充分的锻炼和休息来获取自身的健康。他们把变老看作是更全身心地投入生活的机会，如今他们不再需要承担养家糊口的责任，也无须在行业中汲汲营营。他们意识到现在有很多的选择，并且很开心去拥有这些选择。他们对阿尼玛和阿尼姆斯变得更加意识化，视自身的情况而定，因此他们可以把自己从过去那种狭隘的性别角色的束缚中更多地解放出来。

阿尼玛和阿尼姆斯的发展性因素植根于父母亲的无意识意象中，这些父母意象替代了孩子出生时的意识，并且转变成了对他们童年的早期关键性影响。孩子和兄弟姐妹的关系在这里同样重要。荣格并没有详尽地解释，可能是因为他是独生子而且有一段孤独的童年。根据荣格所说，随着孩子长大，父母意象的影响从意识中分离出来，限制的影响可能会向消极的方向发展。

我们和父母以及家庭成员关系的早期经验很大程度上决定了我们关于异性的心理意象。年幼的儿童不仅体验到现实中的父母和重要他人，还形成了对他们的主观印象。这些印象在很大程度上影响到了孩子对创伤和嫉妒，以及对爱和依赖需求的反应。荣格、弗洛伊德以及其他早期心智学习理论的重要人物对这些孩子主观体验的认知，为我们更完整地理解儿童的情绪世界提供了方法。他们的追随者一直带着我们在这条道路上前进。今天我们知道早期经验，尤其是痛苦和恐惧的早期经验，会以无意识的方式发挥持续而重要的影响，哪怕它们可能已经被压抑而不在意识领域了。在工作中，我发现几乎每一位接受精神分析的人，只有在分析进程的安全氛围之中，被遗忘的记忆才能唤醒回归。这些记忆揭示了父母和他人在成长的最初阶段对待儿童的方式会影响这个孩子对异性的印象，而这是后续所有经验的基础。

一位男性梦到："我和哥哥在非洲游猎，一只大象威胁着冲过来。哥哥说：'帮帮我，我们必须射死它。'我转过身去，惊慌失措，我无法这么做。我不想看到血。"他认为大象体型巨大而且力量惊人，说大象具有超强的记忆力。如果你伤害它们，它们永远不会忘记，并且有一天会找你报仇。这说明这位男性有一个专横跋扈而处处制约他发展的母亲，他一直将她视作实现任何梦想都不可逾越的障碍。他的哥哥摆脱了家庭，到一家公司工作来积累创业资本，去实现自己的抱负，却被他的母亲批评是蛮干。梦者为了取悦他的父母，当了一名律师，后来做了法官。梦中哥哥的形象代表了梦者不畏艰险、冒险和创造性的一面。这种品质是梦者潜在的未识别的那部分。他的这一部分由他哥哥表征，那头大象是一项检验他力量的挑战。但是所有的这些都停留在了梦者的无意识中，受到强大、可怕的妈妈的恐惧的压抑。这个梦者在现实生活中永远不会跟哥哥去游猎。那些零碎莫测的尝试令他想起妈妈的批评（或者说，妈妈的阿尼姆斯），通过这些批评，他的妈妈给他提出各种各样的要求，让他在自己想做但是没机会做的领域出人头地。这个梦给梦者的阴影开了一扇窗，以他的兄弟作为表征，只要他鼓足勇气就可以有机会摆脱父母的意象。

我同样在那些童年时期受过情感虐待或性虐待的女性身上看到了"可怕的父亲意象"，这种虐待是由父亲或者类似父亲角色的人施加的。通常这些女性的梦中常有强大的怪物出现，或是有阴暗可疑的人追赶她们、折磨她们甚至杀害她们。有时在分析时，身体虐待的记忆会涌现出来，而其他时候这些虐待会以情绪虐待的隐喻形式出现：父亲永远对孩子的所作所为不满意，永远对她的动机生疑，或者不公平地批评她的错误。这些经历或引起创伤，从而被心灵转化为记忆的意象——像是梦一样，通过隐喻而非按表面意思来记录着真实发生的事情。有时就连父母一句看似没有恶意的评价，都会带来终生的痛苦。一位女士痛哭着告诉我她母亲的这句话"我从来不会想要两个以上的孩子。"这位女士是家中五个孩子里的老四，她觉得自己本不该降生在这个世界。她的整个人生充满一种永无止境的欲望来证明自己的价值。父母意象有很多种方式可以影响我们作为男性或者女性的价值概念。

另一方面，在发展良好的家庭中，父母可以作为榜样：与孩子同性别的父母可以成为孩子未来样子的向导，异性的父母能够成为孩子将来要寻找的另一半的样子的向导。显然这是我们大多数人想提供的一种意象。只有当这种意象在于我们的生活之中，我们在某种程度上才能如此表现。为了达到这一点，需要很好的自我认识水平。

现如今，由于人均寿命的提高，比起过去，人们在中年之后可以享受更多的人生。现在有更大比例的七十或八十岁的人过着积极而健康的生活。所以在传统的六十五岁退休年龄之后，另一个生命的阶段继而产生。在此阶段有件重要的事，就是重新形成性别角色，像成年早期那样。然而在人类生物学的成年早期是为了性别的分化，以及主要性别角色的分离——女性来滋养家庭而男性为了事业奋斗，但现在在成年晚期角色倾向于反转。正如荣格恰当的比喻，"我们不能在人生的下午还按照人生早上的进程生活，在早上重要的事情到了晚上就会变得无足轻重，在早上正确的事情到了晚上就成了谎言。"[6]

现在，不再被家庭以及家务束缚的女性们可以自由选择积极投身自己的事业或是参与到社区服务中去，充分发挥她们自己的魄力和创造力。再也不用努力来服从其他人的需要。阿尼姆斯，在成年早期经常被压抑，现在可以自由地接触外部世界。这是新颖又令人激动的冒险，可以让女性们保持活力和强大。这对女性来说是成年晚期的积极方面。那消极方面就是她们不愿屈从于年龄并且还假装是个年轻人——虽然早已不再年轻了。这些女人会经受"空巢综合征"并且对更年期感到不适，而在这一点上活跃的女性会很少受影响。

从另一方面来说，男性通常会在六十五岁左右退休。面对职业压力，为了在职场打拼，他们放下很多本性中温柔的部分，表现得更加铁石心肠。有时他们会对此感到厌倦而后做出退休的选择。更多的时候是因为他们被迫停

07
阿尼玛和阿尼姆斯：内在的对立面

止工作或者是他们意识到了这是别人所期望的。如果他们有足够的灵活性，能将注意力转移到有机会表现出阿尼玛的事情上，他们就会发现其他的事业也可以继续激励自己，可以让他们利用自己的宝贵经验来指导他人——但或许是不那么严苛的方式。他们可能会对（外）孙子或孙女很感兴趣，并为之前忙于事业而不能花更多的精力照顾他们而做出补偿。通常成年后半期的过渡对于男性来说比较困难，因为自己的得不到像在之前岗位上的那些报酬和友情。除非他们也进行内部的调整，使自己整合生命中曾委托给妻子的那部分。他们可能会觉得失去了至关重要的东西，这时如果他们坚持下来，所获得的就会弥补他们所作出的放弃。

自性化的历程不以成熟为终结，只要我们继续审视自己的生活和所处的世界，并寻求这两者之中蕴含的意义，自性化历程就可以延续到老年。当我们学会了对人格面具加以区分，学会了认识阴影，并且意识上接受异性对立面的价值——阿尼玛和阿尼姆斯，我们就会发现，几乎不需要完全了解它，我们也可以接近整体的原型，即自性（self）。

社会因素是阿尼玛或者阿尼姆斯形成过程中第三个重要的决定性因素。这里我将所有家庭中的人际关系以及整个社区乃至世界的中间结构都包含在内。今天，很多孩子并不在荣格所熟悉的那种家庭中长大，荣格父母双全，他的父亲在外面赚钱，早出晚归，他的母亲维持家庭并相夫教子。今天孩子成长的家庭发生了很大的变化，有很多父母意象影响到了年轻孩子的发展成长。重新组合的家庭（继父或继母）、单亲家庭、还有新式的"母权制"家庭——在非裔美国人的家庭中特别流行，但不仅限于此类——当一个单身母亲外出工作时，（外）祖母会抚养孩子和青年，大家庭中的孩子会在六个月甚至更小时就被送入托儿所。无论是好是坏，父母意象已被稀释得面目全非，在无数种方式下男子气和女子气的边缘也变得模糊。因此，与荣格著书的时代相比，对于什么不属于理想中的男子气或女子气，以及什么是男性或女性应该压抑的东西，都不再那么清晰。心灵最深处呈现出异性的意象不仅限于父母的意象。

今天就像过去一样，社会的各种风俗习惯在决定男性和女性可被接受的思想和行为方面扮演了重要的角色。在瑞士，荣格生活的时期里女性甚至是没有投票权的，女性角色被明显地限制了。我记得，在20世纪60年代初期，当我还在苏黎世荣格学院学习的时候，学生们晚上外出到餐馆去吃三明治、喝啤酒，看到的大多数都是瑞士男人，很少有瑞士女人。我们总结说瑞士的女人都是在家照顾孩子，也很少有地方可供未婚女性去。但是在早上这些家庭主妇们却随处可见。你可以看到她们在窗边甩羽毛枕头，或者坐在后院绕毛线，或者在晾衣绳上拍打地毯。也许她们正在用这些方式来处理她们的挫折。

从我有限的优势观点来看，我看到的唯一一个知识分子女性追求她们兴趣事业的地方就是荣格学院。荣格有很多这样的学生，她们正处于自省过程中，学习无意识的方面以及如何把这些更加意识化地表达出来。男女学生从世界各地而来，在荣格学院中，内在的对立面是一个"合法的"研究对象。

女性们可以通过荣格派方法处理心灵的情结成分并成为分析师，除此之外，还有另一件事情使我看到了我们马上要经历一场难以置信的变革。在1962年，我的医生告诉我，避孕方面有了突破性进展——口服避孕药可以在瑞士买到了，但在美国还没有。当时最常用的节育方式就是堕胎，女性为了堕胎大都要经常服用各种药物。最近，避孕的工具（比如膜片、子宫内避孕器和避孕套）在西方社会的中产阶级中变得越来越流行。但是口服避孕药确实是新鲜迥异的事物。我看到了这其中深远的意义：现在，女性第一次拥有了可以自由使用的可靠避孕方式，并且不再需要男性伴侣获悉、同意或者配合。我可以预言性活跃的女人将不再受到命运的支配，她们可以决定是否要孩子，是否进行教育深造，或者去追求她们的事业。女人有能力来选择家庭、经济的独立或者高等教育，她们可以自由决定自己的优先事项和时间表。我能够看到女人有机会以前所未有方式去发掘并发挥自己的能力和力量而这在以前是不可能的。当我在20世纪60年代中期回到美国的时候，女权运动还

07
阿尼玛和阿尼姆斯：内在的对立面

没有大规模的开展，但是它的观念已经在很多新女性的头脑里酝酿了。

阿尼玛和阿尼姆斯的概念有助于男性和女性认识到那些未被认识的、被长久压抑的潜能，这些压抑仅仅是因为历史、神话、生物和社会所强加的限制。女性身上的阿尼姆斯与其说是被压抑的阳性气质还不如说是被压抑的他者（Other），她一直抑制这无意识他者的表现。男性的阿尼玛也是以一种类似的方式运作。这未知之物神秘莫测，正是我们内在的无意识他者，当我们看到其他人具有在我们本身没有的品质或潜力时，我们会心生嫉妒。阴茎嫉妒和子宫嫉妒就像是硬币的两个面一样。我们只拥有其中一面，并从其他人身上看到了另外一面，然后我们便嫉妒他。现在我以一种隐喻的方式说出来而非直白的表达，阴茎和子宫代表着神秘的他者，似乎是最想要的，但又是无法得到的。

男性阿尼玛和女性阿尼姆斯的潜能在于它们能够指向无意识的深处，然而只有当男性和女性学会把他们以一种开放且有建设性的方式结合在一起，它们才能发挥作用，而不是像过去一样去限制它们。男人需要去更好地理解女性的内在经验，像是女人需要去理解男人一样。但是这并不是一件简单的事，阿尼玛和阿尼姆斯不会直接被体验到，因为他们呈现出与意识主导态度截然对立的观点。

只要阿尼玛和阿尼姆斯处于无意识中，我们会发现自己被他人强烈地吸引，这个人通常是和我们内心形象相似的异性。我们会把自己内在意象无意识地投射到他人身上，这个人马上就成为了我们一直希望遇到的"对的人"，可被称作"灵魂伴侣"。我们自己内在所缺失的那些特点在我们所爱的人身上表现出来。他或者是她，是我们感到完整所需要的一切，并且我们期望这个人填充起内心和家庭的空白。当然那令我们痴迷的人在我们的心目中会以"理想"的形式出现，相对其真实内在，我们对其外部的面貌更为看重。

伊恩（Ian）感到自己深深地爱上了黛安娜（Diane），虽然她和他的年龄相仿，但是他觉得她更年轻。他有一股保护她免受任何伤害和危险的冲动。

他不顾一切地想和她结婚，但是由于前两段失败的婚姻而迟疑不决，这两段失败的婚姻让他在物质和情感上都耗费巨大。尽管如此，他至今仍然孤独地住在他的房子里并且渴望有人陪伴。黛安娜说话温柔性格温和，并且伊恩喜欢她悠闲的生活方式——坦然地处理各种事情，这是他不曾拥有的。他天生非常强迫——每件事都必须要依照苛刻的标准按时完成。黛安娜独立抚养着她的孩子，她多年来必须努力工作，因而变得精明能干。不是因为她天生如此，而是这对她负担起整个家庭来说是必须的。她把伊恩看作一个坚强能干的人，这个人能够照顾她和她的孩子。

他们结婚后开始一切都好，但是没过多久，他们相互投射给对方的印象开始瓦解。黛安娜在这一新的安全环境中放松下来，并慢慢对伊恩带给她的家庭失去兴趣。事情变得一团糟。她失业了但是没有任何兴趣寻找新的工作。她说她现在有更多的时间来陪伴他，这使得他很高兴。她和孩子以及整个家庭的经济需求变得越来越大，这并不使他高兴。这些花销包括孩子们上大学的费用，买新车的费用以及家居装修布置的费用。伊恩毫无怨言地支付所有的这些，因为他害怕失去她。他对花销也不再精打细算，并且很快地变得和他的妻子同样挥霍。最终他们必须面对欠下大量债务这一现实。他们相互责怪。他们同样因对方没有满足自己的期望而相互埋怨。这些情况直到他们来到治疗室接受治疗才有所改观，在公正的治疗师的见证下，他们得去面对真实的彼此，双方都必须撤回他们的投射并且认识到只有他们自己才能拯救他们的婚姻，只要双方都能承担起自己身上的责任，而不是期望让对方去独自承担。双方都必须要了解自己内在的另一面，让这一部分（阿尼玛或者阿尼姆斯）发展与成长。只有如此才能使他们双方感觉更整合、生活上更独立，才能按照对方的真实需要充分地支持对方。这意味着他们要尊重对方本来的面目，而不是因为对方可以满足自己的需要。

当荣格谈到"女人"的时候，他是以一位男性的视角来谈的，我们很容易看到他自身的家庭关系如何影响到了荣格，正如一个世纪以前瑞士乡下文

07
阿尼玛和阿尼姆斯：内在的对立面

化中发生的一样，我们也不难发现他自身对女性的投射。他写道：

> "女人现在发挥了对男性生命最直接的环境影响的作用，这种影响曾是父母给予的。她变成了他的同伴，是属于他的，至少在差不多同样的年龄和他共享生命。她不在年龄、权力或者身体力量上占有更高的优势。她制造了一种更为自发的自然意象——不是像从父母意象中分离出来的，而是必须和意识保持关联的意象。和男性拥有不同心理的女性，一直以来对男性来说就是一种资源，可以发现他们看不到的信息。"[7]

我还是要对荣格的这种阐述做些修正。男人其实也是拥有女性那样的视角，但是这些视角都是关闭的。但是在荣格第二次世界大战期间写下这些话之后，世界已经发生了一些改变。第二次世界大战为20世纪60年代中后期的女性解放运动无意间埋下了种子，虽然在那时几乎没人意识到。

第二次世界大战前大多数人都生活在核心家庭（小家庭）中，除非你很有钱或是很喜欢冒险，否则你是无法离你所在的地方和居所太远的。很多人终生就在离家乡周围的几公里之内生活。人们被一系列的风俗习惯所禁锢。我记得当我还是个少年的时候，我坚信假如一位未婚的女子怀孕了，她只有两个选择：一段羞耻的婚姻或者自杀。我就是这种典型情况中的一员。当战争发生的时候，人们由于服役开始离开家乡奔赴远方的战场。男人们离开去打仗了，工厂和商店需要新的雇员来顶替他们，因此女人们加入到了"男性的世界"中而且在工作中表现很好。铆工露斯很享受她的那段短期工作，直到男人们回到他们的工作、家庭和女人身边。大量推迟结婚的女人结婚生子，因为创造生命的动力会紧随着杀戮和破坏的动力而来，就像是黑夜之后白昼接踵而至。无论如何，女性开始重返家庭主妇和全职妈妈的角色，但这次是带着怨恨，很快她们又是整天和各种家务打交道了。但是这于过去不同。过去的全职妈妈身份被认为是理所当然的。但由于战争，女性已经尝试了其他的事情。钱在她们自己的口袋里，无需为此多加考虑。她们变得更加独立自主。她们可以凭借自身的努力来获得成功而不是得益于婚姻关系，时间暂停在了"女孩"阶段，当她们谈论自己的感受时不再需要冲回家在6点钟布置好晚餐。是的，我们确实失去了我们的男人，但是并不像他们自认为的影响那么大。

在我这一代，第二次世界大战之后新结婚的女人或者即将结婚的女人很快发现她们陷入了对女性责任和期望的无限循环中，正如她们曾在战争之前希望的那样，但是现在我们对此却有了新的看法。阿尼姆斯曾抬起他的头，然后又低了下去。我们中有些中产阶级的白人女性，当孩子长大入学以后也会选择回到学校完成自己的学业，甚至会找一份工作。如果是出于家庭经济上的需要，出来工作的女性（在今天，抚育家庭和四五个孩子已经不再被看作工作）会被同情也会被赞赏。但是，如果她嫁给一位有社会地位并且收入不错的男性，还回到学校然后工作，人们能想到的可能只有两个原因：她的丈夫养活不了她或者他不能让她幸福。女人选择这样做是很少被理解的。男人们反对他们的妻子去找工作，因为这会显得他们贫穷，女人们则会责备她们正在工作的姐妹。我怀疑，她们是出于嫉妒或者自己缺乏勇气去做同样的事情，这两个原因都是可能的。

贝蒂·弗莱顿（Betty Friedan），女权运动早期最重要的作家，在她的作品《女性的奥秘》（*The Feminine Mystique*）中表达了女性遭受的挫折。她通过"男性观察不到的信息"这样的句子震惊了她的读者。她写下了过去十五年间美国人心灵的渐进的非人性化过程，"在美国从对青年的崇拜到令人作呕的恋童事件，从关注性的具体细节、人类框架内的离婚到人与动物的爱恋，哪里才是尽头呢？"[8]她问道。并且她对女权运动的发展提出了预言观点：

> 我想女性经历的那些挫折和磨难永远不会结束，只要女性的奥秘掩盖了家庭主妇这一角色的空虚，鼓励女孩们过着标准的生活而逃避自我成长。我们做了太多责备母亲吞噬孩子的事了，责备她们埋下了非人性进程的种子，那是因为她们自身永远没有完整的人性成长。如果是母亲

07
阿尼玛和阿尼姆斯：内在的对立面

的责任，那么现在为什么不是打破睡美人成长模式并让她们按自己的方式生活的时机呢？这是社会的工作，并且最终也是每位女性的责任。母亲们的力量并没有错，错的是她们自身的弱点，即被误认为是"女性温柔特质"的被动依赖与不成熟。我们的社会催促男孩尽可能的成长和承担成长的痛苦，并且教育他们去工作并继续发展。那么为什么女性不能去成长，以某种方式达到自我的核心并且终结不必要的困境呢，女性和人性之间的错误选择暗含在女性的奥秘之中吗？[9]

这本书，写的是避孕药在美国的出现和广泛使用，这项新技术给予了女性更多的时间来思考自我、阅读、跟其他的女性一起探讨她们共同的挫折——所有的这些都是女权运动的重要推动力量。由女性所写的一大批书也是这样，这些作者们找到了自己的发言权并利用她们的声音去唤醒、支持以及激励其他的女性。并且，随着越来越多的荣格文集的内容被翻译为英语，阅读这些文字的女性们找到了她们身上被压抑但是充满活力和能量的方面——阿尼姆斯。

20 世纪 60 年代中期，结束了在荣格学院的分析心理学培训以后，我回到了美国。我最初的接受分析者中有一些是来自芝加哥大学的学生。他们中大多读了一些荣格的著作，并且很多都在 1968 年的民主党全国代表大会期间参加了芝加哥的校园学生起义。他们中的一些人有过使用迷幻剂的经历，有些还在用。意识中旧的意象正被粉碎，人们会寻找一些其他的东西来取代它们。在这些团体中，通过自发的情感表达，男女之间新的友谊关系建立起来，这些表达既有公开的也有私下的，这种友谊关系在过去很多年里都不曾有过。不过政治和经济的权力仍然被白人男性所控制。在那个时代，女性想要投身主流职业领域会非常困难。我们处处可以看到她们吃闭门羹。社会不鼓励女性们去读研究生，尤其是专业院校，即便有一少部分女性被装模作样的接受了，她们的日子仍然不易。一位女性医师告诉我说她在医学院的时候她的男性同伴们会分配给她最混乱和最可怕的学业任务,并嘲笑她要"坚强"。后来,当她最终学着去做自己该做的事而不畏缩,学会了和男人说同样的语言,并坚持要求被平等尊重地对待时,他们便开始批判她太"男性化"了。

女人们之间开始相互交谈。一位名叫萨拉的女性告诉我对她是如何开始的。她参加了一个专业的会议,在会议上三分之二的会员是男性,而三分之一是女性,并且台上的小组座谈只有男性才能参加,台下所有与会成员都能提问和讨论,但是基本上所有的问题都是来自于男性。假如有个女性偶尔鼓起勇气提了一个问题,那么她很难获得一句"谢谢"的承认,并且与会成员会马上进入到下一个问题中。萨拉注意到,假如一个女性发言了,并没有其他的女性给予她支持。会后萨拉拦住了几位出席会议的女性并且问她们关于会议的想法。她们之间共享了一些观点:大多数都倍感压力,对女性不被允许参加讨论和被忽视而感到愤怒。因此女性们决定在第二天早上一起吃饭并且不允许任何男性参加。在早餐期间,她们在此次和其他场合下感受到的对女性的侮辱而引起的愤怒开始浮现出来。被意识到的阿尼姆斯开始寻找自己的表达机会。虽然看起来这很盛气凌人,但是这并非是"男子气"的。这是女性特有的气质,她们阴柔的一面被放在一边,以便体验和表达被长久以来遮掩的情绪,这些女性决定定期以小组形式会面,没有任何的议程计划,但她们做到了。她们需要一个能够表达作为女性经验的场所,并和他人分享这些经历。或许她们可以互相学习。

这就是为什么意识觉醒团体在不同的地方开始形成。许多关于女权运动的书开始出版,重视女性如何遭受像足球比赛一样的社会伦理所施加的过度权利控制,这种伦理是最强悍、最艰难和最残酷的竞争,胜利就是一切,为了得分,你甚至不介意跳到别人的头顶上。这些书的语气来源于女性,也是为了女性。然而,却突出了女性的受害这一点。实际上,这就是那个年代大多数女性感受到的。当你比另一个人更优秀,他比你经验更少、能力更低,但只因为他有阴茎所以得到了比你更好的工作,你会怎么想呢?女人会同情

07
阿尼玛和阿尼姆斯：内在的对立面

女人，她们在家庭中感到受压迫，在学校里得不到和男性一样的关注，在工作中还遭到歧视。受到姐妹的支持后，她们开始变得更加自信，不用看她们的丈夫和老板的脸色来判断自己是不是做的出格了。尽管这些女人们坐在一起时信心满满，但却很难在男性主导的公司中直接为她们自己发言说话。从理智上讲，这些女性知道自己有权利去发声。但感受到和信念坚定地感受到的，是两种不同的东西。她们不能坦然接受阿尼姆斯积极的一面。在这时我开始意识到我接待的多名女性开始做典型的阿尼姆斯之梦。这种梦的要点在于：我发现自己长出了阴茎。然后她们的反应便从沮丧变到恐惧。

与此同时，男性团结起来镇压第一次入侵他们领域的女性。当一位女性表达了她的需求或者看上去比她以前更加自信，男人们就开始变得不安。研究表明如果被下属挑战，那些处于领导地位的人倾向于夸大部下的数量和力量。老男人的社会关系网络加强了他们的关系。我有充分的理由相信，实际上很多男性认为女性密谋想夺权！他们以为那些女性意识觉醒团体在为此而密谋。但是他们会很惊讶地发现比起那些早期的革命而言，女性们更多的是在讨论她们受压迫和自怜的感受。女性的愤怒直接指向了那些男性和由他们建立起来的称之为"压迫者"的组织。只要女性还是关注于自己的弱点、弱势以及她们如何被利用，男人们没有理由担心产生社会动荡。

男人们继续在原来的道路上高歌奋进，只是他们现在觉得有必要扔给狂吠的狗几块骨头来让它们安静。这些表现在给予职场女性象征性的晋升、允许更多的女性在大学中担任教职，以及偶尔选出一位女性来补充她丈夫去世后公共办公室空出的职位。但是，男性自身的女性方面却不被他们自己所认可。男性仍然把灵魂深处深藏的阿尼玛或者心灵意象投射到外在世界的女性身上。许多男人，大多数都太骄傲了，以至于不想承认他们对社会秩序也感到受压迫，以及受到比他们有更多的权力的人的压榨。他们有太多想要哭喊出来，但是社会告诉他们"真汉子不能哭泣"。男人们作为顶梁柱要养活家里的老婆和孩子，必须要努力工作才能满足家庭的需求。通常，他们会为那些做出不理智要求的老板工作，在这种条件下他们很少感觉到快乐。许多人每天都要应对激烈的竞争。通常，他们要放下自己的人生梦想，因为他们有责任兑现为妻子和孩子许下的养活他们的诺言。通常，当本应该享受和爱人、孩子们坐在家中的时光时，他们却要去做家务，或者去做一份额外的工作，或者为了商务而出差。抱怨会使他们显得很娇气。同时，男性阿尼玛的消极方面会嫉妒并羡慕女性有发脾气的权利。

这个阶段也在成为历史。在社会的某些领域，意识经历了一个蜕变阶段，它再一次被女性所主导并且反过来也影响了男性。这个阶段我们称之为"双性化"。雌雄同体一词是认可每个个体内在心理能力，自由的发挥或利用他或她的全部特质，其中也包括那些分配给女性或者男性角色的特质。这意味着男性对他们自身的女性气质的一面，也就是阿尼玛的接受，并且也是女性对自己的男性气质的一面，也就是阿尼姆斯的接受。我在20世纪70年代中期非常坚定地支持"双性化"这一理念，并且进行了很多关于神话的研究，这些神话来自于不同的国度和文化，描述了世界是如何在男性和女性共同的努力下形成的，这以男神和女神的形式体现出来。这项工作指出了男性和女性平等与合作的原型基础。一个人既可以参考世界上发生的事件，以客观形式来看待它，也可以参考内在的异性角色——阿尼玛和阿尼姆斯，以主观形式来看待它。我关于这个主题的书——《双性化：内在的对立面》(*Androgyny: The Opposites Within*)，就是合理化原来被拒绝和压抑的存在及积极价值合理化的努力。类似的书也得以出版，这意味着一种新的自由，对于男性来说可以把阿尼玛公诸于众，对于女性来说，可以给予阿尼姆斯一个表达的机会。这项"双性化"运动是继荣格后，阿尼玛和阿尼姆斯概念发展的第二阶段。这个阶段的显著成果就是在使性别差异最小化的同时，使两性在能力和潜力上的相似之处最大化。当女性更多地担负起将自己从性别刻板印象的枷锁中解放出来的责任时，男性开始更加尊重她们。当女性更加公开和自由地跟男性谈论她们的感受和需求时，男性也会发出同样的声音。他们都发现彼此比

07
阿尼玛和阿尼姆斯：内在的对立面

以往拥有着更多的共性。具体的性别角色开始瓦解。女性越来越多的参与家庭之外的工作，男性也开始积极地参与到家庭生活中的方方面面。养活和维持家庭比以前来说在更大程度上被双方承担了。此外，我的一些女性来访者再次报告出了经典的阿尼姆斯梦："我醒来，或者照着镜子，发现我长出了阴茎。"但是现在的反应不一样了，更像是"哦，好吧，没关系，这一定意味着我拥有一些男性的特质，这些特质应该会有用的。"

然而，并非所有人都已经准备好把自身看作心理上的雌雄同体。尤其是女性，开始担心失去她们的女性特质。我回忆起在 20 世纪 70 年代末期给在常春藤联盟大学的女性学生做的一场演讲，这些大学刚刚开始接收女性学生。这些女性都是先锋，在过去只接受男性学生的一流大学中求学考验着她们的勇气。诚然，这些女生的母亲们都是成功的女性，她们中有很多都是女权运动的先驱。她们的女儿们穿着牛仔裤和牛仔皮靴参加我的研讨班，大多数人都没有化妆看起来很邋遢。过了一会儿我问她们如何才能让自己感到幸福。很多人都说她们十分渴望自己已经失去的女性气质。从今天的角度来看，这些年轻的女性所处的环境中，雌雄同体是"政治正确的"，虽然当时这个词尚未出现。当双性化变成了另一种性别刻板印象时，做真正的自己、不顾及什么是正确的自由就已经悄悄消失了。

另一个趋势正在出现，这是对于女性独特天赋的救赎。并非所有将自己苦难归咎于"男性统治"压迫的女性都在"雌雄同体"运动中得到了释放。她们力争作为女人的特殊经历并将其提高凸显，而不是纠正两性之间的不平等。社会中父性权威的意象会被女性为中心的社会意象或者女神文化意象所取代。历史学家和人类学家必须回溯到史前文字不曾记载的阶段来寻找女性受尊崇的证据。在安纳托利亚、克里特岛的废墟和其他地方的废墟上，人们发现了一些被认为是女神的象征的女性雕像。据说，女神文化的存在是约公元前四千年黄金时代的重要特征。一本名为《当上帝还是女人的时候》(*When God Was a Woman*)的书十分畅销。

所有这一切在女性重新评估她们女子气质方面的过程中是很重要的。在阿尼姆斯被以更少的恐惧、愤怒或者憎恨接受以前，与阴性的原型建立起一个坚固的连接十分必要。在我们冒险接受自身存在的未知面之前，必须要首先知道我们是谁，我们从哪里来。最近，我注意到当女性做了经典的阴茎之梦，她们似乎很乐意看到自己生理结构上多了这个东西。

成为一个真正的女性的冒险经历很有吸引力。各种种类的女性团体都已经出现。她们形成了和传统的男性团体结构十分不同的形式。从女性之间相互信任的演进中，逐渐形成女性的网络，女性们可以有力地相互支撑。这是因为她们已经学着去信任自己及姐妹身上的阴性原则。随着阴性气质在女性中稳固地扎根，阿尼姆斯对她们也变得越友善，而非敌意。

男性并未忽视这种女性意识的发展。男性的运动，诸如以山姆·基恩（Sam Keen）和罗伯特·布莱（Robert Bly）等人为首的小群体和研讨会，悄悄地展开了。布莱的畅销书《钢铁约翰》，专门写给那些受到女性或女权运动所影响，造成心理伤害的男性，劝导激励他们如何更有效地维护自己。基恩（Keen）开始不仅仅处理青春期后期男生的问题，他还鼓励男人们要认识到阿尼玛和社会中阴性原则的重要价值。荣格派分析师罗伯特·摩尔（Robert L. Moore）和道格拉斯·吉列（Douglas Gillette）紧随其后，用《国王、战士、魔法师、爱人》这本书来证实和描述男性心灵的变化，并呈现其理想和模糊的表现形式。精神病学家艾伦·钦恩（Alan Chinen）在《超越英雄》中指出了成熟的阳性气质发展的必要性。因此，当女性崇拜大母神时，男人们正在举行仪式，使他们更深入地体验自身的男子气概。虽然这个趋势即使是在美国也并不普遍，但是男性和女性在认识到自己的存在本质方面更加有依据，并且在这个过程中，男性需要敢于发现自身的弱点和感受，然而女性——对于力量更加自信并且开始对以前害怕的事敢于冒险尝试。

同性成员间关系深化的另一个结果，是在我们的文化中对待同性恋的态度越来越开放。当同性别的成员在一起来分享他们亲密的想法、关切以及挫

07
阿尼玛和阿尼姆斯：内在的对立面

折时，同性关系变得更加亲密是不可避免的，这些早就已经存在的东西开始走出幕后。这些在过去曾被主流文化所谴责为不正常的感情，而今天却越来越为人们所理解。我们的天性是复杂的，我们内在的生活并不被生理性别所限制。对男人来说，可以同时和外界以及他们自身中的男子气和女子气相结合，对女人来说同样也是。如我们真的对很多取向都开放了，包括意识和无意识的，在我们的本质上，在我们眼前会出现很多种关系的可能性。看起来人们越是对自身和自己的本性感到自在，就越愿意去接受并赞赏那些和他们在某些方面不同并作出不同选择的人。即使在这方面我们的文化还有很长的路要走，但是方向是清晰的。随着在意识领域的每种新发现的产生，我们也越来越接近整合。

这里的所有并非否认在我们的社会中仍然有很强势的保守派，他们抵制改变，并坚持着那些今天看起来过时的固有传统。这些人通过以前的方式获得了大量的既得利益，在过去，这些方式使他们有利可图并且过得舒适。他们所把持的是否会放松，更灵活与更具创造力的年轻一代是否会超越和取代他们，这仍有待观察。

从旧的刻板印象中争取自由的斗争还有其他一些黑暗的方面。一个人或者他的伴侣正承受巨大的压力，因为她/他不再被曾经来自社会、婚姻和其他关系所强加的僵化传统所束缚，开始发展并成长得更丰满，而另一方却希望留在旧的限制性条件里。许多过去只能接受不幸福婚姻的女性如今已经开始工作，并且在经济上实现了充分的自由，这样她们可以保持独立。那些被困在不愉快的关系中的男人们不再觉得有责任维持现状。他们能够去帮助伴侣实现自己并找到适合自己的路，并且可以选择结束婚姻。对于许多人，尽管他们在情感上结合在一起，但并不觉得必须要投入到一段永久的关系中。即使是孩子的出生也不一定意味着这就是一段永恒的承诺。我们周围到处都是老式家族的残骸。这需要很多的修整和修补。

但是这并不意味着持久关系就永远结束了。钟表，来回摇摆，但最终还是回到原点。我们从错误和痛苦中学到的，远比从成功中学到的多。经历是意识的代价。当个体越来越清楚他们是谁以及他们该相信什么时，他们会与伴侣或者潜在的伴侣进行交流。当我们早一点意识到可能是投射促发双方的相互吸引，那么在真正的关系发展之前，必须意识到这种投射，并且将其收回。当每个人对社会、对经济、对精神都觉得更加自由时，他们彼此之间会更加诚实并且愿意让对方看到。人们不再害怕大声说自己的价值观以及真正看重的东西。

在贝蒂·福莱顿写下她那开创性的作品后，又有一代人已经过去了，我们开始去为她在书的结尾抛出的问题寻找答案，这个问题是："当男人和女人不仅仅是分享孩子、家庭和花园，不仅仅是实现生物角色，还包括在创造人类未来以及探寻'我是谁'此类知识的工作中分享责任与激情时，谁知道爱的可能性是什么呢？"[10]

这项任务正在进行中。此时此刻，男人和女人都必须倾听自己内心的声音，这些声音促使他们走这向完整。

08

让自性流转

原来困在自我与阿尼姆斯或阿尼玛之间的冲突里的能量,现在得以解放并倾注到自性化历程之中;原来由于过分认同人格面具(persona)而被疏远的阴影内容现在得到接纳,这又加快了自性化历程。接下来,自性化历程继续螺旋式上升。过去纠缠我们的同类问题又出现了,但是现在我们是从一个新的层面来考虑;它们呈现出不同的重要性。在这个阶段,分析的重点不再需要放在发展模式上,这些模式曾引导我们在如今发现自己的情况。与个人问题相关的愤怒与怨恨,甚至孤独和悲伤被超越了,尽管问题本身仍然在意识之中,且在追求更远道路的过程中可能无法避免。我们开始以事件本身的意图(intentionality)来看待事件。似乎所有事件都是某种目的性力量的呈现,这力量被恰当地冠以"心灵能量的目标导向"[1]这一术语。正是这种能量推动了自性化历程。我没法描述它是什么,因为我不知道,但我能说出它带来的感受。那种感受就像你被向内吸引到一个能量的中心,但直接飞进它会如飞蛾扑火或如地球撞到太阳的中心一样。所以你只绕着中心运动,近到足以看见光亮,感受温暖,但是保持着轨道的张力。这是一个渺小有限的存在与无限能量光源的动态关系。

那渺小而有限的存在当然就是自我(ego),我们每个人所觉知到的"我"(I)。神秘的"非我"(non-ego),或者如 M. Esther Harding 称作的"非我"

（not-I）[2]，荣格称其为"自性"（self）。荣格对"自性"这个词的用法与通常的用法不同，通常的用法中自性（self）与自我（ego）是同义词。荣格所使用的"自性"（self）具有特殊的意义：自性是自我流转运行的中心，同时是一个自我所"隶属"系统的上位（superordinate）因素。我们此处所使用的自性这个术语是按照荣格所定义的内涵，而自我按定义被归入"自性"这个更为宽泛的概念之下。

我不想在这里涉及深奥的哲学概念，因为我的打算是写分析的经验而非对它的哲学性的论证。被论证的和被"证明"（proved）的并不意味着有效。荣格借助观察和面对他的病人的实际经验，然后试图将其放在贯穿各个时代的人类经验，即神话（mythologies）的语境中，形成了自己的基本原理（rationales）。类似地，在考虑"个体经验"重演"原型经验"的方式时，我们也会谈论个体经验，并作出比较。

我们在自性呈现给感知的自我时了解自性，通过寻求之眼（searching eye）中明显可见的线索，来接近它的奥秘。在宗教方面，人们可以说出一些类似的东西，即我们认识上帝，就像上帝通过人类显现一样。当自我被禁止实现这个它为自己设定的任务时，借助激情、虚弱、疼痛或死亡的干预，它一定能意识到，它并非人的个性的最高指挥力量；它发现，它遇到了一个更为强大的实体。当个体折服于那令人敬畏的自然法则，并意识到它们不能征服它，它们最好寄希望于发现学习的法则并依据法则行事的方式，如此一来它们便知道自己正面对一个更加伟大的实体。

与自性相遇的一种方式是通过分析，接近上帝的一种方式是通过祈祷的沉思。我不是很明确这两种方式在本质上是否有根本区别。在分析开始时，病人带来症状，置于分析师面前，很像小孩子把小问题带到耶稣画像前，与主交涉。随着时间的流逝，每种关系，分析的和宗教的，都几经转变。渐渐地，两者变得一样，一个人从自我中心的位置出来，走进对有限且短暂和无限且永恒之间本真关系的觉知。在我自己的经验中，以及我的接受分析者的

08
让自性流转

经验中,当分析经过了最初的阶段,这两种明显不同的目标导向运动的共同点就逐渐地显现出来。其变体(variation)主要以隐喻的语言出现,当我们在谈及未知事物时就需要隐喻。

人类最初在地球上的经验,全都是原始的混沌,这是尚未分化的自性。其首要的特征是完整(wholeness):一切皆在它之内,无物与之相分别。人类的区分之眼开始去制造分别(seperations)——它们是真的分别,还是仅仅对我们而言似乎是有分别的?当我们的意识发展了,我们开始觉知到两极的张力:整体和分别,一和多,总体和他者(totality and otherness)。这个问题可以以无穷的方式来表达,有史以来它就让人着迷。它是一个令中世纪的炼金术士心驰神往的难题,他们将之投射进"物质"(matter)中,然后接着将"灵性"内容(spiritual content)投进他们正在处理的材料之中。那时科学还没有被从宗教中区分出来,因为人们认为没有任何必要将对上帝之道(the ways of God)的研究从对自然之道的研究里独立出来。所以他们的研究同时既是"化学的",也是"宗教的"。

荣格相信,科学和宗教间的界限早在启蒙运动甚至更早时就被划分出来,然而在集体无意识的更深层面,其相似性(analogies)却融入到奇异而神秘的炼金术士著作中的某种一致性里。因为这个原因,他对研究古老的炼金术记载感兴趣。这里他可以看到炼金术士和神秘姐妹(soror)(女性伙伴)是如何将他们自己的心灵投射进他们的作品中。这化学的"作品"(opus)立即试图将基本物质转换为某种极有价值的东西,趋向于将一个人的动物性的一面(animalistic aspect)转换为灵性的一面。不用说,那些作品不会、也从没有成功过。这里要说的是,这个作品对应于自性化历程的工作,且两者都需要以象征性术语得到最好的表达。象征是谈论未知事物的最好方式,因为它可以引起感受和联想,使我们能够与无法触及到的神秘建立关系。

那么,自性最适宜通过象征的语言来表达了。荣格将炼金术的研究看作一个象征系统。他从原初物质(primora materia)着手,即原始物质(original matter），指"原始的混沌"（primordial chaos）。它和尚未分化的自性是一样的。对此，荣格写道：

> 要具体说明这样一个物质（substance）当然是不可能的，因为投射延伸自个体且在每个情况下都是不同的。因此，认为炼金术士从未说过原初物质到底为何物是不正确的；相反，他们给予了太多的暗示，所以永远地自相矛盾。对一个炼金术士而言，原初物质是水银（quicksilver）；对其他人而言，它是矿石（ore）、铁、金、铅、盐、硫磺、醋、水、气、火、土、血、生命之水、青金石（lapis）、毒、精神（spirit）、云、天、露、阴影、海、母亲、月亮、龙、金星、混沌或小宇宙……除了这些半化学、半神秘学的定义，还有一些"哲学性"的、具有更深含义的定义。……"冥府""陆地和海洋的动物"或"人""半人（part of man）"。[3]

自性包含所有这些不管是已知的还是未知的东西。它终止于何处？关于这个问题，人类的思维马上就不够用了，因为自性"比伟大更伟大"。然后思想转向内在，寻求自性的本质，又发现它"比渺小还更小"。这个悖论被奥尔德斯·赫胥黎（Aldous Huxley）通过一个故事讲述出来。这个故事是他从《唱赞奥义书》（*Chandogya Upanishad*）里选取出来的，在其中，一个父亲教导他的儿子这些问题：

> 当 Svetaketu（施伟多凯徒）十二岁时，被领到一个老师那里学习，一直学到二十四岁。学了所有吠陀后，他自负地回到家，相信他受的教育是完美的，而且为人非常批判严谨。
>
> 他的父亲对他说："Svetaketu，我的孩子，你是如此满腹经纶，如此审慎。你可曾了解过这样的知识，通过它，我们能听到无声之物，感知到无法被感知之物，知晓那不可知之物？"
>
> "那是什么知识，父亲？"Svetaketu 问。
>
> 他的父亲回答说："如同知道了一块泥土，所有用泥做成的东西就都

知道了，不同之处只在于名字，但它们实质上都是泥土。所以，我的孩子，就是那样的知识，知道了它就知道了一切。"

"但是，我们这些尊敬的老师都不知道这个知识，因为如果他们拥有它，他们便会传授于我。所以，父亲，你会给予我那个知识吗？"

"那这样吧。"父亲又说："给我拿个榕树的果子来"。

"给你，父亲。"

"掰开它。"

"掰开了，父亲。"

"你看到了什么？"

"一些种子，父亲，非常小。"

"掰开其中一颗。"

"掰开了，父亲。"

"你看到了什么？"

"什么也没有。"

父亲说："我的儿子，你没有觉察到的精微本质——在那精华里蕴孕了巨大的榕树，在那精微之物里的一切存在都有其自性（self）。那即是真实，那即是自性（self），Svetaketu，你就是它"。

"父亲"，儿子说："再多教我些。"

"好吧，我的孩子，"父亲回答他又说："将这盐放进水里，然后明早到我这里来。"

儿子依教奉行。

第二天早上父亲说："将你放进水里的盐给我"。

儿子寻找，但是没有找到，这是当然，盐已经融化了。

父亲说："尝一下容器表面的水，什么感觉？"

"咸的。"

"尝一下中间的水，什么感觉？"

"咸的。"

"尝一下底层的水,什么感觉?"

"咸的"。

父亲说:"将水倒掉,然后再回来我这里。"

儿子这样做了,但是盐并没有丢失,因为盐永远存在。

然后父亲说:"同样的,我的儿子啊,在你的身体中,有你没有觉察到的真实;它实际上是存在的。在那精微之物里,所有存在的都有其自性,那即是真实,那即是自性,而你,Svetaketu,就是它。"[4]

最初的、无所不包的原型就是自性的原型。这个意义上的原型就是心灵中让构思如自性这样的实体成为可能的元素。当自性被构想出来,立即需要有一个构想者,一个觉察的器官,它被叫做自我。这意味着自我——他以某种方式联系着自性——是在自性之外吗?我认为不是的,大脑与身体不是分离的;大脑能够构想身体,而它是身体的一部分。双手也不是与身体分离的,尽管它们只是执行身体里指挥它们行动的权威的工具。自我与自性的分离是一种概念上的分离,是为了考虑自我/非我的关系。当我们说,自我的发展是一个"觉知到自己是脱离于人类而独立存在的个体"的过程,首先是一个同母亲分离的人,然后是与环境中的所有元素分离,我们是在说"就像"。我们努力获得自己的个体性,而同时又努力建立与整体的一致。当我坐到接受分析者的对面,我问到:"我和你之间的空间——它是一个将我们彼此分开的空间,还是将我们俩联结在一起的空间呢?"答案显然是都对,取决于我们如何选择看待它的方式。孩子努力成为一个独立的人,同时也想要作为家庭的一员而被接受。

向内看,我们发现"把自我关联于环境"的过程,如同"把自我关联于无意识及其优势原型——自性"这一心灵内部过程。在分析中,目标之一就是要将自我从心灵所有无意识方面中区分开来,前者应该引导意识的功能模式，而后者影响意识自我，引导它不止服从于意志的主导。分析中早期阶段的任务是识别在我们中运作的非自我（non-ego）力量。如同我们所见，这些力量包括人格面具和阴影，阿尼玛和阿尼姆斯，它们有许多形式和伪装。还有其他的原型出现在分析过程中，当我们探索更多的梦和其他通向无意识的途径时，其中一些原型就会被看到。自我与无意识形象的相遇这一内在经历，对应的便是自我与环境中的人和情景的相遇。

前半生主要用来找到我们是谁，通过与其他人的互动看见我们自己。我们参照这些他者确立自己的位置，发展出对待他们的态度；我们为了争夺优势地位而奋斗，于其中考验着自身及对手的力量。如果顺利，我们便可找到自己的位置——也可以说是自己的水平。在这个现实世界里，成熟的一个标志就是意识到什么是我们自己能做到的，什么是在别人的帮助下我们能做到的，什么是我们根本无法做到的。成熟之人已经发现自己的独特个性，他们会花时间致力于做符合自身本性的事，不会在漫无目的的奋斗或毫无用处的悔恨中消磨精力。

如果前半生或分析早期的这个目标得以很好地实现的话，在后半生或分析的后期就会出现新的目标。第一部分导向成就，第二部分导向整合。第一部分导向作为个体的呈现，谋生，建立家庭，养家。第二部分导向达成与存在整体性的和谐。开始时，自我从无意识深处升起；到最后，自我臣服于那深度无意识。那就是为何古老的希伯来人被告知要当朋友死亡时欢喜，在生命降生时悲伤——因为将船送往一个未知目的地的航行是一件可怕的事，但是当船最后返回母港时，要热烈地欢迎。

早在与自性的最终联合达成之前，目标就已显现，如果我们愿意就能看见它。对"实现一个似乎不可能达成的目标会是怎样"的最初一瞥，通常足以激励寻求者踏上自我发现之旅的艰苦过程。那一瞥通过阿尼玛和阿尼姆斯的意象而呈现，是通往深层无意识的向导。它可能发生在分析进程之中。或者，它会在分析之外发生——也许是一次神秘的体验，也许是一个惊人的洞见，为终生奋斗打下坚实的基础。或者，它可能仅仅变成建筑者讨厌的基石。

文森特（Vincent）在大学期间便经历了这样的体验。他在一个以传统标准塑造的、有严格宗教信仰的家庭里长大，被灌输以对人格之神的强烈信仰，这位神根据他的道德法律给予奖赏和惩罚。当文森特学习科学和哲学时，身边尽是勇于打破旧习的学生和老师，他失去了他的传统信仰及其给予他的支持。挣扎了一段时间后，他有意地将所有宗教观念移出自己的大脑，转而集中关注所有大学生都关注的那些东西。在此期间，他被一个梦所震惊，梦是如此栩栩如生，让他无法忘记。实际上，他发现自己满脑子都是这个梦。最终，这些事件将文森特带到了分析中来。在首次会面中，他说起了他的梦："我正和一个年龄稍长于我的女人沿着一条山路走着，那是月光下的冰冷的田园诗般的景色，我也正以某种方式观察自己。我们来到一些巨大的灰圆石头边，它们挡住了我们的路，我们停下，她转向我，看着我。我们开始愉快地交谈，突然她变得奇丑无比，脸变成绿色，并且突然间变得十分老迈。我意识到一个方法可以缓解这一情景，那即是与她交配。我的阴茎插入她的阴道，然后经过她的身体进入她背后的石头，然后她消失了，我一个人正与石头交配。"

随后，这个梦仍萦绕心头，文森特坐在学校图书馆前的长凳上。这些话开始持续不断地进入他的大脑。"我将用这个石头来治疗你，我将通过这个石头来拯救你"，一遍又一遍。他告诉我他是怎么想的："我想那个女人就是我的一部分——我内在出了问题——无意识极度的丑陋。我开始阅读心理学，并偶然发现了荣格写的小册子《寻找灵魂的现代人》(*Modern Man In Searching of a Soul*)。从那之后我开始越来越多的阅读荣格的书，他给我带来深远的宗教意义。"然后文森特告诉我他在大学三年级时就不再去教堂，并开始阅读大乘佛经、修行瑜伽和禅。他已经和自己的过去失去了联系，也尚未去深入研究东方宗教，尽管他意识到，那里存在的东西会对他有意义。

这个年轻人，在做那个梦时对荣格还一无所知，就已经经历了一种原型的结构。然后他生命中的一些事件便引导他去发现这经验是关于什么的，如果尚且不能对之产生理解。通过分析，文森特能够接受梦里的女人是阿尼玛的象征，她能将一个男人带向无意识深处，只要他敢于接近她的美丽和偶尔显现的恐怖。石头象征着基础的、坚固的、不可更改且不可穿透的现实，而一个男人必须以某种神秘的方式用创造性的潜能穿透它。自性以这个任务向我们提出了挑战，当它这样做时，回避这个挑战只会带来严重后果。

自性本身开启了自性化的历程。这是对的，不管这个过程是有意识的，如在分析中，或让自己投身于沉思探索；还是无意识的，如通往超越单纯个人目标的使命。自性包括心灵整体的全部，包含了意识和无意识，它也是这整体的中心。自我从属于它，也是它的一部分，自我任何给定时刻的整体意识，也是能够意识化的官能（organ）。

从自我的角度来看，成长和发展在于尽可能地将以前未知的事物整合进自我的领域。这种无意识内容包括两个类别。第一类是关于这世界及其运作方式的知识，这基本上就是正规（学校）和非正规（经验）教育的作用；第二部分是智慧，本质上就是对人类本性的理解，包括一个人对自己作为一个个体的本性的理解。因此自性化历程的目标，若从自我的角度来看，就是意识领域的扩展。

然而，若从自性本身的角度来看，自性化的目标就大不一样。"自我意在从无意识中涌现，而自性则致力于意识和无意识的整合。"可以说，生命开始于自我对于权势的争取，如婴儿开始从广袤的未知领域中吸取知识，以提高能力来应对外部世界。我们的生活或多或少都会卷入自我与无意识的对抗之中，无论是否有意识地进行。每天我们开始于有意识的目的，而一整天我们都卷进内在力量和外在力量的互动，其目的似乎和那些我们认为的自己的目标不一样。依循时间的流转，如果你幸运的话，自我会获取越来越多这样的技能，以便在面对任何阻碍时都能够满足其需求和欲望。但是最终每个生命都以自我的失败而告终，不管其一生中赢得多少场胜利，不管个体生命活得多长，自我如此英勇所获得的"地位"都将被无意识的匿名性所取代，最后战役的胜利者是自性。

　　有人会问，那么，获得觉知的意义是什么？实际上，并没有多少人想要觉知。这太困难了，所以他们说自己根本不感兴趣。他们恍恍惚惚地活着，被电视脱口秀、碎片化的社会新闻、充满暴力的电影和如此刺耳以致让其听觉变得迟钝的音乐所催眠。他们寻求愉悦和兴奋，不曾追问："我为什么要这样？"但是也有另一些人真诚地问："为什么踏上这疲惫且常常充满恐惧的旅途？当知道更多只是意味着打开通往更神秘领域的一扇门时，为什么要汲汲于此？"我自己就经常思考这些问题，特别是在写作时，当我问自己，在这么美的夏天，天空如此湛蓝，帆船在港湾里如此明亮，是什么让我坐在电脑前？而你，我的读者，也会问为什么你会投身于对理解的探索，而非仅仅满足于感官享乐。我记得观看阿波罗登月计划时，听见阿姆斯特朗在踏上月球表面时宣称："当我站在这人类未知的奇迹上时，我领悟到了关于我们本性的根本事实。人必须探索，而这就是最伟大的探索。"我认为并不是名誉、财富或者将神经症升华的需求引导人类走上向外的太空之旅或向内的心灵深处的危险之旅，那句"人必须要探索"便是原型之旅的充分理由。这位英雄的追求是一个原型的旅程。尽管不是所有从事于此的人都是英雄，但我们所有人内在都有英雄的一面，不然我们无法在这个危险而令人绝望的世界生存。

　　在此原型之旅中，自我在人格面具的圈套和阴影的陷阱之间开辟道路。人格面具一方面在自我的意图和支持它的整个人格结构之间发展出一种妥协，另一方面调和自我意图与社会要求。结果便是，我们戴上这个面具，它是集体心灵的一个组成部分。"通常，自我认同于这个面具。我们相信自己就是试图展现给世界的那个意象，就像在每个妥协中都牺牲某些东西，人格中某些自发的品质落在了无意识中，在那里它们变成阴影面的一部分。分析的首要任务之一就是揭开人格面具的面纱，下一步，则是去学习怎样识别多面的阴影及其变体，这样真实的人才得以显现。随着这一历程的推进，自我才能越来越接近无意识的深层领域，每个洞见都导向更深的洞见。阿尼玛和阿尼姆斯开始出现在梦里,以及投射到其他人身上。这些关于黑暗的预知意象引导探索者趋近中心。

我不是说意识的觉醒完全是一个有方法的过程,要一步步地前进。荣格派的分析并没有一套存在于分析师脑中的程式可循。无意识材料决定分析进程的特点,分析师负责与接受分析者共同跟寻它的方向进行分析。因为人格面具在表面,所以按照逻辑而言,它是分析的起点。不论接受分析者带进初次会面的问题是什么,人格面具通常都是其中一个因素。大多数时候接受分析者都能比较容易地将其识别出来。当人格面具是人们自由表现的一部分时,他们一般比较容易承认,但人格面具不完全是他们所预想的整体人格。人格面具一被搅扰,防御就会出现,以便保护那隐藏于其后的东西。当在分析中处理防御时,越来越多人格的无意识方面就开始浮现。

这些无意识方面会以梦中人物的形象出现,这些梦中人物或者是日常中的熟人或是陌生人;它们有可能是幻想中的人物,也可能是我们对于真实人物的幻想。它们会从我们已经忘记的神话和传说中呈现出来,或者在文学作品、舞台上或荧幕里第一次相遇之时,它们可能会给我们留下深刻的印象。或者它们是通过特定的技术从我们自己的内心深处被提取出来的,这些技术被运用于分析中,温和地探究无意识。当这些形象呈现给个体时,反映了让它们得以形成的无意识的原型背景。在这个意义上,它们可以被认为是经常被投射到真实人物身上的原型意象(archetypal figures)。

基于荣格对其诸多病人呈现出的大量无意识材料的经验观察,这些原型意象被荣格系统地概念化地总结出来。它们被荣格自己的内在探索所放大,这一探索引导他从自己的梦和幻想开始,去探索它们在神话、民间传说以及各种各样的宗教教义和临床实践中相对应的东西。荣格认为这些意象似乎围绕着特定的主题。荣格用象征性术语来表达人格面具、自我、阴影、阿尼姆斯和阿尼玛等主题,因为象征的方法是他所知的用来表达未知领域的最有效的方法。其他任何方法都会固化和具体化那本不可具体化的东西。若解释太多，又会有禁锢自由思想和想象的危险。我们一旦认为找到问题的答案，便不会再想去进一步探索了。

与阿尼玛和阿尼姆斯的斗争有时让我们深入无意识，有时又会暂时阻塞这条路。如果我们坚持，阿尼玛和阿尼姆斯会带我们一路上与其他原型意象接触，每个意象都在原型的戏剧中扮演一个角色，它们各有主题，开始于原始完整体的单一状态，到分离，丧失完整性，以及绝望——最后从内在再生一个新的完整体，其典型特征在于觉知到心灵的所有组成部分，以及它们中的和谐关系。转化的戏剧在许多舞台上演，人物以各种各样的化妆和着装出现，但是他们被划分为确定的类型，以可预知的方式表演。

比如圣婴的原型倾向于出现于心灵转化之前。他的长相令人想到世界创生史中移涌（aeous）的标识。它被一个婴儿的出现所预示，抛弃旧的秩序，又带着激情和灵感创造了一个新的秩序。这个原型的力量在威廉·布莱克（William Blake）的诗"自由之歌"中（*A song of liberty*）得到了最好的表达。永恒女神（The Eternal Female），阿尼玛，诞生了圣婴，他是有着火焰之发的太阳神。这引发了旧王（old king）——夜晚和黑暗以及降临于世的所有堕落的"繁星之王"（starry king）——嫉妒的怒火。尽管旧王将圣婴扔进了西方的海洋，他却不会沉没。他将有一个夜海之旅，当结束时，旭日将从东方升起，给世界带来光明：

永恒女神呻吟了！其声传遍大地！

她用颤抖的手拿起新生的恐怖（new born terror），怒吼道：在被大西洋阻隔的光的无限之山上，新生之火伫立于繁星之王前！

有灰色的眉毛，有雪和雷的容貌，嫉妒的翅膀掀起巨浪。

如矛般的手在空中燃烧，眉解开了；嫉妒之手伸向前，在火焰般的发间，新生者用力投掷，在星夜中漫游。

这火，这火正在降临！

热烈的肢体，火焰般的头发，发射，如夕阳沉入西方海洋。

伴随着雷和火，带领他闪耀的圣体穿越废弃的荒野，忧伤的王宣布他的十条诫命，光亮的眼睑扫过黑暗沮丧的深处。

这里火之子在他东方的云中，而黎明装饰他金色的乳房，穿透曲边的云层，将冷硬的律法踩成灰尘，松开黑夜穴室中的永恒之马，喊道：王国灭亡了！现在狮子和狼将消失。[5]

圣婴，通常是一个男孩，从其出生的情况，或甚至从他存在的概念来看就是不同寻常的。为了避免家人或社区的悲惨命运，可能才从其母亲那里把他抱走。摩西、俄狄浦斯和克里希纳（Krishna）都被抱离生母身旁，被陌生人抚养；罗穆卢斯（Romulus）和雷穆斯（Remus）都被遗弃在荒野；所有这些小孩都有特殊的使命。某种神奇的脚本确保他们安全，直到完成任务的时机成熟。在此期间，这孩子会克服许多困难，发展他自己的意义感和表达此意义的生活方式。在适当的时候他便会证明自己，完成使命。此后不久他便会死去，他已实现了自己来此世界的目的。[6]

在分析中，圣婴的主题在自性化历程中频繁出现。起初接受分析者倾向于将此认同为婴儿时的自己，而这在某种程度上是恰当的。任何时候出现在梦里或其他想象里的孩子都与梦者相似，或与梦者的行为相似，这一意象有助于理解这些材料的个体特点（personal aspects）。它可能有助于探测到个体发展早期阶段的神经症性元素。然而，正如幻想材料可能部分地与产生它的人的个人经历一致，圣婴的意象在某种程度上也可能是新的、与以前的个人经历无关。正是后者激发个体的想象力，去思考这原型的未来——即去向，关于成长，这意象暗示了什么？这成长在心理上还是个胎儿，但具有成长和改变的潜力。

从某种意义上讲，就如自己的孩子是我们自我的延续，"圣婴"也可以被认为是集体意识的延续。就如我们将希望和梦想寄托在我们孩子身上，希望他们实现我们未完成的任务，实现我们从来无法实现的东西——"圣婴"也代表了文化在现实中不能实现的理念。"救世主"常常成为社会罪恶的替罪羊，因为他的苦难和牺牲，社会才得以继续，才有另一种机会。

在我们的梦里，这种特殊孩子的外貌常常具有深刻的含义。在我的分析实践中，我发现，梦见残疾、生病或垂死的孩子很常见，这可能和梦者的现实生活没有太大关系，所以我在想——梦者的先天潜能是否被以什么方式扭曲或阉割了？对无意识材料中的特殊细节的分析，以及出现在神话和比较宗教文献中的原型情景中类似细节的一些比较，也许能让个体超越眼前的问题，看到在人生使命方面，他们将走向何方。就如维克多·弗兰克在《人对意义的追寻》这本记录他在集中营的经历的书里所指出的，那些将他们在集中营中的生活看作"临时的"，于是一天天苟且度日的人，很快就会丧失自己的力量。极少数人能够在身体被拘禁的环境中受着苦难，并应对此挑战解放精神，这极少数人会战胜这重重困难生存下来。我们内在的圣婴赋予我们不成熟的挣扎以意义；他向我们展示经验有限性的无意识一面，而那会让潜能的愿景得以实现。

我们在自性化之路上可能遇到的另一个原型是永恒少年或浦尔·伊提姆斯（Puer aeternus），如欧维德（Ovid）在《变形记》（Mataworphosis）中的称谓。他也呈现为神圣的青年，来源于伊纽斯（Eleusis）[7]和其他地方的母系神秘文化（mother-cult mysteries）中。他是植物和复活之神，因为他的命运就是死亡和重生，或被肢解和重组。因此他体现了救赎者（redeemer）的一些品质。被认同为永恒少年原型的人，是驻留在青春期心理状态太久的人。在他那里，青春年少时正常的特征将继续存在于成年之后的生活中。[8]也许"乐活"（high living）这个词可以很好地表达这个原型：年轻人放纵其天马行空的幻想，活出绝对刺激的体验，在想要娱乐时结交朋友，又在朋友变成责任之时甩掉他们。一些年轻文化中的英雄就属于这一类，而再一次地，"过瘾"（getting high）就是目标本身。漫无目的旅行，各种团体之间的进进出出，是永恒少年（puer）的特征。强迫的性活动常常是这个原型的表达。永恒少年放纵于偶然而混杂的关系，一个接一个地建立关系，又在有任何需要他承担义务的暗示出现时扔下这一关系。

冯·弗朗兹（Von Franz）在她的永恒少年的研究中认为[9]，认同这种原型的人经常寻求飞行的职业，但是其申请通常都被拒绝，理由是心理测试显示了他的不稳定性，以及他对这个行业的兴趣出自于神经症性的原因。

将自己的生活建立于安全的职位上的人，或者业已中年之人，其梦境也许才会显露永恒少年原型的运作。飞行的主题（有时并没有飞机，只是拍打手臂）、高速驾驶、深海潜水、攀登危险的山崖，都是无意识被这个原型主导的典型例子。他们可以被看作是一个警告性的信号，即小心无意识可能会准备将自主的意志以有意识的确定的方式强加于人。

当然，永恒少年还有一个女性的对应者，即浦拉·伊提娜（Puella aeterna，永恒少女），她是怕老的女人，尽管她永不会承认这点。同样，这种恐惧主宰了她很大部分的存在，她从不谈及年龄，她迷恋每种饮食和时尚、每种新的化妆品，带着被写进广告的重返青春的幻想性承诺。她是她孩子的"朋友"（pal），永远与男人调情。在她梦里，她经常在一个台座上，激发男人的爱慕，或者她是一个塞壬（siren，迷人的女人），或者一个淫女，或者一个仙女。在生活中，她一般是鲁莽和冲动的。但在需要做出重要决定时，她会摇摆不定，询问许多人的建议。然后她以迅雷不及掩耳之势采取行动，而几乎在这些行动完成之前她就后悔了。

激活"永恒青春"（eternal youth）的原型也如我们从它展示自己的方式中推测的一样，具有其创造的潜力。浦尔·伊提姆斯或浦拉·伊提娜的一些方面具有青春的热情，携带无尽能量，自发思维，产生新的思想和解决难题的新的方法，它乐意投身开辟一个新的方向，不会被过去及其价值所困。

浦尔和浦拉作为无意识元素提供了开创新路径所需的驱动力。他们并不一定具有智慧来辨别这种努力是否值得，而且即便确实值得付出努力，他们往往不能提供稳定及持续的力量将其实现。当这个原型被激活时，伟大的梦和主题就被孵化出来了。如果他们要成功，即使在最小的意义上，一个补偿性的原型必然会起作用，即"塞涅克斯"（Senex）原型。[10]

塞涅克斯的意思是老的或上年纪的，作为一个原型，它保持传统价值，保持事物的原样，对永恒少年的主题进行清醒的判断和考虑。在最好的情况下，无意识中的这个元素以成熟、智慧的经验表达出来；而在最坏的情况下，它代表守旧的教条，无法容忍他人以既定模式对其进行干涉。

浦尔·伊提姆斯形象的一个变体，有时甚至包含了塞涅克斯的诸多特性，是广为人知的捣蛋鬼（trickster）这个迷人的原型意象。对于他，荣格说：

> 任何一个想要在过去某处寻求完美状态的文化圈的人，当遭遇了捣蛋鬼意象时，一定都会感觉非常奇妙。他是救世主的先驱，同时是上帝、人和动物。他既是次等人（subhuman）、也是超人，一个兽性和神圣的存在，他主要的、最让人震惊的特征是他的无意识。因为如此，他被他（显然是人类）的同伴所抛弃，这似乎暗示了他已经堕落到他们的意识水平之下。他对自己如此无意识，以至于他的身体都不是一体的，他的双手彼此相搏，他将他的肛门取下来，委以特殊的任务。甚至他的性别都是可选的，尽管他具有阳性特质，他可以变成女人、生育孩子。从他的阴茎里，他造了各种各样有用的植物。这是指他作为创造者的原初本性，因为世界是从神的身体里被创造的。[11]

捣蛋鬼这个矛盾的意象与中世纪教会的狂欢节有关，而现在呈现为诸如玛迪·格拉斯（Mardi Gras）和瑞士对狂欢节（Fastnacht）的庆祝——这些节日在忧郁的圣日之前，以欢乐、派对和各种各样的玩笑为特征——这是人自然而单纯的天性得到完整表达的时刻。他符合中世纪对魔鬼的描绘："上帝的猴子"（the ape of God），以及民间传说中人人都可欺负的傻子。

在日常生活中，我们在毫无戒备时会体验到捣蛋鬼的捉弄。当我们发现自己任由恼人的"意外"摆布之时，我们便与捣蛋鬼撞了个满怀。有位女士最近领取了一个奖项，这个奖项是用来表彰做出极为卓越贡献的人的。她并不认为自己可以赢得这个奖项，的确，这是一次侥幸，而且很让人尴尬，因为还有报纸刊登出来。她收到很多祝贺的信件，她感觉必须要亲自回复。然而正当她准备开始写的时候，她起身去倒一杯水，绊倒在门槛上，摔伤了右臂。

在梦里，捣蛋鬼出于他们自己的理由在我们路上设置障碍，他们不停地变换形状，在最奇怪的时候出现或消失。他们象征了我们天性中这样的一面：即总是在我们身边，在我们膨胀的时候，准备好让我们失望；或者在我们自负时，把我们变得富有教养。他们是标准的优秀讽刺作家，他们以尖锐的智慧指出我们傲慢的野心，又让我们在想要大哭的时候大笑。在社会中，我们发现他们是批评家和牛虻，他们甚至会在我们领域里的最高权威位置上显现。

捣蛋鬼形象的主要心理功能是让我们获得一种关于自己的均衡感（a sense of proportion）。他们通过考验和试探我们达成这点，以便让我们知道自己是怎么回事。他们的箴言也许是："如果傻子保持他的愚蠢，他就会变得富有智慧。"[12]

变成英雄或救世主，浦尔·伊提姆斯和他的女性对应者，塞涅克斯和捣蛋鬼的圣子形象，还只是不同方面中的一些而已，在这些方面下，心灵原型的形成元素就会出现。在此没有必要深入讨论所有的可能性，只须说，原则上他们是无限的，个体会遇到与自身个人神话相关的那些原型。将这些多种多样的无意识方面纳入意识的领域，就消解了它们不知不觉地影响个体的神秘力量。它们的积极面和消极面都会被看见，则个体便可自由地选择它们提供的各种各样的可能性。整合无意识的这些内容并不是件容易的事。这是一个长期而艰难的任务，至今从未被完成，因为无意识太广阔了，难以全部纳入自我（ego）的领域。然而，若是能够十分熟悉于这意识水平之下、在我们内在运作的力量，知晓他们的诡计和手段，那么透过幻觉和伪装对他们加以识别，就是有可能的。

在所有无意识内容中，阿尼玛和阿尼姆斯可能是最难整合的。之所以会这样，一方面是因为阿尼玛及阿尼姆斯与我们的性冲动密切相关，另一方面是由于他们的他者性（otherness）完全神秘。我们既渴望又害怕这些有力的形象，而据具体情况而言，如果我们真的要接近整合这一终极目标的话，阿尼玛或阿尼姆斯必须成为我们意识经验的一部分。

分析的目标是使足够多的无意识内容变成有意识的，以便不再需要像阿尼玛和阿尼姆斯功能那样表达自己，阿尼玛和阿尼姆斯的这些功能可能妨碍关系的建立、抑制创造性的发挥、暗中扰乱内在的安宁。这意味着，阿尼玛和阿尼姆斯能够从他们作为自主性情结的角色中被解救出来。当这种情况发生时，他们失去了负面性，而变成自我的伴侣，这被描述成内在的婚姻。男人不再被阿尼玛所控制，女人也不再被阿尼姆斯所控制。双方都看到对立性别部分的功能，即作为通往无意识的更多神秘的向导，这些神秘必会在人类的好奇心中浮现出来。

通过征服阿尼玛或阿尼姆斯，并将其整合到我们的生命之中，将其作为无意识的一种意识体验向导，这让我们从各种各样的冲突中解放出来——这些冲突是这些内在形象（阿尼玛和阿尼姆斯）投射到我们所认识的女人和男人身上引发的。当这些投射被撤回，捆缚在投射中的情绪能量也就被收回了。实际上这就意味着，女人不再抱怨因为她的生殖构造或社会偏见而"缺乏机会"。不再将自己认同于一个受害者，她开始把她的自我意象视为感觉匮乏的可能原因。她不再努力变成她认为的、在这世界上"成功"的形象，或"这世界想要她变成什么样子"。她决定将注意力转向更完满地成为本真天性渴望表达的样子。荣格描述了它应用于男性时的类似情形，男人抵达了成长的这一阶段，即"阿尼玛作为一个自主性情结已被征服，她已获得转化，在意识与无意识之间建立起关系。"他说："随着这个目标的达成，让自我从它与集体性和集体无意识的纠缠中解放出来就成为了可能。通过这个过程，阿尼玛丧失了其自主性情结的恶魔性力量；她再也不能行使占有的权力，因为她已经被夺权了。"[13]

这样，自性化历程便能沿着螺旋式道路行进了，环绕着中心，即自性。由于从原型意象生起的情结一个接一个地失去了控制个体的力量，我们便能期望自我经历一种新的自由，这是一个相对脱离情结的状态。确实，许多能量被解放出来，个体感觉被扩展了和被解禁了，能够直面世界的风暴与之相处。我们体验到一种全新的力量感，经常会赋予我们一种自己十分重要的感觉。我们现在"开悟"了，不再受制于情绪和紧张，或进行神经质的防御，而这之前曾是人格的沉重负担。现在我们感到可以做任何想要做的事情，而最特别的是，我们具有足够的资格给任何带着问题来我们这里的人提供建议。我们即刻成为"行动之人"和一个"圣人"。

当然，个体体验到能够通过运用这种特殊力量来征服自然的感受，不会是一成不变的。如果我们能够解决那一直吸引着我们注意力和能量的冲突，我们会声称玛纳（mana，神力）——力量——这种之前被冲突所囚禁的（力量）是属于自己的。我们会确信，自己能够对他人施加不同寻常的力量。同时，对那些认识到局限性的人而言——由于作为个体我们暂时还没有认识到——我们便显得荒谬可笑。事实上却是，个体并不具有玛纳（力量），倒不如说是被玛纳所掌控———种恶魔性的掌控意味。

玛纳是一个关于力量的波利尼西亚词语。其含义可被恰如其分地表达为"德性"（Virtue）这个概念，或"恩典"（grace），无论谁拥有它，都是被特别祝福的人。在许多原始部落的信仰中〔马来人（Malays）、马达加斯加人、非洲人，以及一些美国印第安人〕，无实体的灵魂（鬼魂）和精神（它是非物质的）拥有玛纳。心理学上，玛纳呈现为一种不同寻常的心灵能量。作为成功处理原型现象的结果而被个体所体验到。或者，在解决一个困难问题后，玛纳被感受为一种惊人的活力。

认同玛纳人格是危险的。诸如黑尔·安吉斯（Hells Angels）、印第安纳·琼斯（Indiana Jones）这样来自电视剧的民间英雄为今天的年轻人提供了丰富的"玛纳"模范，这些年轻人正处在摆脱父母控制的年龄阶段。顺从于玛纳的允诺，这些年轻人乐于选择一切难以置信的风险：街头飙车、搭便车去遥远的国家、摄取危险的药物，甚至对这些药物的来源、力量和潜在的影响毫不知情。其态度就像：我能做到，我能成功做被禁止的事，因为控制自己的权力就在我手中。我知道要获得知识就需要经验，而那也涉及风险，但是我有力量战胜相关的危险。

这种情况很经典，它可以追溯到费顿（Phaethon）这个希腊青年，他向他的朋友吹嘘，说他父亲是赫利俄斯（Helios），即太阳神，这样一来，他不得不去证明这一点。老赫利俄斯已经警告过他，说他永远无法证明，因为尽管他的父亲是一位神，但在母亲这边他只是一个凡人。费顿并不在意这好心的建议，一等到黎明大门打开，便跃进太阳马车，在疯狂的狂喜中划过天空，结果英雄、马车和马一起径直掉进了海里。

在约翰·肯尼迪被暗杀的时候有人提到这个神话。人们说，肯尼迪表现得好像他不可战胜。他一生中冒的许多风险被最后这个推向了高潮，他拒绝接受在达拉斯（Dallas）那决定性的一天为他的豪华轿车安上防弹外壳。他和其他人似乎是在这样的前提下行动的：他们被赋予了魔力——玛纳，它能保护他们不受伤害。

伊卡洛斯（Icarus）也是这样。他是克里特岛的建筑者的儿子，他和他的父亲被囚禁在父亲所设计的迷宫里，迷宫的所有出口都被堵住了。代达罗斯（Daedalus）（伊卡洛斯的父亲）小心翼翼地收集了鸟的羽毛，他以羽毛和烛蜡设计了翅膀，然后与伊卡洛斯一起飞出迷宫，代达罗斯警告他的儿子飞得低一点，靠近海面，但是伊卡洛斯被这种全新而神奇的力量所控制，一点一点地向上飞，根本不在意他父亲的命令。太阳的热量融化了蜡，这个青年摔死了。

有些人感觉这力量是他们自己的，且相信它们完全在自我的控制之下。他们忘了考虑这些力量本质上的无意识倾向，他们能够在一定程度上理解内在的这股重要力量，但是不能被彻底控制，它们被真正的力量所收服。问题在于他们真的不知道玛纳在哪里。

我的一个接受分析者在分析中抵达了一个重要的转折点：自从沃尔特能记事起，他就一直压制自己的感情，担心表达它们会有被拒绝的风险。他将这种紧张和抑制的行为方式归因于小时候取悦他母亲时建立的模式。她严格的准则和要求不给青少年的自发性留下空间。"如果我一旦说错了话，她会让我知道我多么没有价值，所以我几乎不对她说任何事。"不管他感觉到了什么情绪，他都寄希望于宗教热情，因为这个家庭属于一个教会，它劝诫人们完全服从于权威上帝的意志，上帝自己也会加以照拂，条件是他们紧紧贴近他的要求，任何地方都不存在怜悯。为了揭露情结，一个痛苦的过程是必要的，因为它们是经年累月建立起来的，阻隔了对人和情景的正常的感受和反应。对于沃尔特而言，似乎很长时间他都无法获得个人价值感。每当向这个方向迈出一步，他就会预设一个他将会被拒绝的情况。除了在分析中，几乎所有在所有领域，他都遭到拒绝。我很难忍受他经常的批评和攻击并无动于衷，拯救我的唯一一件事，是我意识到不是沃尔特本人蓄意试图破坏分析，而是他内在的恶魔性因素在破坏分析进程，对此，他遭受的痛苦远远多过于我。

阿尼玛问题是最重要的，因为阿玛尼在过去向他展示的面孔是一个有着恐怖面的全能大母神。沃尔特一直以无意识能想出的所有花招将那个意象投射到我身上。我一直表现得和他的这一意象相反，直到渐渐的他不得不扩展他对女性的概念，以便来涵容和我相处的经验。我对待他的方式，可能激活了他曾感受到的来自于他母亲的同样的压力，或者是一种被激励的感受，我要小心翼翼，在这二者之间权衡。困难延伸到最为细微的事上，第一个事例发生有一天他带了件雨衣来，把它放在我的壁橱里，当他要离开时，我注意到他忘记带上它。我立即明白，如果提醒他这点，我对他而言就是因他的健忘而责骂他的母亲。而如果我不提醒他，他将不得不回来取，而这样做就有可能打断我与另外的接受分析者的会面，遭受我的"母亲的愤怒"。没有任何办法解决这一难题；唯一的可能就是开诚布公、如其所是地讨论这个问题本身，这样他也能够参与到对问题的处理过程中。另外一个例子，当有一天他获得了某种重要洞见时，我在想是以一种中立的态度轻描淡写——这样他会感觉自己不被看重——还是称赞他。我称赞了他，而他似乎很高兴，在会面结束时很放松。后来在那个晚上他变得恐慌，认定我会期望他每次来分析时都有类似的洞见，而他不可能每次都做到，所以不可避免地，他的伪装就会被揭穿。再一次，我不得不让他直接面对这个问题。

对心灵的自主性元素的考虑，引起不可胜数的问题。在对其加以处理之后，沃尔特开始变得好一些了，他放松了，变得能自由而开放地说话了。他和同事的关系大大改善了。婚姻是他唯一没能改善的，他面对妻子时感到无能为力。这并不奇怪，他娶了一个年轻版的母亲，他妻子对他的成长毫不关心，而且一有机会就会贬低他的分析工作。他对抗她的唯一武器（当然这在开始的时候完全是无意识的）就是不给予她性满足。极少情况下他感觉性欲唤起时，他会以酒精或镇定剂麻木这种感受。

当经历过许多战斗之后，他的情感生活变得足够自由，可以和另一个女人建立一种温暖的关系，屠龙（slaying of the dragon）最终还是发生了。在他与女人进行职业接触时，他也变得更放松了。他感到高兴，觉得终于克服了负面的阿尼玛。他是一个全新的男人，感觉自己从没如此享受生活、将新的能量倾注进工作和与女人的关系中。他甚至做到了更愉快地与其家人相处。

此时，沃尔特做了个很短但是极其重要的梦。这个梦的特点是——这类梦往往是这样的——能记起伴随每一个细节的强烈情绪。这个梦是这样的：我梦见我是基督，正做着他对人们曾做的事。当我醒来时，我发现这个梦让我十分不舒服，所以我有点儿倾向于把它变成在不同情境下看到的和基督有关的彩色幻灯片。

对于一个曾经认为自己毫无价值的男人而言，梦见自己是基督就是一个证据，表明他已经把自己认同为基督形象的玛纳（力量）。根据这个人的生活

08
让自性流转

环境,这个证据也可以得到证实。无意识已经以象征性的方式呈现了这个问题,并且以其不可思议的智慧提供了这种可能性:矫正被玛纳人格原型掌控这一异常状况。

根据这个梦,成为基督意味着不仅仅拥有达成任何目标的力量,它还要求具有玛纳的人在实际上做基督形象能够做的事,而且是要为"人们"而做。这并不意味着拯救一个人自己的灵魂,因为这是基督最不关心的,梦者欣然接受这一点。这个梦指出我们有必要把问题具体化,以便梦者摆脱原型的束缚,看到自己作为人类的局限性,同时持有救世主的意象,其力量源自于"他者",是超越自我想象能力之外的。

玛纳人格呈现为许多形式,但是他们的共同点是有普通人所不具有的征服自然的超能力。玛纳人格是一个像神一样的人。有时牧师被看作这个角色,有时他自己认为自己是这样的。但玛纳人格也呈现为男巫(wizard)、女巫、塞壬(siren)、魔法师(sorcerer)或巫医。在我们这个时代,这一原型被投射到富有魅力的男人或者女人身上,他们俘获了崇拜者的想象和忠心,而如果他们惨遭横死或者自杀的话,收到的崇拜者的想象和忠诚就会更多。通常,玛纳和国家元首、医生、分析师或伟大的精神领袖联系在一起。

我的一个接受分析者梦见:因为我的老板由于一些误会把我开除了,我很早就下班回到家。我知道荣格博士在我公寓的大厅里,于是鼓起勇气敲了他的门。那时还是傍晚,但是他正准备睡觉了,穿着睡衣。我请他过来喝一杯,他过来了。我找不到话说,他终于说:"你为什么叫我过来?"我仍然没说什么。然后我告诉他我正在做分析。他起身要走,但示意我去他的房间。当我们到那里时,他取出两个小酒杯,并往里倒上了一种黑利口酒(black liqueur)。他递给我一杯,说:"你必须和我喝这一杯。"

这个梦表示,力量通过受人尊敬的老师形象这个中介显现,但是它必须被梦者寻求、接受、同化和吸收。他是一个经历了很长时间的分析,能够认出大部分阴影面的人。他经历了与其妻子间困难关系的挣扎,学会了将她和他的阿尼玛分开，且他不再期待她提供他所需要的东西来让他的感情生活得以圆满。他能够将妻子和他的阿尼玛联系起来，也不再将二者混同。在他的分析过程中，随着他与阴影、阿尼玛以及许多从意识中分离出来的其他自主性形象的搏斗，他能够释放以前被困在心灵内容中的许多能量。

现在，伴随着每一个新的洞见，他正体验到个人力量感的一种微妙增长。他将力量的源头归于荣格博士。对他而言，荣格的教诲具有终极的玛纳（力量），因为分析工作让他相信荣格具有某种魔力——尽管他不会那么说——这魔力能把他从无意识的地狱里赎回。他会求助荣格，正如有些人遇到麻烦时会求助某位圣人。这个梦表明他非常认同荣格。对此，他意识到有些不合理的事情——敲荣格的门时需要勇气。当荣格问他为什么邀请他时，他找不到话来形容他的处境。他说他正在接受分析，他试图向荣格表明他"很好"，因为他已经接受了荣格的训诫。但是荣格显然并不在意。重要的不是你学到了什么，而是事实上你所能吸收、整合及同化的。所以荣格提供了一杯黑利口酒，而不是智慧的话语，它是一种暗中交流（dark communion），期间来自荣格的东西现在必然成为了梦者的一部分。

当在分析的过程中，我们开始觉得自己已经理解了无意识，并且具有有效地处理它的能力时，我们可能会倾向于认为自己已经继承了玛纳人格的衣钵。我们开始相信无意识的力量属于我们，它们已经得到了自我的支配。但事实情况远非如此。虽然我们看见自我人格在新的光亮之下，通过同化了特定的无意识内容而得到了拓展，我们仍然停留在自己的局限性结构之中，受限于时间和空间，处于生死轮回和一个充满限制的世界之中。

自我实现的下一步就是要从玛纳人格的认同中解放出来。我们认识到，这种认同夸大了自我。我们寻求的力量不是可以从另一个人那里抢夺过来的，也不是为自己所拥有的。这力量来自于其他某处，但是我们可以开放自己，让那力量充盈我们——确实，我们可以成为展现这种力量的渠道。但只有当我们与自己的局限性达成谅解，并看到有一个更伟大的他者（other）之时才能发生。

当我们发现个体意识的局限性,我们便开始意识到,这个中心为自我(ego)的意识,是从属于中心为自性(Self)的更伟大的意识的。自我之于自性,正如地球之于太阳。从自我的角度来看,我们所知道的只是意识,而且我们能够吸取未知领域的事物,将其意识化。自性将自我涵容进一个更大的系统,从自我的立场来看,这个系统包含了一切意识和无意识。正如太阳赋予地球温暖和能量,自性也是自我渴望的能量源头,自我绕着自性旋转,从它那里汲取养料而得以存活。

自性是"半内在半超越的"[14],那内在于它的是这样的一面:通过它,自性与人类的理解力联系起来,即使是在它有限的限制范围之内。其超越的一面是:通过它,自性与无意识联系起来,与那不可理解的、无限的以及无法触及之物联系起来。这就是为什么荣格说自性"是一个上帝意象,或至少不能与之相区分,对此早期基督精神并不无知,不然亚历山大的革利免(Clement)绝不会说,自知之人,便是知神之人。"[15]

分析历程的主要工作是揭示无意识内容并将之同化进自我中。荣格对此解释得很清楚,他说:"同化进自我的无意识内容越多,意义越重大,自我就越趋近于自性,尽管这种相近肯定是一个永不止息的过程。"[16] 我们已经看到这是如何导致自我的膨胀,一种对自身能力和潜力的不恰当感知。对此唯一的帮助是明确区分自我与无意识内容:"我不是自性,尽管它表征我整体天性里的一个元素。我对它越是知晓,它对我的控制就越少。"荣格警告不要试图将人格的无意识组成部分心理化来剥夺其存在。我们的真正本性就是,部分为意识,部分为无意识的,我们居于这两者之间。我们试图逃避这点时,就像逃避每天晚上必要的睡眠一样。越是逃避,它便越能征服我们,但越是乐于接受它,我们将越有活力而且愈发强大。

在对阴影、阿尼玛和阿尼姆斯以及无意识其他形象的讨论中,我们已经发现充满这些原型形式的意象和象征是无限的。从人类经验的残渣中抽取出的那些明显象征，对我们而言，最能唤起无形而神秘的原型元素的意象，这些原型元素本身是一些没有特定内容的倾向。

自性同样是以象征的方式，以不同种类的意象来表达自身。对这些意象的探索是荣格几部主要作品的主题。[17] 在自性的所有象征性表达中，圆形或者球形似乎最能描绘自性的中心性，以及它的延伸性和包容特征。当然，并不是仅仅只有荣格使用中心和圆周的圆形这个象征，在人类投身的每个领域里、在我们所知的世界的每一个角落里，都会显现圆形象征这一主题。它是艺术和设计里的一个主题，并且，由于轮子的发明，它成为技术领域的一个重要元素。圆是社会团体的同义词，一个城市的造型，一个结婚戒指或一顶皇冠。它的路径可以不断地循环，因为它没有开始也没有结束。它具有永恒生命的含义。它是出生和生命，死亡和再生，是一个永不停止的链条。同样，它是太阳神的旅途，他以弧线的形式绕行于天空，白天从东方到西方，黄昏时再下沉，回到夜海之下，又从黎明中升起。如此这般，圆形的路径类似于自性化之路。

曼荼罗是圆形的梵文，意思是一个更为特别的魔力之圈。富有力量的圆圈在东方被发现，经常出现在演陀罗（yantra）中，它是一个在冥想实践中用来集中注意力的工具。它在我们自己的文化中也很突出，中世纪教堂结构中的玫瑰窗就是曼荼罗的最好例子。纳瓦霍印第安人的沙画中也有此意象。《启示录》里面描述的上帝之城耶路撒冷便是一座曼荼罗城市。每一面的门都通往中心，中心是人类心中上帝的意象。[18]

遭受痛苦的人前来接受分析。他们已经丧失了那种表征圣洁天堂的原初整体感。他们感到困扰，感觉和世界分离了，或者和神秘分离了——他们将此神秘直觉地知晓为真正的自我。他们的平静被打破了。他们需要返回整体，需要和已经分离的部分重聚。我必须告诉你，根据我的经验，我看到许多人试图接近这个目标，但只有少数人满足了苛刻的要求。许多人在途中便放弃了，但通常参与的过程就已经很有帮助，尽管没有看到这个过程所能抵达的更远之处。对许多人而言,那些纠缠不休、令人讨厌或者阻滞郁闷的症状消失就已经足够了,这些症状带来的问题一解决,他们就可以返回日常生活。对于某些人来说,尤其是年轻人,一些心理问题会干扰他们继续生活,只有消除或者解决这个心理问题,才能终结治疗并继续生活下去。另一些人走得更远,尽可能将他们能够自如处理的无意识内容带进自己的生活,暂时搁置其余的无意识部分,也许永远悬置,直到另一个需要他们回来面对无意识的情况出现为止。所有这些人都可能通过分析的经验或多或少地改变,尽管改变是有限度的。

分析师和接受分析者都知道,自性化之旅道阻且长,尤其是已经赶了相当长的路时。我无法告诉你我们是怎样知道的,但这一点显而易见。这种追求可能永无止境,因为生命不息,旅程不止;但会有一个时间点,个体能够独立于分析师继续探索,这点对马克来说是很明显的,基于他生活的变化,亦被他的梦所证实。

很长时间以来,马克和我都知道,他的分析就要结束了。分析经过了许多阶段,并且他的整个人格在这个过程中已经极大地改变了。他已经从一个怯弱且未充分发展的年轻人,成长为一个朝向认定的目标,踏实、自信又绝对谦逊的人。最后阶段,我们减少了会面的频率,因为他已可以成功地独立解读他的无意识材料。我们之间情谊深厚,因为我们曾面对一项复杂而艰难的任务,携手合作,共同努力。尽管如此,分析仍然没有结束,虽然我们都知道结束即将到来。

最后一次会面他带来了两个梦,是他一个星期前做的。梦的内容如下:

第一个梦:我在一架飞行于众山之上的飞机里。这是一个暴风雨天,飞机因为遭遇气流上下颠簸,乘客们都很不安,我在客舱里到处走动,宽慰人们,让他们平静下来,确保每一个人都被牢固地固定在座位上。我寻找出口在哪儿,在脑袋里盘算如果我们迫降后要怎样疏散乘客。我并不害怕,准备好了面对任何可能发生的事,但是我们根本不需要在群山里着陆。

第二个梦：我又在一架飞机里，但这是架小型的，只有两个座位。我在飞行员旁边，我们遇到了困难。这次我们在一片茂密的森林之上，我们离树梢并不远，飞行员十分费力地操控控制装置（handle the controls）。我说，我认为我能胜任，我想试一下，当飞行员和我换了位置之后，我开始接管飞机。方向盘很难控制，我使出浑身力气，下定决心要控制住，我环顾四周，注意到飞行员十分放松。方向盘现在更能按我的意志来转动了，情况仍然困难，但现在我知道我将要成功了。

在此之后没有什么需要说的了。我和马克都知道他已经准备好去掌管自己的生活。他已经将我能帮助他的都学会了，现在他离开的时间到了。在门口，在他离开时，我俩拥抱了一下。当他离开大厅时，他回头望着我，对我微笑，我也回以微笑。只是在门关上之后我才意识到，我的眼睛湿润了。美好的时候和艰难的时候一样，做个分析师并非易事。

09

理解我们的梦

我坚信梦的体验是证明无意识存在最确凿的证据。个体的内心生活通过梦境展开，那些仔细观察自己梦境的人有机会一窥其本性的不同方面，否则这是无法企及的。我们靠近梦的方式很大程度上取决于我们对待无意识的态度。

在弗洛伊德和荣格会面之前，他们都致力于阐释将梦作为了解无意识过程的重要性。弗洛伊德伟大的研究《梦的解析》，为维也纳精神分析圈成员进行实验打好了基础。为了进行科学研究，这个群体从他们的父母那里搜集了大量梦的素材，他们讨论治疗精神障碍的方法，也提出了关于"隐秘精神影响态度和行为过程"的新理论。精神分析比较有争议的一个地方就是，坚称梦不仅为了解未知提供了重要的线索，也为饱受困扰的心灵提供了治疗方向。弗洛伊德认识到意识与无意识的对抗。非精神分析导向的医生和心理学家反对精神分析学家揭示他们倾向于忽视的人格特征。没有谁喜欢将秘密公诸天下，也不希望被告知自己尊敬的人的行为背后还有未解决的性冲突甚至是幼儿期乱伦的愿望。在这种恶毒的苛责下，弗洛伊德仍然坚持着他的观点和立场。

早在1907年，荣格不顾苏黎世年长同事的建议，公开支持弗洛伊德的观点，即使这样做他的学术前途可能受损。1909年，荣格发表了一篇名为"梦的分析"的论文，[1] 这是对弗洛伊德梦的解析理论的直接阐释。彼时，他完全同意弗洛伊德关于梦的观点：梦，正如我们所做的其他事情一样，它的意义并不是出于睡眠时的身体感受之外，亦不是出于日常生活事件。这些只不过是提供了元素，在此基础之上心理过程开始工作。他指出，弗洛伊德把梦的显性内容看作梦者真实情况的掩饰，而这必然导致将受压抑的愿望表达出来和将这一愿望保留在无意识形态这两种需求之间的冲突。在这篇文章中，荣格提到了通过联想实验获取梦潜在内容的可能性（隐藏在梦背后的故事），接下来他继续解释弗洛伊德是怎样通过不同的"自由联想"方法来回到梦的真实基础的。在自由联想中，分析师问一些关于梦中元素的问题，并且请接受分析者说出一些与之相关的东西，在没有解释的情况下可以一个接一个地说联想的内容，直至分析师能够根据这个线索找出梦背后隐藏的含义。

　　1909年荣格和弗洛伊德同赴美国演讲，他们处理梦的材料的方法差异在此次旅途中开始浮现出来。他们每天都会面并且花大量的时间来分析彼此的梦。这一过程令他们感到非常不适，因为要揭露他们自己内在的生活，这会让一方疏离另外一方。荣格在他的自传中完整地描述了事件的始末。在他看来，这次会面预示了两人关系的瓦解。弗洛伊德讲述了一个他的梦，荣格表示，如果能够知道更多关于弗洛伊德生活的细节，他能够解释得更好。弗洛伊德在那个时候给了他一个"极度怀疑"的眼神，并且回答道："我不能拿我的权威去冒险！"对于荣格来说，弗洛伊德在那个时刻已经失去了它。[2]

　　荣格也提到了在那个时期与弗洛伊德相关的一个梦，一个荣格认为非常重要的梦。梦中显示了一个房子的地下几层，每一层代表了一个更早的历史阶段，直到最后是一个岩石里面的洞穴，地面上有着厚厚的灰尘，在灰尘中分散着骨骸、损坏的陶器和两个骷髅头，这一切看起来都像是远古留下的。这个梦让荣格激动不已，这似乎代表着从个体无意识到集体无意识的一个仪式，他的这些古代遗产的残迹存留于集体无意识之中。

　　相对而言，弗洛伊德对这个梦往深处走的趋势并没有太在意，这个趋势转变是从一个可能由爷爷居住的光明的房间到古老的地下室，而这个地下室只有两个骷髅头证明人类曾经居住过。在这个梦丰富的材料中，弗洛伊德主要将注意力集中在两个头骨上，他暗示这可能表明了死亡愿望，不是所有的梦都是由无意识未达成的愿望驱使的吗？他要求荣格说出这是谁的骷髅头。

荣格非常清楚地知道弗洛伊德的用意所在，但是他不仅仅从个人的角度来看待这个梦。在那时，对于挑战这位长者，或者至少说以如此公开的方式，他多少还是比较敏感的。在他拒绝弗洛伊德的解释时，他找到了自己的方法显示梦的重要性。他不同意弗洛伊德关于梦是伪装的想法——"意义已经明了，但是有意地绕过了意识"。[3] 荣格认为梦是梦者无意识心灵状况的意象表达，通过象征性的方式来揭示潜在的意义。

在这个特别的梦当中，荣格见到的房子代表了他个人的心理空间，房子的上一层代表了日常生活的意识层，下面的则是无意识层面。越往深处走，就越远离个体经验而越表现为所有个体都参与的集体经验，梦中最深的一层显示了他自己心灵最原始的一面。那两个骷髅头表示个体在远古意象中渐渐消逝的一面，这部分和意识日常的机能不同，但是对个体人格仍然起着非常重要的作用。荣格认为这些骷髅头是他心理遗传的一部分，正如从祖先传承下来的基因模式是生物遗传的一部分，基因模式会在生理结构中体现，而心理模式主要表现在梦、意象、幻觉中，矛盾的是，也表现在"新"的思想之中。

这个梦促使荣格愈发意识到心灵的集体方面，这与弗洛伊德对梦采用更为个体化的解释是有冲突的。许多年之后，弗洛伊德将之整合进了自己的理论，认识到了"远古遗传"在个体生活中的作用。然而，在这个时期，两人对梦的不同认识成为了彼此之间最主要的冲突，这促使荣格开始了自己的无意识旅程。他质疑道："弗洛伊德心理学成立的前提是什么？人类思维应该进行什么样的归类？个体经验与历史一般性的假定有着什么样的关系？"[4]

到1914年，几个弗洛伊德的亲密伙伴，包括荣格，退出了维也纳小组，试图按照自己的方式而不是正统的说法来对待自己的病人。这些反对者都认为梦是有意义的现象，但是在某种程度上对梦所赋予的意义以及释梦的技术都与弗洛伊德不同。荣格不同意梦是愿望的满足，并且认为弗洛伊德过多地强调了性在梦中的重要性。

但是这并不意味着荣格否定了梦的形成过程中无意识愿望的重要性，他认识到这种重要性，并且知道对未实现的愿望的探索常常会将研究者带回到某个特定的梦形成之前的重要因素。然而，对于将这一取向当作标准化技术来使用，荣格仍存有疑虑，因为他认为当梦呈现的信息能够直接推动治疗和诊断时，分析师和接受分析者无需花费太长的时间和一系列的研究去探讨梦的来源。

我自己的一个案例可以显示第二次治疗时的（来访者所做的）梦是如何帮我介入到对问题的分析中，而无须先去解决与此无关的病人童年的性的细节。艾利克斯（Alex），二十九岁，在几年当中不停地跳槽，总是因为雇主或者环境出了一些问题。他的目标似乎是尽可能花最少的努力来挣最多的钱，他的性生活也遵循着同样的模式。他加入了身边每一个单身组织，尽可能参加各种派对，狩猎美女并尽快与之发生关系。他来分析时宣称生活空虚、没有意义、感到厌倦，他从来没有好好地坚持过一件事情，因此害怕结婚。他求助道："我希望你能帮我做些什么。"

初次分析的时候，我并没有明确接受艾利克斯进入分析。我告诉他我们留出三个月的时间看他是否能担起维持分析关系所需要的责任和义务。第二周，他前来继续第二次分析，并带来了一个梦："我在摆弄一个大约长 10 厘米、直径 1 厘米的螺栓。我有一个螺母，但是不能把螺母和螺栓组合起来，为此来寻求你的帮助。你非常耐心而细致地手把手教我，我把它们完美地结合在一起了。"

艾利克斯执着于螺栓和螺母"显而易见"的性象征，他很确信问题的根本在于不能和女人正确地相处。在他的眼里看来，这缘于他与女人长久以来失败的相处经验,可能来自于早期和母亲关系的问题。这也是他之所以寻求女性分析师的原因。他认为在分析关系中,如果他能与扮演母亲角色的分析师在某种程度上重现早期的经历,他就能够在一个稳定的基础上了解自己为何不能不能获得性满足的深层原因。他把希望寄托在了我的身上,认为我是能够帮助他的人。他把这个梦解释为无意识愿望的表达,我的帮助——我对他施与援手,能够帮助他解决问题。

我意识到艾利克斯的愿望。他想要控制这个过程,他希望我能引导他回到童年的事件当中,并且我们能用几个疗程来重温他的早期经历,包括童年的创伤。我怀疑当这些没有很快见效时,他可能会重蹈覆辙,并说:"我试过投入分析,但是没有用,我知道为什么我不能和女人相处了,但是这对于改变现状却毫无用处。"艾利克斯跟很多来寻求心理治疗的人一样,希望逃避他们在失去对自己生活的掌控这一失败中所应该承担的责任。和分析师坐在一起应该要带来奇迹,你前来谈论自己、倾吐秘密、付钱,然后等待一些事情发生。事情几乎毫无改变,而上帝知道你已经努力了,所以肯定是分析师的错。

我践行了荣格关注梦本身这一方法,而不是回过头去寻找艾利克斯困境可能的原因。[5]这是基于荣格"梦的意义即在其表达当中"(the dream really means what it says)这一原则。无意识对意识态度提供的一个放大的、完善的或者是补偿的视角。梦提供了自我所忽视的成分,由此实现了其趋于完整的功能。

要想发现意识观点的盲区,对梦本身的特定要素进行扩充联想是很有帮助的。这意味着将神话与幻想中类似的材料与梦广泛地联系起来,它们能有效地阐明梦的象征意义。即便在艾利克斯这个简短的梦当中,也有很多这样的元素。首先令我感兴趣的便是他对梦中的素材会作何联想。

我问他认为"摆弄"是什么意思?他说指不是很认真地玩一些东西。我问他"摆弄"是不是一项有目的的活动,他否认了,认为是游手好闲或者漫无目的。我们也探讨了其他意思。愚弄是比较诙谐地说话、开玩笑、无意或者无知地篡改了一些东西，也可以是欺骗别人，或者是利用别人。我看到艾利克斯听到这些解释时明显不安起来，因为这是梦对他的角色所做的描述。

梦中另外一个元素是螺栓和螺母。艾利克斯认为螺栓代表着阳具而螺母代表着阴道。他问题的根本在于他不能使两者很好地契合，难道不是吗？

荣格的研究使他说道："梦中有关性的语言并不总是以一种具体的方式得以解读……事实上它是一种古老的语言，会自然而然地运用所有手头上就有的类比，并不一定与某种真实的性的内容相一致……一旦你将性的隐喻作为某种未知的象征，你关于梦的本质的观念就会更深入……如果梦中性的语言只是以具体的形式加以理解，那也就只存在一种直接、外在而具体的解决方法……也就不会有关于此问题的真正构想以及态度。但是一旦抛弃那种具体的谬见，解决之道便可能即刻显现。"[6]

我要艾利克斯从固有的内在解释当中跳脱出来，考虑螺栓到底代表着什么？他当然知道："螺栓是用金属制成的栓，用来把不同的物体扣在一起，并且通常会由一个螺母套住。"

我问他："这是你能从螺栓上联想到的全部吗？"

他想了一会儿，然后提到了雷电或者是一束闪电。

"这些意象对你来说意味着什么？"我问他。

"它们有着很强的力量，是我不能掌控的，能量充斥其中。"

"还有什么其他的吗？"

"可以栓住一扇门，螺栓能使门固定，使之关闭，并且阻止入侵者进入。"

然后我们开始探讨艾利克斯所提及的"螺母"的联系。梦中的螺母有着闪螺旋的纹路，并且和螺栓能进行很好地契合。我问他螺母意味着什么。

"使一样东西和另外一样东西联系起来，或者加强连接。"

"螺母对你来说还有什么其他的意义吗？"

艾利克斯对此展开了一系列的联想："坚果是一种水果或者是种子，它的核心是种子。并且，坚果是一种非常坚硬的东西，当碰到苦难的时候我们会说我碰到了一个棘手的难题。或者，在商界来说，坚果是在获得收益前所需要挣得的。"

"还有其他的吗？"我问他。

"螺母也代表着睾丸*，这也非常符合性理论。"

"可能是这样。"我回答道，"但是作为睾丸的螺母和作为坚果的螺母一样，它们都有促生新东西的可能性，也不完全是和性无关。"

他说这是他完全没有想到的。

我问他为什么没有想到，他很快意识到他对性的想法与生殖繁衍几乎没有什么联系。事实上，对他来说，除了即时的快感，性几乎没有什么意义。渐渐地，梦开始呈现艾利克斯困境源头的线索。这些源头不在过去，而在当前，每天早上都会出现，引发他是日需要面对的问题。

在自由联想的过程中我没有让他离题。梦是特定时刻对无意识的自我描绘，因此我发现理解它的最好方式是将自己的注意力贯注于此，并由此确立情境。我记得荣格写道："自由联想不会让我有什么进展，最多能帮助我翻译赫梯语（Hittite）的铭文，当然它也能帮助我提示自己所有的情结，但是在这种情况下我不需要梦，阅读一条公告或者是报纸上的一句话也能达到这个效果。自由联想能够引出我所有的情结，对揭示梦的意义却无能为力。为了了解梦的意义，我必须尽可能地贴近梦的这些意象。"[7]我发现这个过程使得分析师、接受分析者以及梦的素材之间的关系变得直接。

接下来，艾利克斯的梦是如此描述的："你向我展示了……"梦者的一种典型行为模式在此呈现。他一直以来都期待其他人来施展魔法，对分析师自然也不例外。假如分析师能够手把手地教梦者做好其分内事，那么一切都可以迎刃而解了。艾利克斯打算一如既往地扮演一个被动者。

---

* nut 的英语词义包含睾丸、坚果和螺母。——译者注

这个梦所展示的解决方式是："我的双手耐心、细致地动作。"与之前对待问题的方式不同，他需要学习一种新的应对方式。之前的方式是"摆弄"，梦所呈现的替代方式是"耐心而细致的举动"。人之所以可以与低级动物区分开来，并且实现各种成就，正是因为手的灵活多用。

这个梦为我们呈现了来自他无意识的信息：艾利克斯意识层面对待问题的方式不够严肃。比起那些行为背后的意思，欺骗和利用别人是他更关心的事情。性只是他问题的一部分，不是全部，如果对此进行过多的强调肯定是不对的。比具体方法更为重要的是把梦中不同的元素串联起来。这不能粗心大意，或者过于牵强附会。但是如果我们细心巧妙地进行的话，便能轻松完成。我们要接纳这些联想中所隐含的意义，心灵自我疗愈的那种原始力量就隐藏在梦中的各个元素当中，我们释梦的目的就是要释放这种力量。

我们透过整个梦，将之与艾利克斯的生活处境联系起来。这样一来，梦作为一个诊断工具，就提供了几种治疗的途径。

这种对待梦的方法的一个重要方面是，提供素材而进行解释的主要责任在接受分析者和他的无意识部分。当分析师进行解释的时候，也是进行一种尝试。"理解一个梦"需要在分析师和接受分析者之间达成一致，必须在两者的对话当中产生，在接受分析者看来必须是有效的，必须让他感到豁然开朗。否则这个分析师的解释只是一种知性化，接受分析者可能会遵循分析师所说的话，但是，这些言辞的作用可能微乎其微。

更危险的是，如果解释是分析师单方面提供的，那么分析师可能会把他对接受分析者的投射错误地当成梦所传达的信息来分析。除非分析师说："我认为它可能是这样的，你怎么看？"没有方法来验证分析师的释梦是否真正揭示了梦的意义。如果分析师的解释被看作是绝对不可置疑的，接受分析者被引导认为不管说出什么反对的意见都会被当作抗拒认清真相的防御机制，那么分析便有被分析师控制在其固有的观点或理论框架当中的巨大危险。分析师的解释而得出的未必准确的"结论"，在很大程度上是因为暗示。在对话中分析师强加于接受分析者的各种观念，很容易造成他对分析师的依赖。我一直尽量避免这种情况发生，当然，对于像艾利克斯这样的案例，他的问题非常复杂，因为他极力地获取外部援助，却极少使用自己的内在资源。

荣格对于这种情况说得非常清楚："分析师如果想要彻底排除意识的暗示，必须要认为每种对梦的解释都可能是无效的，直到找到一个被接受分析者认可的公式。"[8] 释梦的关键，是让人们获得与自己内在对话的能力，即具有治疗效果的"内在的治疗师"，使他们最终成长为独立于分析师的自由个体。

梦的意象本身就道出了梦产生的原因、做梦前发生的事情，并且为信息提供了素材。通过回溯分析这些零碎的信息，可以唤起我们过往的记忆。对早期的事件进行系统的探究有时可以让接受分析者回忆起早年的创伤，重温当时的强烈感受。当长期被压抑的感受冲破束缚进入到意识层面，情绪就会得到很大的释放。被压抑的愤怒和敌意会以无法想象的狂怒爆发。这就像是便秘很久后的一次痛快排泄，即弗洛伊德的术语"宣泄"（catharsis）。这有助于个体立足当下，处理过去的情绪，但并不一定意味着对未来做出什么保证。

仅仅是了解神经症的成因，并不足以解释清楚其本质，就更不用说把它转化成对心灵积极、有益的能量了。对于不负责任的父母来说，迟来的责备并不是十分有效。因果论是不够的，必须加以第二种观点。第二种观点被荣格称之为终极目的论。终极目的论认为神经症是为了一个目标、终点而做的努力。

荣格说："所有的心理现象，都带有一定的目的，哪怕仅仅只是情绪反应。源于侮辱的愤怒目的在于报复，卖弄哀伤是希望博取他人的同情，等等。"[9] 从更广的意义上说，神经症和梦是带有一定信息的，就像它们的目的是趋向自性化。这就需要我们改变一些意识层的态度，它们阻止我们更充分地意识到自身的能力。当通常意义上的某种目标无法达成时，作为一种努力，就会发展出神经症，来越过或绕过障碍。神经症的症状经常通过梦这一媒介提醒人们要关注他们的内在成长。

史蒂文（Steven）在分析过程中讲述了他的噩梦，这梦是如此可怕，导致他几天都处在深深的恐惧当中。他痛苦到无法向我陈述这个噩梦，一开始说便泪眼婆娑，而且不止一次这样。他能够从一种因果的角度来看待这个梦，但是不能接近它背后的意义。到了最后他能够以一种终极目的论的观点来看待梦，并且也达到了很不错的效果。我会整体呈现这个梦，并不是因为需要在此讨论其中的细节，而是因为不整体呈现的话会减少它的效果。

"看起来是一个开阔的场景。有一个砖头建筑，在一边有两个开口，在另外一边也有两个开口。在每个开口处都有一个又长又重的铁箱子，它可以通过滚筒滑进砖墙的洞中。我的阿姨爬进了其中一个箱子，正在被推进墙里去，在墙壁的里面全是火。我的阿姨被告知患有肺癌，无论如何她都得死了，这样死亡的方式比癌症的方式更容易一些。我觉得非常恐怖，但是我并未对此提出疑问。

接下来，有人告诉我我也一样，我再次感到十分恐惧，因为现在我要跟着我阿姨一起进去了。但是，我想找另外一个医生检查，因为刚刚才做了胸部X光片并没有报告有癌症。而在这之前，我一直站在火炉旁想我得了肺癌，不得把进入焚化炉作为一种解脱。想到这里，我决定去别处再做些X光检查，或者完全忽视这件事情。当我赶往别处检查时，我爸爸从后面赶上来，给了我车的钥匙，并且掏出了口袋里的一个文件。我很高兴见到他，他说他也有肺癌，并准备好进焚化炉了。这好像是人们必须做的事。我告诉他，他把东西留给我也没用，因为我跟他也是一样的。他依然坚持，于是我便接受了。我去了别处进行X光检查，而我的爸爸则进了焚化炉。焚化炉的砖墙只有薄薄的一层，没有耐火砖，在顶部有一层薄薄的混凝土。在这种结构当中的火毋庸置疑是可以烧死一个人的，但是不能使一个人化为灰烬，看起来焚化炉就是为此而设置的。"

我们要知道这个病人已经长时间经受抑郁性神经症的折磨。有着强烈的无价值感，这使他不能尝试发展新的关系，或者在工作当中接受挑战。他成长于一个没有爱的家庭，是家里第三个（最小）的孩子。他的妈妈是一个非常严厉的人，使用宗教式、教条式的权威说教方式。小史蒂文希望如果他能够像他妈妈所期待的那样，他就得以从地狱之火解放出来。

在他记忆中，他的努力几乎没有得到过任何鼓励和赞赏，他害怕让妈妈感到不悦，对妈妈的愤怒和拒绝提心吊胆。他的爸爸冷漠并且不怎么融入家庭，他既不支持妻子的态度，也不站在史蒂文的这一边。史蒂文的哥哥和姐姐都比他大，并没有对他显示出太多的关注。他觉得他们是受宠爱的，自己出生最晚，可能是多余的。他试图在父母面前证明自己的存在，但是徒劳无功，也不觉得自己有能力可以这么做。史蒂文的表情、举止、眼神都在诉说着他的痛苦。当他第一次来分析的时候，因为长时间服用抗抑郁药，已经有些呆滞了——在他痛苦的脸上叠加着某种空虚的表情。

在分析的过程中，史蒂文开始尝试面对这些愤怒，并且发泄出来。每次面对它们都带来一次解脱，继而是抑郁，充满着内疚和羞愧。分析关系，尤其是关系中移情的部分，抱持着他。当他表达感情的时候，并没有向他之前预期的那样遭到惩罚或拒绝，相反，他的表达说明他的态度可以改变并且他也乐于接受这种改变。在这段时间，史蒂文渐渐停止服用抗抑郁药，他的梦也更加活跃，并且以一种有力的方式影响着他。这个梦是一系列梦的高潮。

在陈述这个梦时，史蒂文几乎很难用语言来组织。在说到他的爸爸出现，并且告诉他自己患有癌症，准备进焚化炉的时候，史蒂文的泪水夺眶而出。他哭诉道："你不知道最糟糕的地方是什么，你不知道它对我来说意味着什么。"他设法让自己冷静下来继续讲述他的梦，小声地抽泣着说完。然后他说出了他对这个梦的理解："我尝试去解释它的意义，我不得不独立思考，我不能接受其他人告诉我的：我的生活是昏暗无光的并且内心已经死亡，这些全部都要结束。我必须找出自己内心的东西，否则只是在浪费生命。必须这样，否则我会死无葬身之地，但是你不知道梦将引至何方——跟我父亲见面……"

到这里，他几乎说不下去了。但是，一会儿他又说："他没说，但是以为我会明白。最后一次我见到他是他死前的几周，我第一次意识到在他冷酷、严厉的外表下——有爱，但是来得太迟了。"史蒂文回忆了父母亲的弥留之日。他的爸爸在对待史蒂文的态度上有所缓和。之后，妈妈病危，并且把史蒂文叫到她的身旁，给了史蒂文她婚礼上的两个高脚杯，六个银质的茶匙，同样也给了哥哥和姐姐一些珍贵的东西。但是对于史蒂文来说，有一个特别的礼物——一个小的手工雕刻的桌子，这是她的父母亲刚在美国安顿下来时从奥地利带来的，那是故乡的唯一回忆。史蒂文，这个最小的孩子，意识到他的妈妈是以她自己的方式在爱他，并且希望他能传承下去。虽然直到生命的最后他才知道这些。

我们可以从因果论的角度来审视一下这个梦，但这样能否发现新的、有帮助的东西就不确定了。当回忆童年的痛楚时，反复的诉说他的愤怒和无助是不起作用的。因为那样会阻碍他从终极目的论出发，以一种整体的观点看待梦。这个梦对于他有着什么样的指导意义，对于未来又有什么样的意义。他的疾病和家庭的疾病紧紧地联系在一起。他显然继承了具有家庭特征的生活方向及其问题。但是，这个梦似乎在说，注意到它仅仅是因为有人告诉了你，你注定会重蹈亲人的覆辙，你无需毫不质疑地接受你的命运。直到这次，和过去认为自己在童年受到无可挽回的伤害并且永远无法克服相比，这个梦使得史蒂文的无意识观念发生了巨变。

这个梦告诉他，即使他的父亲在现实当中死去了，但是在心灵上还是存在的。内心中的父亲曾控制并支配着他，就像他的妈妈一样，虽然是以一种不同的方式。但是他的父亲是弱小的、具有依赖性的，这源自于一个男人不能承担起自己生活的责任，更不要说抚养自己的孩子——史蒂文了。但是现在，是时候让父亲离开他的位置，让史蒂文来接管了。关键部分已经移交——在梦中，史蒂文从父亲那里得到工具，这个工具能够帮助史蒂文更好地掌控自己的人生。他不得不让曾经愤恨的父亲进入焚化炉并被燃烧，但是父亲没有被摧毁，因为他已经化作了一种精神象征。这种对父亲精神上的信任感在这之前一直是处于无意识的状态。现在通过这个梦进入到了意识之中。梦的意义在于，一方面让父亲离开，另外一方面让史蒂文承担起父亲的力量，化为己有。钥匙和纸张说明了这一点。

  讨论这个梦，帮助史蒂文将此梦变成自己的部分，并且将之整合到了意识之中，从而发扬梦的意义及目的，首先是他自己发现了梦的意义和目的，其次才是分析对话的功劳。在史蒂文赋予了自己的解释之后我就很少说话了。这其中更为重要的，是在那些扣人心弦的时刻，我们之间传递的那种感受。史蒂文之前一直比较保留，但是在和我相处的时候不再会了，这个梦突破了这一切。我们在一起讨论它，我也深深地被这个梦的恐惧所触动，并且感应到他的强烈反应。当然，除了言语的交流之外我们还有更深刻的交流，这个梦充满了死亡作为生命的终点这一无法回避的事实，还有生命的脆弱，以及拥抱我们各自所剩时日的重要性。这光阴值得深情拥抱与珍爱，理应惜时如金。我们都知道，在这短暂的一生，自怜自艾是没有意义的，对死气沉沉的过去也不必感到遗憾。未来扑面而来，但是今天我们知道了自己的使命，要把握当下。

  在分析当中时有感受内心涌动、眼泪夺眶而出的情况，与分析师分享这些和自己一人单独承受是非常不同的。很多人问，为什么不能自己给自己释梦？毕竟，如果所需要的信息都来源于自己的内心，还有什么必要求助别人来解释自己的梦呢？梦的分析工作不仅仅是帮助人解释某个特定的梦，更是让他们理解梦的过程，以发现梦的真谛。这难就难在，梦脱离于个体的主观意识态度，仅仅只凭自己个人的主观努力是很难恰当评估这些分析的价值的。要跳出意识的范围来看事情，这需要对自己的无意识部分做很长一段时间细致的分析工作，以便与其建立联结。和一位善于释梦的人共同探索一个梦，他不仅能够以主观的视角来参与，同时也能够保持以旁观者的身份客观地看待梦，这样才能保证必要的客观性。分析师们练就了在解释梦的时候抛开自己的投射，放下自己的期望和道德评判的技能。

接受分析者大都倾向于和他们的妻子/丈夫或者密友一起讨论他们的梦。虽然我不太喜欢把分析搞得神秘兮兮的，但很多时候也确实需要保持沉默，尤其是对于那些"处女梦"（梦刚出现，还没有对任何人提起过）。荣格认为，太急于把梦告诉别人可能会破坏自我和无意识之间的特殊关系，这种关系是由一座纤细的独木桥来连接的。这让我想起早期犹太神秘主义传统，就像伊齐基尔（Ezekiel）描述的那样，跟王位上的上帝的意象有关。犹太神秘主义，在沉思"王座世界"作为所有创造形式的中心的体现之时，是禁止讨论这些神圣不可侵犯的东西的。[10] 据说，有些事可以在十人之内流传，有的是五人之内流传，有的可能不能超过三人，有的甚至只能对一个人讲，而有的可能是不能跟别人说的。

荣格坚持认为，如果要维持好意识与无意识之间的张力，抓住梦的相关材料并仔细分析是至关重要的。要好好体验与之有关的情绪和感受，而不能把它们在闲谈中浪费掉了。但事实上，梦并没有在一出现时就直接报告给分析师，梦者还会有时间来思考并竭力去总结分析，这就意味着他们带入分析的梦具有梦本身的纯洁度，甚至经由这种深思熟虑而加强。在我的经验中，我发现如果接受分析者放任他们的梦自行挥发流淌，多半是因为他们发现分析是很有用的。当他们学着去维持梦的原本强度，同时也是在学着接受生活的张力。通过辨别区分对感受进行过滤筛选，进而加强他们敏感的自我（ego）——这一善解人意的自我已经与无意识建立起伙伴关系，基于此，他们学会了适时、恰当地表达他们的感受。然而，也有一些例外，有些人尝试在团体中进行梦的分析，他们会有非常不同的体验。荣格从来都不赞成梦的团体工作，因为他不相信所谓的"集体"，把这"集体"与群体或者乌合之众的心理特征联系在一起。在他的年代，尤其是第一次和第二次世界大战期间，他尽可能地远离各种团体，更相信个体或者一对一的工作是梦的工作的最有效的组织形式。但是他离世之后，我们发现了团体小组的价值，团体的梦的工作也被证明是有价值的，这可能是荣格做梦也没有想到的。

有时，也会有接受分析者不想和我讨论梦的情况。最近有一个接受分析者带来了一个梦，他说这个梦对他来说很重要，他无法完全读懂它，而且太强烈，他觉得自己无法处理好它。他想和我分享这个梦，但是前提是我得保证对此不发表任何意见。我尊重他的意愿，当这次会面结束后他就告诉我了那个梦。我按照他的要求做了，没有讲出任何关于那个梦的想法。对于他来讲，我知道这个梦是关于什么的非常重要，并且我让他知道他有权与之相处一段时间，我也是这样做的。也许将来有一天他会愿意去讨论它，这由他自己来决定。

到目前为止，我们主要讨论的是单一的梦。这样做的原因主要是因为梦总是指向特定的点。然而，梦不会作为孤立的心理事件发生，即便有时看起来如此，但它们更有可能是持续的无意识过程的外在表现。在一系列的梦中可能出现系列的主题，每个梦可能有它自己的意义，当恰当地同其他的梦联系起来后，可能能发现更多的意义。所以对于分析师来说，要牢记梦者"梦的历程"就像牢记他的生活经历一样重要。

一系列的梦不仅可以显示梦与梦之间的关系，也可能可以指导心理治疗过程本身。这可能因为太多太多的情绪困扰都是源于意识取向和无意识目的之间的不协调。无意识表达自己的方向是必要的，如果想要无意识和自我能够相互配合，我们就必须让无意识拥有像自我那样平等的发声权。当自我能够倾听，无意识被鼓励参与对话，这样无意识就从对手转化为朋友，观点尽管不同，但可以相辅相成。

下面将会简单地描绘一系列的四个梦，它们依次属于分析过程中的四个关键方面。这些梦的时间跨度很长，其中也穿插有别的梦，但是它们共同汇聚成一个主题。第一个梦具有诊断性质，描述了需要纠正的情境，如果你愿意可以称之为"神经症"。第二个梦和预知有关，它暗示了治疗可能会产生什么效果。第三个梦和治疗的方法有关。第四个梦与对移情的处理有关，是分析结论不可或缺的一部分。第四个梦不是来自接受分析者，而是分析师的，来自于我自己。我认为它是可以放在这里的，因为我坚信分析师也是分析过程的一部分，而不是一个旁观者，或者使之发生的促成者。这也是为什么分析师的无意识材料不能被排除在分析过程之外的原因。

尼古拉斯在接受了一个重要职位后不久前来接受分析，这个职位需要他整合自己的生活，包括他所受的教育和之前的生活经历等。他将要负责一个包含很多人的大型工程，作为主管，他需要有很高的才能和创造力。朋友和同事都鼓励他申请这个职位，尽管他自己感觉不能胜任，但他还是申请了。所以当他获得这个职位之后就有些抑郁和恐慌。他第一次来分析时显得很平静自持，人格面具起到了很好的作用。他的第一个梦是这样的："我在爬一座布满页岩和松散的岩石组成的峭壁，我得把脚放在岩石缝隙和孔洞里，并且抓住岩石的凸起不放。有时候岩石脱落瞬间坠入山谷，我害怕失去平衡或者引发山崩。"

这个梦对其所处的情境做出了一个诊断。他定的目标太高，对于这项任务感觉到不适或者说对自己处理这项任务的能力感到不确信。他感觉自己孤弱无援，害怕自己费了很大周折才爬上来却最终跌落回去。他可能失去平衡，并且随时可能跌落深渊。或者，即使他坚持握住不放，在山谷下的人们也可能处在危险当中，他可能会带来意外而摧毁他们。但是，从他攀爬的方式来看，除了自己的目标之外他并不关心其他的东西。随着我们的讨论继续，梦越来越清晰地说明，他所关注的只是自我的关切。

这个梦显示了尼古拉斯的意识态度——继续前进，并且竭尽全力地努力工作，也不用管谁可能会因此而受到伤害。这是一种不好的想法，如果他继续朝着这个方向前进的话可能会导致很糟糕的后果。

这些都看起来是外在的解释，荣格派分析师们都认为外在的情形通常是个体内心的反映。当我们感觉到平静、安全、内心平稳的时候，那么通常一切事情都进展顺利；即便会有一些不好的事情发生，我们也能够很好地处理，并且从当时不好的环境当中解脱出来。另外一方面，如果我们"内心冲突矛盾"，意识和无意识意见相左，即使在最有利的条件下也可能会搞得一团糟。所谓经验，就是我们从外部看这个"盒子"，以这种视角来经历外部环境；我们也可以从内部的视角来看这只盒子——即"主观经验"。但是这个盒子——"经验"，既不是内在也不是外在的，它是内在和外在的整合。为了阐明这系列梦，我们将从内部或者外部两方面来看待。

尼古拉斯的第二个梦是："我独自站在一座大山的山脚下，山体巍然耸立，我看起来是如此的渺小。一条小路蜿蜒而上，消失在远处的一片山丘处。我不知道自己有生之年是否能够爬上那座山，但最少我会去尝试。"

这是一个有预兆意义的梦。尼古拉斯已经从第一个梦境中的危险境地中出来，现在他的脚是踏在稳固的地面上的。这个梦反映了他的态度即将发生转变：他意识到他要重新安排手头的工作，甚至是要改变对工作的看法。不能再像过去一样那么着急，他不必非得挽回过去所犯的错，但是必须打好坚实的基础重新开始。这项任务很艰巨，需要他付出很多，重要的并不是过于关注最终的结果。前路漫漫，他必须提前做好充分的准备，因为没有人会在身体不适的情况下踏上梦中这样的艰难旅程。这说明他身体和心理状况良好。这个梦说明，只有向上爬才是唯一的路，过程比结果更需要关注。

可能有人会问，梦是否能预测未来。荣格回答过这个问题，他认为梦不仅仅是像气象学家一样预测天气，梦是对无意识的解读。可以这么说，如果我们可以根据实际现状去进行解读，那么我们预期的那些现象就会自然而然发生。实际上，梦并不是预测未来，而是帮我们认识到行为背后的动力是什么，它们在把我们导向什么方向。

第三个梦："我到了山上的一片高原。在我面前，一个平静、广阔的高山湖泊绵延展开。有一个陌生人背对着我盘腿而坐，朝向湖面，纹丝不动。"

这个梦让尼古拉斯感到平静。他一醒来就想把这个梦境画下来，画完后就把它贴到了卧室的镜子上，这样可以帮他记住这个梦和当时的感觉。这个梦似乎有两个作用，首先是补偿意识的单方面态度，这种单方面意识态度会时不时地让他被工作的责任和其他一些问题所累，无法集中精力。这个梦呈现了一个思考者的角色，这可能是无意识的某种需求，可能是一个被压抑的愿望，希望自己远离那些紧迫的问题，看到远景、泰然自若。第二个作用是给了一种治疗方法，它很清晰地说明了冥想可能会对尼古拉斯有帮助。如果他能从繁忙的工作当中抽出一些时间安静地思考，就能找到生活的平衡。有时，他应该毫不犹豫地拒绝向上奋斗，而是凝视平静的湖水，如此他便可以获得启示。

其他的梦也以不同的方式呈现着这样的信息。尼古拉斯也开始认识到做这些练习的重要性，这些练习能够使他从外部生活中暂时脱离，并且以充满活力和能量的状态回归。他听从了梦的建议，虽然最好的时光和最差的时光纷至沓来，但是当有必要从另外一个角度来看待自己的处境时，他逐渐获得了随意回到梦中山地高原的能力。

第四个梦是我的，发生在分析将要结束之前。它让我知道我陪伴尼古拉斯的角色即将结束。这个梦是这样的："我和尼古拉斯一起登上了一座雪山之巅。我们朝下看，看到一些人和一些机器正在冰面上钻洞，可能是为了捕鱼，非常的吵闹。但是在山顶上的太阳非常的温暖，我躺在雪地上享受着阳光，尼古拉斯还是站着。"

我已经提到过第四个梦和结束有关，需要消解移情关系。这个梦从分析师的角度揭示了分析师和接受分析者之间无意识的关系，这被称为反移情作用。反移情，是一种无意识状态，从正统精神分析看来是危险的，是分析师需要通过各种方式避免的。分析师要保持距离并且客观，在分析关系中不能掺杂自己的个人感情。与这个观点不同，荣格分析师们认为，在长程分析之中，投入情感是理所当然的，分析师也需要参与其中而不是仅仅是处于意识的态度层面上。如果分析师梦到了接受分析者，而这有助于分析师了解他和接受分析者之间发生了什么，就远远好于仅仅基于思维而做出判断。因此，分析师必须始终要关注自己的梦。并且，如果有不理解的但尤为重要的梦，他们可以一起和同事讨论，这样可以尽可能地达到客观。

当我提到这个梦时，我认识到尼古拉斯和我已经走到尽可能远了。我们已经取得了巨大的成绩，而这个成绩在第一次会面中看起来是不可能的。我用的是"我们"，因为我在这段艰难的分析旅程当中也成长了。在分析中所遇到的问题和困难可能并没有完全彻底地解决，但是我们已经掌握了方法。尼古拉斯身上的恐慌感已经不见了，人也慢慢放松下来。是时候从这段关系中撤离了，我思考着尼古拉斯已经走了多远，荣格关于分析目标的描述也不时浮现脑海，它们与尼古拉斯站在阳光下的意象似乎是相关的：

> 生活中最重大且重要的问题在某种程度上是解决不了的，因为在每一个自我调控系统中有内在两极性，它们不能被解决，只能成长和超越。这种在更深经验上的超越被视为意识的一个新高度。个体出现了更高、更宽广的兴趣，而且通过拓宽视野，那些未能解决的问题就失去了它的紧迫性。问题并不是按照逻辑来解决的，而是当面对一个新的、更强的生命趋势时淡出了。问题并没有被压抑住并且使之无意识化，只是以不同的方式出现，也的确变得不同。在较低的层面上，导致了剧烈的冲突和情绪的爆发，从人格更高层级的水平来看，就像从山顶上观察山谷中的风暴一样。这并不意味着暴风雨就失去了它的现实性，相比于身处其中，更像是超越其上。[11]

荣格提到过处理梦的三个方法，它们彼此之间不一定互相排斥。第一个是在客观的角度分析梦，每一个在梦中出现的角色都可看成在现实生活当中出现的一个人物，梦中出现的事件和关系也可能被视为指代现实中的关系和事件，梦是梦者意识生活的无意识反映。或者，这个梦可能是对梦者的一些行为的确认或反对。如果是一个预言的梦，可能代表着无意识想要解决梦者生活中所出现的某些问题。

第二种方式是从主观层面理解梦。我们可以把梦中的人物看作是梦者自身人格的不同部分。[12] 梦者在日常生活中所熟知的人呈现在梦中可能是无意识原型原素的表现。在这种情况下，梦中人物被看成是梦者的一部分。主观层面的分析表明，和现实生活相比，梦中角色会激发起更多的情绪。史蒂文的火化梦就支持了这一点。当史蒂文遇到他的父亲时，父亲不堪癌症的折磨，想去焚化炉快快死去，我们可以确定，主观解释——父亲是史蒂文内化的一部分——最接近梦的含义。

有时候在梦中没有出现认识或熟悉的人物。看起来似乎不能客观层面解释这个梦，我们就改用主观层面释梦。如果梦的角色能够和生活场景的真实事件联系起来，那以客观的角度来解释就会更简单有效。当从客观角度的解释让梦者觉得与他无关或没有意义时，则有必要使用主观角度的解释了。

一个中年女士伊迪斯有个卡夫卡式的梦，更能说明这一点："我被一群人追赶，这群人要消灭我这个种族，在敌人当中也有我的朋友——他们通过轻轻打我的方式来避免更多的伤害，以此保护我。同样，朋友当中也有敌人，可能会背叛我。我醒来时意识到生活当中有些事已经发生了变化。"

在探索这个梦时，从客观分析的角度，我发现第一个值得问的问题是"种族"。伊迪斯是犹太人，所以我问道是否有时被反犹太者歧视。她对于回答这个问题没有什么特殊的情绪反应，因为她没有觉察到由于这个原因而遭受过苦难，在近期也没有发生与之相关的任何事情为此梦的内容提供任何基础。关于敌人中的朋友这个情节，她想到公司里的一些直属男性领导经常以各种方式帮助她使得她获得了优秀的好名声，她认为这些名声是其实难副的。朋友当中的敌人，她推测到，可能是指和她差不多水平的对她的成就怀有嫉妒之心的女人们。但是在某种程度上说，对这个梦进行客观角度的解释，对梦者似乎意义不大，因为这并没有很好地解释她醒来时所经历的强烈感受。

然后从主观角度上来看待这个梦时，就带来了很多不同的结果。"种族"意味着梦者的个性。伊迪斯是一个精力充沛、雄心勃勃的女人。她感觉到有些内心的障碍在阻碍着她：不安全感、对于其他人敏感性的直觉洞察，有时候阻碍了她的行动，使她想要集中精神时却分心。在她的眼中这些个性特质都是敌人，现在这个梦促使她来反思这些东西，并且看看它们会不会给她带来成长的动力。接受个性中的这些方面可能是"轻轻的击打"，"狠狠的殴打"即对自己弱点的无知，这是需要避免的。不安全感，会促使她往外探索，并发展身上那些不足的才智；敏锐的直觉有助于她建立更好的人际关系；如果想要分心的倾向没有被压抑住的话，可能使她能拥有更广阔的兴趣和愿望，这些可能代表"敌人当中的朋友"。

伊迪斯也提到了"朋友当中可能会有背叛我的敌人"，这意味着在人格当中的一些特质看起来本身是有益的，但是有时可能会使用过度。比如一些能量，可能变成了强迫；雄心壮志可能演化为贪婪；目标专一可能演化成冷酷无情。这些内在的特质都表现出她特有的生活方式，也同样反映在她的现实生活当中。当然伊迪斯并不知道自己行为背后的驱动力。在和她工作这个梦的过程当中，我有明显地感觉到这不是客观生活引发的，恰恰相反，正是梦中栩栩如生的无意识状况促成了她现在的生活，而这是伊迪斯所不知道的。这证实了在这个梦中主观的解释是有效的，就像她所回忆的，现实生活中呈现出的困难和之前的情形相似，这些都和梦中所暗示的人格特质有关。

还有另外一种解释这个梦的方法：原型层面的分析。种族是一种归属某个群体的恒定而普遍的概念，人们在群体中找寻认同和安全感，而在群体之外会感受到威胁。然而，事实上我们不确定到底该依赖谁，那些我们最害怕的人可能实际上也很正派和友善。对伊迪斯来说，这个梦中的朋友和敌人是有些模糊不清的。她发现不能依赖自己"好的一面"，有时"坏的一面"和不那么令人满意的一面也会帮助到她，她不得不彻底改变自己的态度。

她必须意识到这个世界上关于善与恶的相对性，并且不能简单地进行正义与邪恶的归类。这个问题是她自己的，但是也带有普遍性，具有原型维度。能够知道我们的问题不仅仅是自己的，也是整个人类都可能存在的，或许这样能让我们感到舒服一点。

关于梦的机制，还可以进行一些补充。我们能够讨论梦是怎么样分类的，以及怎样系统地进行分析。[13] 但是这些都是理论层面的。在分析过程中我们能做的是与梦对话。上面所列出的几条原则提供了通往梦的林荫大道。重要的事情是：记录梦，留心它，允许梦自己说话。完全理解梦甚至也不绝对必要，正如人类最亲密的关系也不一定能够被完全理解，梦也是这样。梦中这个或者那个元素揭示了以前一些未知的东西，也有可能显示了一些几乎被遗忘的素质或者能力，随着时间的推移，梦更多的意义也在不断地被揭示。

梦是从"暂时性精神失调"到"通往无意识宝库的大门"之间的一切称谓。当闭上眼睛时，我们会看到什么，取决于我们入睡时的态度。我们对待梦的态度也可能会影响我们日间的所作所为。

10

把梦做完：积极想象

梦可以成为潜在力量和智慧的来源，但不幸的是，他们也同样具有潜在的困难和问题。比如，我发现要理解梦很困难。它们通常是模糊不清的，似乎再多的反思和检验都不会让我们感觉到已经触碰到了梦的精髓。梦可能会被我们弃之一旁，直到未来某个时候它们变得更加清晰，其间我们可以把它们记下来，在脑海里时不时地反复思量。

既然做梦是无意识自发的功能，所以即使做再多意识层面的努力，我们都无法"致使"梦清晰地显现出来，更无法完全掌握其内容，让它们在需要的时候满足我们的需求。无意识就像是一座大银行的保险库，里面储存着所有从我们的祖先那里继承来的财富，并且同时，作为个体，我们也会往里面存入自己的财富。所有的这些珍宝都属于我们，我们常常以为可以自由支配它们，但麻烦的是我们没法按需随意地提取。我们必须等待，一直到守门人准备好打开它，那时我们必须在场，并且接纳任何被给予的东西。只能是守卫打算给我们多少，我们拿多少，无法多拿。这样可能就会有时给的太多有时又不够，无法满足我们的需要。又或者是空等一场，什么都没有。与守护梦这座保险库的守门人相比，人格中的自我的部分是羸弱、无力的。

梦并不是唯一变幻莫测的。对于自我来说，无意识的其他秘密也同样无法触及，并超出自我的处理能力。在心理分析的过程中，我们可能需要找到其他途径来接近这个混乱的下层世界，它会在我们最意想不到的时候侵入我们的生活，又常常在我们试图对其深入探索时逃之夭夭。

从自我的观点来看待这个问题，我们会发现有两种情况需要采用一些特殊的方式来与无意识进行连接，而不是采用直接分析梦的这种方法。第一种情况是，个体的自我将无意识拒之门外、个体的能量不能流动、没有灵感、无法真实表达，甚至是体会不到任何感受。在这样的情况中，梦可能完全不会出现，或者是过于零碎和肤浅，这在临床上是毫无价值的。第二种情况则恰恰相反：这时自我非常主动地攻击无意识，刺激无意识产生大量的内容——梦、幻想和乖僻行为的倾向——这远远超出了自我进行有创意或有成效地处理的能力。

无意识会从自己的角度对无意识进行工作，而不是从自我的角度进行工作。无意识可能会自发地使自我淹没于如焦虑、恐惧、强迫性的想法以及幻想这些内容中，从而威胁到了自我的存在。或者在某种意义上说，这是一种更不明显但更痛苦的处境——无意识慢慢与意识自我分离，使得个体感到对那些可能有意义或者重要的事情失去联结。

当然，这些都是显而易见的可能性。它们本身是没有意义的，但它们提供了分析过程中讨论特定人类经验的框架，从而产生了第三种元素，它比梦更短暂和随意，并且能够运用于治疗过程中。这第三种元素，称作超越功能，既不属于自我的范畴也不属于无意识，但有能够通向两者的入口。它立足于两者之上，也参与到两者之中。就像是自我和无意识是处于三角形底线的两端，而第三种元素位于三角形的顶点，超越了自我和无意识，但同时也是与它们相互连接的。这超越功能通过分别与自我和无意识的独立连接，使得自我和无意识能够分别获得自主性，并通过这种方式来联合它们。

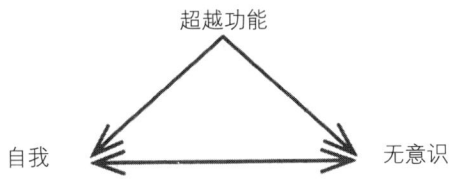

在不少案例中,自我和无意识的关系非常紧张或不和谐,它们正是我们观察超越功能是怎样运作、怎样来发挥作用的最好例子。在莫林(Maureen)的案例中,她在分析过程中遇到的一个核心问题就是,自我修筑起了一堵围墙来对抗无意识对其的猛烈攻击。

莫林开始接受我的治疗是在她从精神病院出院之后。因为曾用剃刀狠狠地划割自己的手腕,她在精神病院里待了六个月,现在精神病院里的治疗师不愿意继续与她进行门诊治疗。她第一次来见我的时候,尽管她的实际年龄已经十九岁了,但她的外表和举止就像一个吓坏了的十二岁的小女孩。她会蜷缩在我办公室大沙发的一角里,似乎想要让自己消失一样。虽然她没有表现出任何的感受,但是她会清晰地回答我开始时的每一个问题。她说,她的前任治疗师让自己不要再给他打电话,她感到自己被他拒绝了,"就像其他人一样。"原来她的父亲是一名成功的商人,兴趣广泛,很少待在家里,几乎没有时间参与莫林成长的过程;他要么是在工作,要么是驾船出海,要么是跑去开飞机。她的妈妈一直都待在家里,但是在她生弟弟之前,三岁半的莫林对她几乎没有什么印象。妈妈生了弟弟之后,患上了严重的抑郁症,所以住院治疗去了。妈妈和这个新生儿似乎同时从家里消失了。实际上,她的弟弟被交由一位阿姨照看,但莫林觉得她的妈妈选择了带着弟弟离开,遗弃了她。莫林的奶奶来到家里照顾她,那时她的爸爸也很少在家,直到三个月后她的妈妈回来了。从那时开始,莫林对妈妈的印象就是冷酷无情的。她对这个在自己小的时候离开了自己的妈妈只有怨恨。所以当知道她的妈妈曾对她说:"你不是我们期待的孩子",我一点儿也不吃惊;莫林在告诉我这些时,说她就知道这是真的。

莫林几乎无法和我进行更深层次的交流。我不得不一点一点地获悉她的生活事件。她很少能够回忆起过去的事，而这些事情只有通过我主动地询问才能被带到意识的表层。不是她不愿意回想，而是似乎她生活中的任何一种关系都被阻隔到这样严重的程度。所以在大多数时候，她会坐在椅子里，眼神游离，玩自己的指甲，草草地回应我的问题和观察，通常是单音节的回答，如果她开口的话。

但是她的确是在尝试沟通。有一次，就在她要离开我的办公室前，她给了我一首诗，说是她在某个地方发现的。我读着它，那是我看到过的对解离性障碍最美的诊断：

> 另一个人的笑是担忧的
>
> 天空下暴露着我的脸庞和我的头发
>
> 组成了词语从我的嘴里滚出
>
> 一个人是拥有金钱、恐惧和护照
>
> 一个人会吵架和爱
>
> 一个人离开了
>
> 一个人挣扎着
>
> 但那不是我
>
> 我是那另一个人
>
> 不会笑
>
> 没有脸庞暴露在天空下
>
> 嘴里也没有词语
>
> 一个自己都不认识自己的人
>
> 不是我：另一个人：永远是另一个
>
> 一个既没有赢也没有输的人
>
> 一个不会担忧的人
>
> 一个不会离开的人

> 另一个人
> 不在乎他自己
> 我对他毫无了解
> 没有人知道他是谁
> 他不能令我感动
> 那就是我

我知道她是在尝试向我解释她的感受，这首她发现的诗替她描述了她想说的话。很明显，她内心中有两个冲突的对象，自我即被表征为一个不被人理解的小姑娘，以及一个表达自己时不会觉得难为情的更强壮的、更年长的、更聪慧的人。我们开始讨论这样的两个人，尽管莫林并没有给我太多回应，但是我感觉到我开始慢慢接近她。

然而，更多的时候，她只是坐在那里，一个小时里几乎不说什么。接着，在治疗快要结束的时候，她会变得黏人，开始说出一些显然已经在她头脑里萦绕了很久的内容。她试图通过这种方式来延长我们的治疗时间，以及控制我——她肯定感觉到了我不希望扮演一个拒绝的母亲，当她想要倾诉时把她推开，这当然也是真的。更重要的是，她也知道我不会错过在这最后时刻抛出的诱人的少量对话。一直以来都让我吃惊的是，病人对于治疗师的弱点和敏感点能够有如此准确无误的把握。我能看到莫林差点就让我无法在她和她的无意识材料之间起到斡旋的作用，而且我现在也清楚了为何她的前任治疗师会如此热切地转介这个案例。莫林正在尽她所能地让我们的治疗时间变得无效。

一天，她甚至比平时更为沉默寡言。她承认，自己害怕诉说。那次治疗的最后，她哭了一会儿，正当她准备要离开时，她从自己的钱包中掏出了一张小纸条递给我。上面是她工整的女学生的手写字迹，她写道：

"电话亭是能够藏身的乐土。我猜那个小女孩的问题在于她并不想让那个大女孩来照看自己——那个大女孩没有情绪没有感受——她很冷酷、严厉、强大而勇敢，但是那个小女孩并不想成长为一个没有感受的人，她害怕大女孩可能会对她做的事。小女孩都是讨厌鬼，她们做事情没有效率，碍手碍脚的，她们会有大女孩没有的感受和需求，而且当她们被忽略时，她们会大喊大叫，但有时候在吵闹得声嘶力竭过后，她们会放弃并且退缩到角落里，拒绝再做任何交流——这正是这个小女孩所做的——而她现在正是坐在角落里拒绝长大。大女孩喜欢她这样，除非有时候这样会带来些惹人厌的事，因为只要她一直待在角落里，就不会有人关注她或者爱她。发展期的女孩比退缩的小女孩要棘手得多，发展期的女孩需要母亲，而大女孩并不想成为一个母亲——她几乎不知道一个母亲应该是什么样的——并且发展期的女孩会一直大吵大闹，不愿停止，所以这个小女孩别无选择，只能一直保持弱小、沉默，而大女孩则一如既往地用她的冷酷来保护自己。"

这就是关于她自己和"他者"的全部故事。莫林清晰地呈现了自己的感受，她过去的成长并不包括真正在情感上成长。她告诉我，在医院里她被允许退行至六七岁女孩的心智，她喜欢自由和无拘无束的状态，可以用蜡笔画满厕所的整面墙。现在，她说自己仍然喜欢并且需要当一名小女孩，这样能够逃避责任。但还有"大女孩"。这个人物形象的原始模型有可能就是莫林的母亲，但这个大女孩同时也是莫林的其中一面，是她希望能够成为的，并且从某种意义上来说已经成为的样子，尽管她还没办法去承担相应的责任，以及发展出应有的成熟态度。

她所写的并不只是虚无的幻想，这是她有意识尝试将她"小女孩"的自我意识与承载了她所有成长需求的让人害怕的"大女孩"形象进行连接。莫林并没有从她的梦中得到任何帮助，而是偶然发现了超越性功能的雏型，从而在弱小的自我以及无意识力量之外找到了一个新的视角。这样的一个视角能够同时观察到大女孩和小女孩，能够看到两者之间的关系。当我们谈论到写着电话亭内容的纸条时，莫林第一次能够公开地承认自己的恐惧，但她受到的恐惧明显要远比她所表达出来的多得多。我觉得这是一个非常好的时机来帮助她逐渐认识到自我和无意识之间的相互影响，这种影响会利用想象来呈现超越功能的作用。

通过这种方式展示出来的想象与幻想有所不同。荣格将这种想象的使用称为积极想象，来区分一般的被动想象——那不过是自发的幻想。积极想象的出现是意识化，是努力促进无意识与自我对话的结果。另外，既然无意识在其言语交流的方面并没有受到限制，就有各种各样的方法可以接近它。莫林在语言表达上遇到了很大的困难，因此她的积极想象需要一种媒介，来让不受限制的想法和感受能够双向流动，从无意识到意识，以及从自我到无意识。我想起了她在医院里很喜欢的蜡笔。蜡笔让她能够自由地表达自己的被动幻想，并不需要有意识的将这些幻想引导到任何方向上。现在也许我们可以进行到下一步——积极想象，通过这种方式能够让无意识有机会表达自己，也为自我提供一些工作的材料。我建议莫林，改变往常的工作方式，尝试和我一起坐下来，画些画。她同意这样做，甚至是表现得有点热切。我建议她可以在治疗过程中随时画画来表达她对自己的感受。

她在画画的时候，我回想了在我们分析的两个月中发生在她身上的事。她找到了一份文员工作，做一些日常的办公室事务，努力让自己像机器里的一个零件一样融入办公室。她很努力，平淡冷漠，近于强迫似地让自己完成工作任务。她的老板对她的工作很满意。她一个朋友也没有，下班后总是径直回到自己的小公寓，一个人待着，然后第二天再去上班。

很快，莫林就画好了。画上有一个处于奔跑姿势的火柴人，细细的身躯上顶着一个圆圆的大脑袋，身后是一群相似的小人，其中领头的有一个人显得很突出，明显也是处于奔跑当中。我问她这画的是什么。她的回答是："我正在逃跑，他们都在追我。如果我停下来的话，他们就会伤害我。只有跑得比我快的人才能和我进行交流。"莫林的自画像让人同情，虽然画着笑容，但是她的面孔毫无个性特征，身躯没有性别特征，似乎没有重量或实形，只是支撑脑袋的、能跑的某种东西而已。那群人对她来说，只是"他们"，是除了她之外的所有人。换而言之，"他们"指的是对无意识的恐惧。那是一种难以形容的恐惧，但它有着人形。通过一种新的方式，莫林能够看到自己以及自己所害怕的东西。

看起来，分析这些涌出来的感受的意义似乎不是很重要。相比之下更重要的是，我们从整体上来看这幅画，发现了她内在的一些东西开始能够呈现，这种呈现不一定是通过语言的方式。我们都承认画画能够帮助我们更多地了解她的内在，尤其是难以触碰到的那一部分。为了巩固这种效果，我给了她一盒蜡笔带回家，"万一你感觉想要让自己的另一面告诉你更多的事情，你可以画出来。"

在下一次的分析中，莫林带来了两幅画。第二幅画看起来非常像她在我办公室里画的第一幅画，但是有很重要的不同之处。首先，她认为代表了自己（自我）的小人现在带着一盒蜡笔。莫林给这幅画命名为"带着蜡笔奔跑"。我感觉蜡笔是超越功能的视觉化呈现，它们现在整合到了画中，使得无意识的内容能够流入意识。从另一方面来说，蜡笔代表了我在治疗中的中介者的角色。在治疗刚开始的时候，对病人来说，分析师通常是带着超越功能的，向接受分析者展示如何利用治疗过程中的新突破来推动进程。面对无意识，其实是面对以往被简单地遗忘掉的痛苦，而对于某些人来说，正是因为想要逃避痛苦所以才导致了神经症状的产生。所以，为了消除那些长久以来所害怕的危险，接受分析者需要有人来陪他们一起突破，那就是分析师。在莫林的画中，所有的一切都被蜡笔所表达出来。更进一步来说，也许蜡笔是她的一个神奇的护身符。

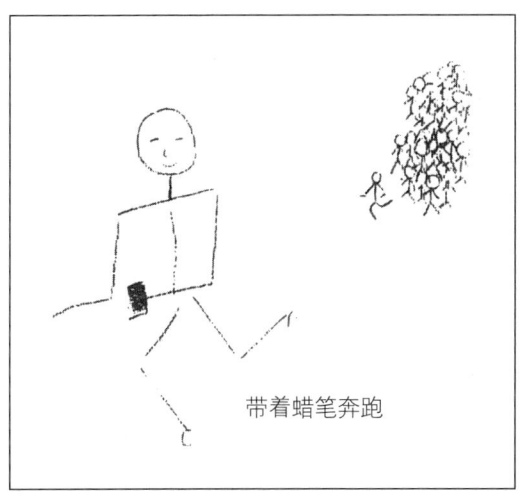

带着蜡笔奔跑

这幅画与第一幅画的另一个不同之处在于，在第一幅画中，描绘自我形象的笔画是较为犹豫的，是粗略的线条。而在后一幅画中，笔画是清晰和确定的。而且有趣的是，第二幅画中的人群比第一幅画中的要小了许多。

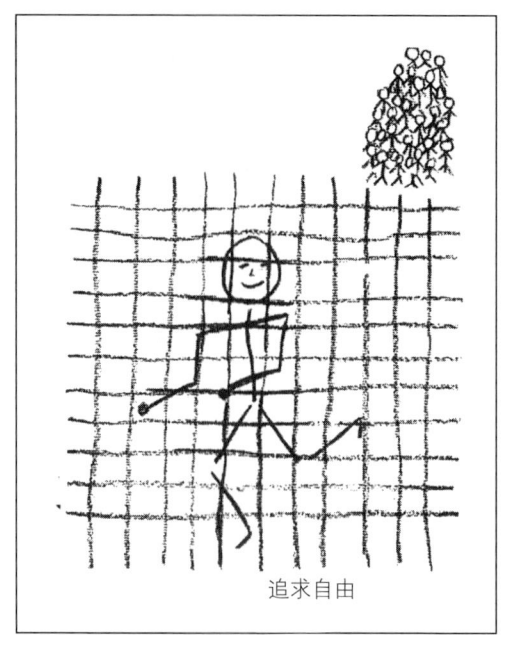

追求自由

第三幅画上显示她迎头跑进了一个栅栏或者铁丝网。"他们"仍然跟在她的身后，但是人群比前一幅画中的还要小，人群前头也没有单独的人。这幅画的标题是"追求自由"。我问她，这个小女孩还能一直这样逃多久。当她开始画画的时候，她将这个问题带到了无意识中。这就是她的答案："有一天，你会遇到某些事，阻止你继续逃跑。追求自由意味着能够停止逃跑。这就是你想要的，同时你也会意识到这点。"我从这幅画中看到了希望。这是她第一次表达出知道事情有可能会发生改变，在任何一个节点都有可能"追求"。

在分析的过程中，我建议莫林也许可以采用比蜡笔更随性的方式，来给予无意识似乎一直在追求的自由。我们拿出了手指画颜料，她选择了艳金黄色，再蘸了一层鲜红色。然后她用指甲画出了围绕着一个中心一圈套一圈的、螺旋的圆形。当她停下来时，她画出了一幅曼荼罗的原始形式，这是对中心这一主题的自发性表达。我感觉这幅画的创作把她人格中的意识元素和无意识元素整合为一个相互融合的整体。尽管看起来无意识提供了一个意象——

对自性这一闪耀着太阳刺目光辉的匆匆一瞥。尤其是这一意象是来自这个沉默、不显眼的、喜欢躲进电话亭或者缩在沙发角落的女孩，这真的很让人震撼。这幅画让人振奋，这是一种不需要过多用语言谈论的体验。不用解释，它已经对莫林起了深刻的影响，我已经在她身上感受到了。

在这之后，有一段时期事情发展得非常顺利。她的害怕比以前少了许多，她也渐渐开始比以前说得更多。她谈论自己的工作和自己每一天的经历。她开始有兴趣装饰自己的小公寓。但是，我知道恐惧仍然存在，即使她几乎不提。我并没有拆穿她，我会尝试尽可能地接近她的感受，让她知道我不仅是在对她做回应，也是在跟她一起回应。在这段时期，她回想起了生活中的许多细节，它们开始形成了一种模式，能够对应于那些她独自在家中沉静时，用蜡笔把浮现的意象表达出来所做的画。她把画带到咨询室。渐渐地，"他们"开始在规模上缩小，最后甚至没有了腿和手。在一幅名为"跑向她的朋友，灰鼠（Gray Mouse）"的画中，她的奔跑已经明显没有那么狂乱了。

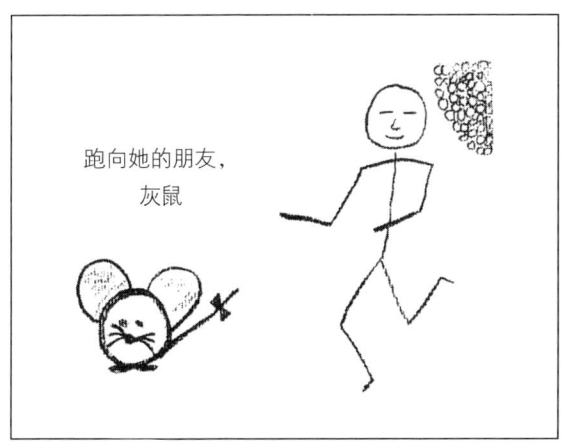

这时她告诉我，她的卧室里到处都是收集了好多年的毛绒玩具，她常常会对它们倾诉。在下一次的分析中，她怀里满满地抱着几个毛绒玩具，带它们来见我。很明显，它们也在帮助她处理让她害怕的无意识内容。而她告诉我这些、告诉我这个秘密，也显示了我带给她的超越功能深入她内心的程度。我感到她对我的依赖发展得太深了，尽管这种依赖使得莫林能够建立一段让她放心表达感受的关系。她对我总是有所保留，似乎就像她越多地谈论自己，她就越害怕克服自己的神经症状，然后她就会"痊愈"了，她就会失去治疗师的支持，独自一个人地回到现实世界中去面对那些未知的事物。她希望我能够成为她一直想要的母亲，她不断地向我寻求建议，给我特殊的小恩惠，用这样孩子气的方式试图迫使我扮演母亲的角色。

有一次她告诉我，她考虑搬去和工作上认识的一个女孩同住。这让我多少有点惊讶，我回答她，看起来她似乎已经做好准备要和别人建立一段持续发展的关系。当我说出口的时候，我马上就意识到了我不该这样说。在那次分析的最后，她就一直坐在沙发上不肯走。接下来的几次分析都进行得异常艰难。她似乎退缩了。最后她猛烈地攻击了我：

莫林："你试图破坏一切。"

治疗师："破坏什么？"

事实证明，她在试图捍卫自己的堡垒。我意识到她在对抗的是一直以来害怕的旧的母亲的意象，代表着一个充满敌意的世界，在其中她被视为入侵者。我鼓励她，并且表达我相信她会好转、可能不再需要治疗的信心以便尽量将她的防备卸下。隐藏在其他所有恐惧之下的深层恐惧现在出现了。那是一种可怕的空虚感，在她所有问题的背后可能是空无一物的，所以她才会如此绝望地捍卫和对抗。"当你还举着枪时，我不能放下我的枪"，这就是她对我说这句话时的感觉。

当下一次来的时候，她很紧张，有一种距离感，我感到她无法触及。她说："我不想说话，我觉得要疯了"。当我建议说，她可以画下自己的感受时，她立即就同意了。她用手指画颜料画了一幅，接着又是一幅，都是火柴人样子的女孩的自我形象，都是在奔跑。最后，我鼓励她给我看那个女孩在逃离什么。她怒火十足地画着，画中跑在前面的小人几乎就要被身后追来的小人给赶超。她盯着画，冷酷地说："他们中有一个必须得死！"

这标志着治疗中最残酷的时期就要开始了。莫林在测试我，她甚至不惜摆出一副想要再次自杀的姿态，而这显然不是她真正想要的。她认为我会把她送到医院，会像她妈妈曾经所做的那样拒绝她，可是我并没有。我问她，我是否能够相信她是愿意坚持下去，继续就自己的问题进行处理的。她说是的，我就相信她了。慢慢地，她又能够信任我了，而这一次，她在治疗中的状态与之前明显不同了。那些画帮助她了解到自己是能够有办法来接近和观察无意识的。她不再需要将自己与无意识隔离了。

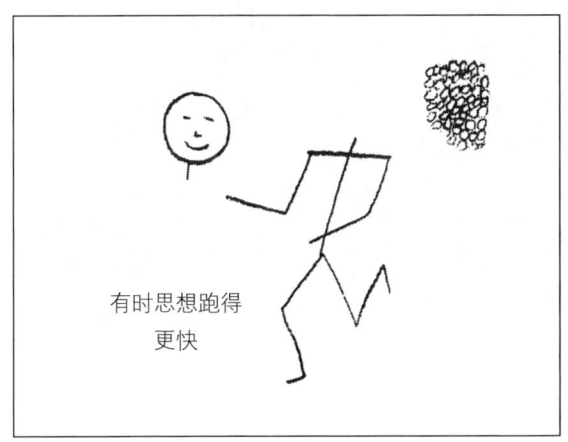

一天,她带来了一幅画,名为"有时思想跑得更快"。她说自己拿出了蜡笔,然后向自己的无意识问了一个问题,"我为什么会害怕?"然后她想象出了一个意象。现在呈现在她面前的还是同样的小人,但是这次,头和身体是分开的,头跑到了身体的前面。"他们"已经落后得很远,隐隐约约地在远处的背景中。我问她画中发生了什么,她笑了:"我的幻想生活跑在了前面,它作为一个独立的个体和我是分离的,我总是在努力追上它。看起来我并不是在逃离其他人,不管'他们'是谁,我奔跑是为了要追上我脑袋里的东西。"

接着她再次想画手指画。她画了这个系列的最后一幅画。画中的小人坐下来了。她看着自己的画,明白了自己最后终于可以停下来,不再奔跑。她能够允许一切有可能的事情发生。她开始渐渐明白——就像她的画在某种程度上是自发形成的一样——她的内心中有某些力量需要得到表达,它们会一直跟随着她,就像她的影子一样,无论她怎么努力,都不能摆脱它们。一个人不能摆脱掉本来就是自己的那一部分。那些画为她提供了一个视角,能够让她超越自己的日常观察,又不会屈从于无意识。她能够客观地看待自己的挣扎,从而以一种新的方式来面对它。

从分析过程的这个时期起，莫林开始有了梦，进入到螺旋发展的自性化过程的另一个阶段。

积极想象，实际上是一种对待无意识的态度。不能称它为是一种与无意识建立连接的技术或方法，因为对于每一个能够使用它的个体来说，都是一种截然不同的体验。所有形式不同的积极想象都具有共同特点，即认为无意识的内容包含了决定人格潜力和限制的先天结构（原型）。分析心理学通过使用积极想象的特定方法，与使用其他技术接近无意识的治疗方法有所不同。积极想象能够促使分裂的自我和无意识进行整合，通过使用无意识本身的资源，原本四分五裂的材料慢慢地进入到与意识自我的关系中。而治疗师允许这种对话在不受干扰的情况展开，材料能够在数量和时间框架上准确地呈现，让个体能够去处理它们。一旦这些材料开始通过文字或者一些其他的方式呈现，来访者可以独自一人或者在治疗师的参与下，以更加客观的态度去看待它们。

格哈德·阿德勒（Gerhard Adler），一位在积极想象方面留下深远影响的荣格分析师，他的著作总结了积极想象与其他对无意识材料进行工作的方法的不同。

> 其理论的根源赋予了分析心理学方法与众不同的特性，也构成了这个流派发展的基础。而这一理论的绝对导向性和严肃性在于，它接受无意识的真实存在，确信无意识的内容是人格整体必不可少的一部分。正如荣格经常强调的，无意识不仅仅是压抑的性欲或权力意志，它是意识心灵的基础、是我们心灵极富有力量和创造性的层面。无意识中包含了人格整合所必需的所有因素。无意识对于我们内心的真实需要有清楚的认识，知道怎样去整合和实现它们。只有当无意识被理解为"客观心灵"，包含了所有对人格的完整性有影响作用的调节和补偿因素时，才能解释为何我们会建议来访者以这样直接和有力的方式来面对他的无意识[1]。

积极想象也是有它的危险之处的。它不像梦那样受到自身的限制，因为我们终究会醒来。积极想象也许会让人太过着迷，甚至将个体往无意识的方向推，从而威胁到自我的位置。对于一个防御能力很好的自我来说，危险没有那么大，个体会不断地把自己发现的内容带到意识中，和自己的想法或环境结合起来。这就是莫林在治疗开始时的情况，但即使是莫林，也有这么一段极度危险的时期，当时她曾一度感到自己画中的两个人物形象之一可能会要被杀死。

查尔斯（Charles）是一位心理学专业的研究生，现在是一家精神病院的实习心理治疗师。与莫林不同，他在接近自己无意识的过程中走向了另一个极端，有很多与他相似的人。如果莫林是在抵御自己的无意识，查尔斯则是想要潜入到头脑的深处。他服用了两三次迷幻药（LSD），还经常吸食大麻，但是这种行为最近越来越少了，因为他开始意识到自己接触的无意识材料超出了自己的理解范围，比起积累了大量无意识材料的狂喜，更重要的是能够从中提取出意义。他的梦都是些集体无意识的材料。那明显已经超出了我们处理的能力范围，所以当他提出想要尝试积极想象的方式时，我犹豫了。不过，显然查尔斯个人对于幻想痴迷的程度，绝不是一个清楚认识到自己是内心强大、和谐的人会表现出的样子。在某种程度上，他认为自己内心过于平衡了，这提醒了我，他可能正在让自己的梦和幻想适应于完全从意识角度所主导的计划。他兴致勃勃地想要了解他正在研究的心理学机制是怎样发挥作用的，了解怎样从理论和临床上去解释各种行为。

他喜欢和朋友聊天，从中赢取他们的信任，再运用自己肤浅的理解去"解释"他们透露的生活隐私。查尔斯认为有必要去探索每一个朋友的情感史，不管这段交往有多短暂。他个人并没有参与得很深，当朋友们和他在一起，他去揭露别人的情绪时，他也并不感到有任何责任持续提供帮助。事实上，他似乎并没有感受到，别人已经不再关心那些关系了——他们当然不会与他分享任何重要的关系。他对于个人关系的态度，有人可能会认为是"伪临床性的"，只是一种临床的好奇，却缺失陪伴的责任感。

在他的研究中，查尔斯仔细地对待分配给自己的任务。他以高度专业的态度来执行自己的研究计划和撰写论文。他遵照了所要求的形式和内容标准，也达到了教授对他的期望，把他们想要的内容交给他们，甚至是他们都没有意识到那就是他们想要的。概括来说，查尔斯在研究生时期过得一帆风顺。

在事情的表象下，有些东西却并不是那么顺利。查尔斯总是感到有压力要去研究、去发掘、去同女性建立关系。他总是在探求原因，他总是在操纵自己的思想，在经历任何体验后，他都强迫性地要把它们放入到自己建构的心理学理论框架中。可能有人会问，查尔斯所做的不正是我们一直在谈论的，对自我有更深入的认识吗？表面上看，确实是这样的，但他并没有以自性的目标为向导，为自我在整体心灵中找到合适的位置，更不是想要让自己作为一个个体融入到包含其他个体的世界中。似乎对于他来说，这样做一方面是为了让自我尝试去掌控自性，另一方面，则是为了让自己能够主宰其他人的心灵领域。查尔斯对于无意识材料的痴迷看起来是为了避免采用一种干巴巴的、优越的、知识性的研究方法，但他对待这些无意识材料的态度是出于一种富有优越感的控制性自我的立场。正是在这样一种矛盾的情况下，他提出想要尝试进行一些积极想象。

我建议说，画画对于他来说是一个不错的手段，因为他以前曾学过画画，他有足够的技巧，那样就不会因达不到他在所有领域的强迫性的完美主义要求而气馁。我建议他可以花点时间对着镜子好好地观察下自己，然后不要考虑自己想要去画什么，只是简单地在画布上表达，让画布来回应他的画笔。画布也许可以成为一个载体，呈现出反映的内容；我也没法再多说什么，因为我并不比他有可能会呈现的东西知道得更多，如果，真的会有什么东西呈现的话。

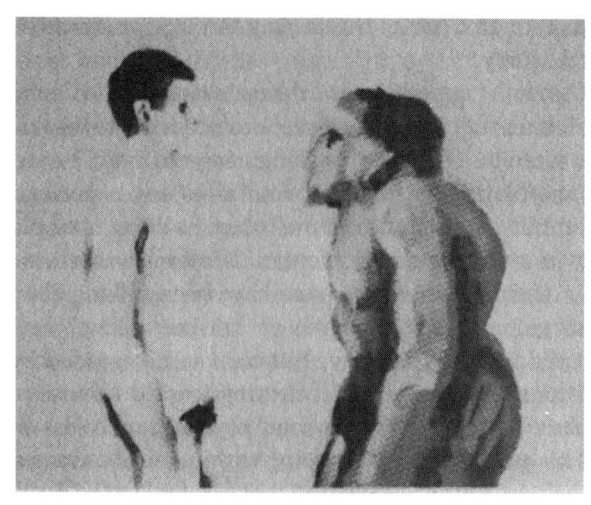

在下一次的分析会面中,查尔斯带来了一幅巨大的画作。我马上就感受到了背景颜色带来的冲击,生机勃勃的亮黄色,闪耀的光芒让人觉得似乎是在直视骄阳。画中有两个男人。一个是脸色苍白,胸膛消瘦,大腹便便,稍微带点疲软之态,有着粉色皮肤的白种人。他看起来跟查尔斯有点像,但是更虚弱和苍老。另一个人的外表看起来像是尼安德特人(Neanderthal,穴居人),比第一个人矮一些,头发蓬松,土灰色的皮肤,有发达的肌肉。这两个人身体赤裸,面对面地站着,目光相互对视着。查尔斯告诉我:"这幅画是自发形成的,所以当那个猿人出现时,整幅画显得非常神秘。我一开始是在描画一个缩成一团的、椭圆形的意象,而最后就出现了他。"

这清晰地表达了一个场景,意识和自性意象分离,和能够触碰到心灵的最原始部分以及原型层面的无意识失去了连接。这个头脑发达的聪明人第一次遇到原始的一面,当本能行为被彰显,它不能也不会参与到理性思维过程中;而那个肤色较深的男人是非理性的,至少根据白人先入为主的观念中对理性的认识来判断是这样。因此,深肤色的男人的这一面对这个久经世故的学生是毫无价值的。在他看来,这是"疾病",而他在自己身上并没有找到任何疾病。而这是世界的疾病,这种疾病集中体现在那些精神障碍患者身上,是那些在他看来不如他自己发展"平衡"的人的疾病。

对于他来说，作为一名职业治疗师，与这些在他看来没有自己发展的好的、不幸的人们工作，是很有意义的。但是当人类最原始的意象出现在他的画布上，与他衰老悲伤的自我意象面对面，我们就已经不能回避这个证据：这是他自己心灵的两种元素。遍布画上的亮黄色给了我们一种清晰的感觉。不能再逃避这幅画的含义了！

后来查尔斯又自己创作了许多画，不再需要我的建议。他只是漫无目的地坐在桌子前，让意象出现，然后他再把它们转绘到纸上。其中有一幅画，他把它命名为"非洲"。那是一个巨大的图案，有点像非洲大陆的地图，分解成了许多形状和颜色各异的碎片。对此，他说："我一层又一层地叠加色彩。我对那晚的唯一印象，就是感到我需要去建造和改变，我需要不断的改变。"

这标志着一个漫长的绘画实验的开始，他允许它们以一种近乎自发的方式来"描绘自己"。在这期间，查尔斯慢慢地感到对自己职业治疗师的这个工作有所不满。他与病人一起工作时开始感到了绝望感。他没办法日复一日地接待病人，只能和病人在治疗室里每周工作一两个小时。让他烦心的是，精神病医生认为他的工作忙碌而充实，所以丝毫没有留意这种绝望感。

大约在这时，查尔斯会做一些关于冲突的梦，男人之间的，兄弟之间的，或者是他自己与一个敌方士兵、与某个罪犯、与无法控制的冲动、与不被社会认可的一些方式之间的冲突。他认出了这些形象都是那个猿人的一部分，慢慢地认识到尽管这个角色不能与他意识的自我意象相容，但还是有一些优秀的品质的。首先，这个猿人很有力量，很有耐力。一旦他决定了要做一件事，是不会轻易退缩的。他不会优柔寡断，嗅觉特别发达，对周围的环境有敏锐的感知，能够直接和自动地对环境做出反应。而在查尔斯看来，自己恰恰相反，优柔寡断，身体甚至是有些虚弱的。他必须要依赖于自己的意志和思维来确保自己的优势。他的技能都是后天习得的，而他觉得唯一能让他保持领先地位的，就是要学习更多知识，发展更多技能，从中发掘出自己的优势。很明显，他在生活中缺失的正是猿人的那种蓬勃的生命力，他的这种生命力被封装在无意识中，等待他能够用一种不带偏见的方式来体验它。所以，他开始与自己的身体接近，通过允许自己用一种比较意识化的方式来体验自己生理上的感受，用一种开放的好奇心来面对自己的感觉，允许自己思考生活经历，并加以表达。表达的形式可以是任何类型的，但是必须是比纯粹的思考深入的，能把他的心灵体验转化为艺术形式、语言形式或者身体活力。

在这期间，猿人的意象时不时会在梦里出现。终于有一天，查尔斯认为是时候通过积极想象的方式来直接面对这个阴影形象了。但是，正如他后来提到的那样，他其实并不知道该如何进行。言语的交谈是不可能的，因为猿人只会发出含糊不清的喉音。他想也许可以和这个猿人一起跳舞——跳舞同样也是一种交流的形式。但是当他尝试这种方式时，完全无效。所以他独自坐在房间里，面前的桌子上放着铅笔和纸。这个猿人出现了，坐到他的左边，坐在桌子前。

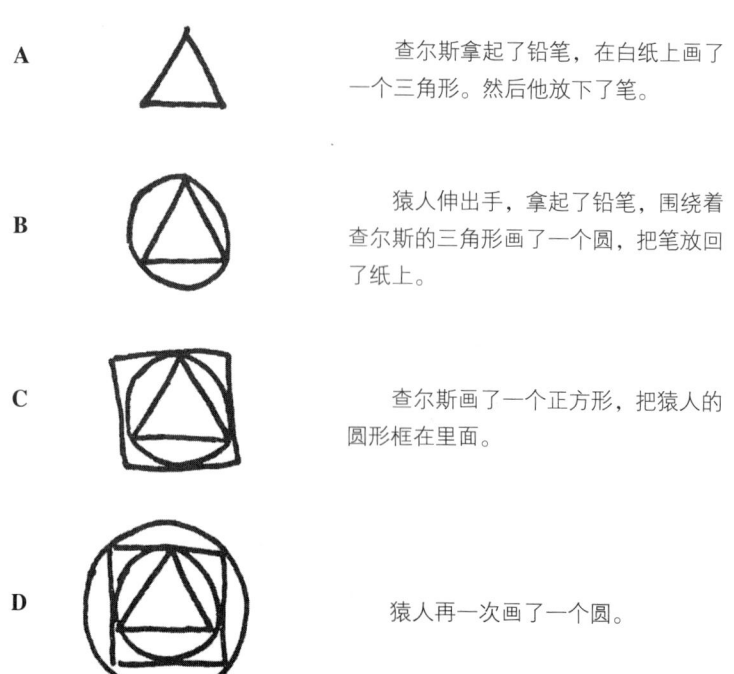

10
把梦做完：积极想象

E 接着查尔斯画了一个更大的正方形，与自己画的上一个正方形有一个 45 度的角度。

F 然后猿人画了一个十字。

G 查尔斯也画了一个叉来回应，但这个叉困扰了他。它并不"整齐"，他认为这些十字的交角应该与三角形的交角对齐，但事实上并没有对齐。

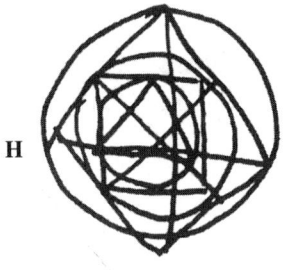

H 猿人又画了一个大圆圈，把之前所有的图形都括进来。

荣格心理学的实践——心灵的边界
Boundaries of the Soul

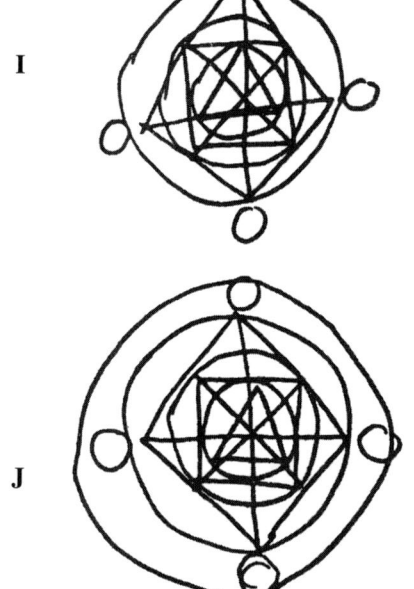

I　现在查尔斯画了四个小圆圈。查尔斯感到了幸福。

J　猿人再一次画了一个圆包围之前的图形，然后就消失了。

这两个人共同创造的画最后成了一幅曼荼罗圆圈，对应着象征整体性的许多象征，这些象征常常在冥想中用来帮助集中注意力。他的曼荼罗要求我们做一些冥想，我们就转而开始将部分整合起来。查尔斯先进行了一些联想，我建议他做一些扩充，就从最初的三角形开始。

[A]"这是一个我们在自然界中任何地方都找不到的形状。它就像箭头，运动着的，动态的。三是一个阳性数字，这个三角形就像是男性生殖器的布局。三是神圣的三位一体。又都是男性。"

[B] 猿人画圆圈围住了三角形。圆形是自然的形状，太阳，月亮，花的形状，在自然界的许多地方我们都能看到这样的形状。猿人是属于自然的。

[C] 这是圆形外面的正方形，这象征着包围自然的奥秘。正方形代表了第四种元素加诸男性的三位一体。这第四种元素是另外的东西，可能代表了土地，也许是恶魔，或者阴影，又可能是带来了女性元素。一个曼荼罗开始

涌现。

[D] 再一次，自然包含了万物。

[E] 现在是一个新的正方形，这个正方形是由三角形组成的，就像查尔斯一开始画的三角形。一变成了四。

[F] 一变成的四，现在又分成了四个四分之一。这次，猿人从自己原来一直画的圆形，改变成尝试画文明人会画的直线。他开始吸收另一个人的一些东西。无意识受到了影响，因为这两个人物的交流而发生了改变。

[G] 查尔斯，作为自我的形象，当无意识的这部分靠近意识，开始以意识的方式来运行功能，也就是说画出了直线，这种非自然的、属于人类的结构，他感到了惊慌失措。

[H] 最初的圆形被重申。自然仍然会持续，尽管它已经进入到了自我的领域中。查尔斯不必为自己本能这一面的靠近而感到受威胁。

[I] 就像是要证实自己没有感到受威胁，查尔斯冒险地进入到了猿人的体系中。他靠着猿人的圆圈画了四个小圆圈。

[J] 整体被猿人以一个圆包围了起来，这两人所做的曼荼罗也就完成了。现在查尔斯的意识自我和粗犷的原始人之间有了一种新的联系。意识的地位并没有受到威胁，另一方也没有受到压抑。当这一象征帮助他与自己未知的内心深处建立起连接时，查尔斯体验到了幸福感。他不会忘记这个意象；有时他会回想起这一切，再一次体验到他第一次对此冥想时感受到的内心和谐。

几个月后，查尔斯再一次遇到了这个原始人。这次是以梦的形式。

"我看见猿人毫不费力地用双手将我高举，非常的温柔。我感到很安全。然后他把我放下来，我们面对面地站着，拥抱彼此。"他画出了这个梦。

我问查尔斯,"在梦中,这两个人都勃起了,这可能是在意味着什么呢?"

"代表自我这一方的人物感到了欣喜和兴奋。他从与另一人的关系中得到了生命力,原始人对于他来说意味着他并不知道自己所拥有的能量。不光是性方面的能量,尽管这是其中一部分,但从某种意义上来说更是一种活力和驱力,可以精力充沛而喜悦地贯彻他的意图。"

我们凑近了观察这幅画,我补充道:"这个原始人很矮壮,很靠近地面。"

查尔斯:"他从对土地的认识和自然的运作中获得力量。他接受她本真的样子,不需要试着去征服她,他接纳她,很容易就能与她和谐相处。他从她那里得到力量,这是他拥有的力量,这是使得人类能够延续至今的力量,如果他允许自己去毫无保留地信任并依赖它的话。"

"然后自我这一面就能够从无意识中获得一些能量?"

"是的",查尔斯回答,"自我也给出了一些东西。他赋予了原始力量一种优雅的表达方式,这是通过他长期与文明和艺术的接触所习得的,通过他的教育、练习、自律等方式。所以,这个文明人与岩洞人的结合,创造出了一种新的视角。这对两人来说都是一种让人兴奋的巨大挑战,近乎使人狂喜,而他们的勃起就象征着双方已经做好准备来体验这种对立面的结合。"

显然，这个梦中的性元素，和这两人的整个邂逅，实际上被理解为意识态度和无意识内容进行创造性整合的一种比喻。在这里，性画面中出现的象征符号，并不是在暗示这主要是一个性欲的问题，也不指代存在同性恋倾向。这两个分别代表了自我和阴影的男性人物的亲密接触，事实上是个体内在的两种对立的男性气质的融合。

通过这些与猿人的相遇，查尔斯找到了自己之前一直封锁在无意识中的潜在属性。渐渐地，他能够在他的批判性的、评价性的和控制性的自我，与充满活力的、自发性的和难以抑制的内在原始人之间建立一种双向的超越性的联系。在一开始，我在超越功能中是作为基本的媒介发挥作用，而现在，查尔斯接管了这个角色。

我能够想象到那些没有过这类参与体验的读者可能会问自己，在这个世界的每个角落都有那么多的烦扰值得关注，到底为什么一个成年人要花时间来与一个史前人进行想象对话，而且还要用到铅笔和纸来进行游戏呢？这样有什么实际用处吗？

我不想说积极想象会产生什么直接的实际用处，同样也不认为积极想象或梦的解析或任何其他我们所采用的治疗方法背后有什么实际目的。在这个过程中，如果是认真进行的，人格的转化是会真实发生的。小肚鸡肠会变得心胸开阔，片面性会让位于多角度看待问题的能力，攻击性被创造性所取代，被动消极也会成为接纳理解。这些改变通常都是很微妙的，但是它们也是深层次的，体验到这些改变的人们会知道他们的生活变得跟以前不同了。这样的不同对于知道它们的人来说并不是显而易见的，因为他们通常都会在公众面前将自己的疑虑和不安全感掩饰得很好，但是他们知道有了不同，这是最重要的。

在查尔斯的例子中，心理分析的工作，尤其是积极想象，使他收回了自己对在精神病院所接待的病人的投射。他不再把他们当成是次等人来看待，也不再认为自己是更高级的人。当然他永远都不会承认，在他早期的分析工作中，他正是这样做的；但是他对于自己尝试去做的事情的绝望以及谈论起病人时自视甚高的方式，都透露出他对病人的真实态度。他通过俯视他们、观察他们、等待那些永远都不会来的精神病医生等方式来疏远病人与自己的距离，这显然足以证明在工作中他表现出了分裂，一面是自然的、直觉的、活力四射的；另一面是冷酷的、专业的。一面投射到了他的病人身上，他们是绝望的；另一面投射到了那些心理治疗师身上，他们代表了他的自我的理想化形式。

随着他内在中异质的一面被接纳，他开始以一种新的方式来与他的病人工作，就像是要帮他们寻找改变的潜质，无论这种潜质埋藏得多深。他不再需要等待那些永远都不会来的心理治疗师；他就是那个在那里的人，他开始以一种不同于从前的方式完全地投入到那里的工作。

查尔斯的例子说明了很重要的一点，这点不仅是与积极想象有关，而且是与整个分析心理学有关。个体改变和转化的根源在个体的内部，而不是任何来自于外部媒介。分析心理学并非宣称环境必须或者可能塑造个体，也没有暗示必须修正个体的行为来使其顺从于环境或其需求。分析心理学并不追求于塑造出一群快乐的、富有生产力的绵羊。人们在这个繁杂的世界中各有烦恼；他们并没有大叫"'和平'，当世界不和平时。"这种心理学观点也没有建议个体顺从于任何外在权威，任由他们来定义什么活动或行为是可接受的、什么是不可接受的。分析心理学是个人自由的拥护者，提供一种指引，这不同于政治或心理独裁者，不管那个独裁者是多么"仁慈"。那独特的资源就是内在的神秘、无意识，它用不同的方式向每一个敞开心扉的男人或女人表达自己。在分析的过程中，有许多方法可以引导个体发展能力，与精神和社会相互关联的世界进行联结，积极想象只是其中的一种方法。

积极想象并不总是一个需要长期和浸入的过程。有时候它就像火花一样闪现，对个体来说是一个能够领悟到意义的瞬间体验，随之个体就发生了改变。

对克莱拉（Clara）来说，这样的瞬间发生在分析过程中一个关键性的时刻。克莱拉是一位三十岁出头的女士，尽管她很有魅力、很聪明、很有吸引力，但她依然未婚。在童年的早期她被逐渐地灌输了一些观念，再加上青春期发生的一些事，让她对于亲密关系有着病态的恐惧，所以她的性冲动被完全地抑制了。当她进行心理分析时，她开始减少这些抑制的强度，而那个时候，她又面对即将要和一个男人发展一段亲密关系的可能。她做了一两个春梦，然后梦就停止了，或者她不再记得这些梦。她放弃会促进她和那个男人的关系更进一步的任何举措。我在她最近一次的分析会面结束后速记："一次内容贫乏的会面。她处在性冲动期，不能充分地从中出来回到真实的生活。惰性。觉得早上起床很困难。"

当克莱拉下一次来见我时，她明显急着要告诉我什么事情。那是她前天做的一个白日梦：

"我站在某种剥了皮的、正在下沉的东西上。突然下水道里的水就开始涌上来了，稍微有点急促。水喷射出来。我感到恐惧，失去控制。我担心自己会被淹没。然后我就想，兴奋又有什么用，它所能做的就是溢出。'无意识'这个词从我的脑海里浮现。"

在我们上一次会面的"乏味"下隐藏的困难是，克莱拉担心自己会被无意识淹没，也就是，被自己深深掩埋的性欲淹没。她试着制止这股暗潮，但是在上一次的分析治疗中与我谈论这个问题后，无意识明显受到了刺激进而释放出了一些内容。这就是梦中涌出的水。特别有意思的是，这白日梦出现在这样一个平淡乏味的时机，离得那么近，甚至是无意识维持了自己的平衡。就像是在说，"让它发生吧，至少你生活中有些东西是在运动的，而且它可能并不像你认为的那么危险。"当克莱拉能够接受那从她更深的内在所带来的信息，她与象征所表达的互动才得以发生。她把它理解为放松自我抑制的许可，允许自己作任何可能的、自发性的回应。她现在会希望自己和无意识之间的阻隔能够消融，她也同样希望这种自由能够反映在她的人际交往中。

当再多的"理性对话"都无法起作用时,积极想象也可能是接近那些极度抑郁的人的方法。幸运的是,现在我们已经能够用药物来对那些有严重抑郁的、似乎陷入了无底的绝望深渊的病人进行干预。恰当地给予影响精神状态的药物、遵守医嘱,也许足以改变病人的情绪状态,因此一些原本无法接受心理治疗或分析的人现在也可以接受治疗了。药物可以缓解生理症状,而心理治疗可以帮助病人理解导致抑郁状态发生的过程,通过治疗工作最后使其发生转变。

有一类常见的抑郁,病人面对任务和责任会感到沮丧、孤独和无助。有一个这样的女病人,是一名中年职业女性,我们可以叫她德洛莉丝(Dolores)。她所感到的是一种与世界上其他人隔离开来的孤独,但是在我看来,在她的孤独感之下的,才是她真正的问题。无意识已经远离意识,不再刺激和滋养自我。因此,德洛莉丝将其投射到所有的外部事件上:她与年迈的父亲有矛盾;她患有胃溃疡;完全难以想象的是,虽然她有可观的收入,她却还面临着经济问题;但是她抱怨得最多的是自己对生活没有兴趣,她总是很疲倦;她认为自己没有爱也没有目标。

有好几年,德洛莉丝都处于周期性抑郁的状态中。几年前,她去苏黎世待了一个暑假,在那里接受了几个月的荣格式心理分析。那时她的状态有了明显的改善。现在她又再次陷入到了彻底的抑郁中,但她没办法再去找之前的那个分析师了。她来寻求我的帮助。在当时的情形下,尽快地使她摆脱抑郁状态是非常重要的。连着四天,我们安排了四次分析。我希望她之前的荣格式心理分析体验能够为我们的工作提供一个参照的大致框架,那么我们就不需要再花很多时间来交流我们的基本前提。

在第一次的会面中,她谈起了自己的抑郁病史。她告诉我,当她尝试去处理自己的抑郁和无聊时,似乎她的生活就会发生一些重大的改变,比如去上大学、参加和平队(美国志愿者组织,参与协助发展中国家的发展计划)、读研究生。某种意义上来说,她的苏黎世之旅也是出于同样的动机。现在她感到抑郁和绝望的其中一个原因就是,她不知道还可以逃到哪里。只有日复一日的单调工作,最终迎来她既期待又担心的退休。她问道:"当我完全离开自己的资源和事业的时候,我可以去做什么?我现在几乎都忍受不了孤身一人待一天,我又怎么去面对一辈子孤身一人呢?"

我试着帮她深入感受自己的情绪,告诉我那是什么。我不允许她将荣格式分析的知识和体验变成我们之间的屏障;实际上,我彻底地瓦解了她的理论框架。在第一次的会面中,她那种无处可逃的感觉被强化了。当她离开时,我建议她仔细体会一下现在到明天这段时间里的感受,将它们以某种方式表达出来,写作或者画画。

在这期间,她两样都做了。她写道"也许我期待能够马上减轻我现在的压力,但是令我失望的是,我今天仍然感到很糟糕,尤其是我觉得恶心,似乎随时都会吐出来。这让人很不安,难以集中注意力。"

她还画了一幅画,带来给我看。我让她描述,她在画上看到了什么。她说,"是我,这就是我的感受。我独自一人坐在笼中,笼子里什么都没有只有我,外面也什么都没有。那就是画里的所有。"

荣格心理学的实践——心灵的边界
Boundaries of the Soul

我仔细地观看这幅画。画中的人是坐着的,她弯着腰,头趴在膝盖上,双手向前环抱,握着自己的脚踝。她选择的颜色是单调的毫无变化的蓝色。顶部和底部是水平的黑色条状,中间有垂直的线条。我想要更清楚地了解德洛莉丝的感受,所以我让自己坐到地板上,模仿画中人的姿势。当我低下头,靠在膝盖上,我自然而然地闭上了眼睛。这是一个完全消极的姿势。即使我是坐在最漂亮的花园之中,我也不会知道这是一座美丽的花园。这样的姿势让我没办法感受周围的任何事物,我只能感受到自己是孤身一人的。

我允许这种感觉在我身上出现,并且感受它。我问德洛莉丝,为何她会那么肯定地认为自己实际上是在一个笼子里。她有仔细地检查过吗?这上面没有背面,也没有侧面,也许只是一个笼子的前面,而她误将其当作是一整个笼子。也许有离开这里的路,只是她没有寻找而已。

当回过头来看的时候,一切都那么明显。但在那个时候,当发现自己并不是在笼子里的时候,德洛莉丝感到十分的惊讶。她是可以站起身来,走到笼子的边缘,然后离开的。她感觉自己似乎看到了被揭示的真相!当然,任何人都可以告诉她,她的问题不是真实的,它们只是存在于"她的头脑里",但这是完全不同的。这个信息来自于她自己,来自她自己的画,来自她发现的画中的暗示。这就是一个很大的不同。当这种洞察是来自一个朋友、一个顾问或是一个治疗师时,那不过是源自"又一个无法理解我的人"。病人会有权利回应道,"是的,我知道我应该要改变的方式,如果可以的话我会改的。麻烦的是,我无法改变,这就是我来找你的原因。"分析师不会因为要强加给病人新的观点,而采取与病人的自我相反的观点。如果条件适宜新的观点能够、也一定会来自于无意识本身。分析师的角色是追随无意识涌现的内容,只有在必要的时候,才会帮助接受分析者去识别现在正在发生什么。

当德洛莉丝出现在她的第三次会面中时,她称自己感觉好了很多。"上次的会面,"她说:"就像一场冷水澡,它唤醒了我,让我感悟到了一些东西。"她画了两幅画,想要向我解释它们。第一幅画中,是一个广阔的蓝色水平面,就像是地球的曲面。在那上面站着一个小小的黑色的女性人物，独自一人，手臂向外张开。上面是硕大的黑灰色的云。

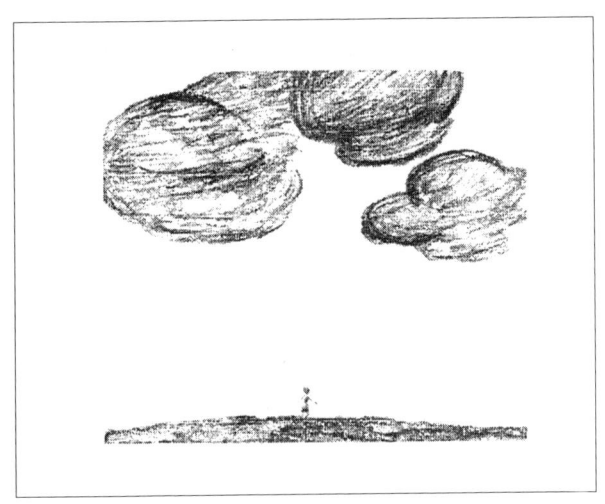

德洛莉丝从自我的牢笼里走出来了。压顶的乌云象征着自己的巨大问题，在此之下，她看起来很弱小。但至少现在她是自由的——也许有恐惧，但是自由的。

第二幅画，也是蓝色和黑色的，没有任何人类的气息。能看见地面黑色的曲面，这次看起来更像是一个平缓的山顶上面立着一棵笔直的树，是只有两根树桠的稀疏松树，树冠的叶子枝杈还未分化出来，所以能看到的只是天空下树木黑色的轮廓。天空中满是蓝色的光芒，中间闪烁着一颗微弱星星。德洛莉丝在画的底部写着：

> 一个孤独的神，
>
> 在一个孤独的世界为王，
>
> 创造了我们，
>
> 如树木一般独立，
>
> 如星辰一般孤寂。

第二幅画来自于德洛莉丝的意识态度与第一幅画中表征了她无意识的恐惧和希望的相互影响。她面对巨大的问题，享受着自由，尽管那也使她恐慌。

第三幅画向她展示了，当她能够接受孤独是人类存在的其中一面、甚至是上帝意象塑造的一面时，她便能思考这种奇迹。从这个观点出发，"孤独"就失去了令人痛苦的意味，变得"独立"，即是个体，以及"分离"——从其他人中区分出来，因此是独一无二的。接受这一点，就是在自性化的道路上又前进一步。

她告诉我："今天我感到更加轻松了，不管是内在还是外在的。通过这些画，肯定是和无意识建立了一些连接。我不像第一天那样会感到紧张和反胃了。"

我问她，是否知道发生了什么。

"我一点儿也不清楚，"她回答："也许是你让我了解到我需要为自己的心理状态负责任——我提到的冷水澡。不管那是什么，它让我能够更从容地看待我的整个生活状态。"

接着我们继续讨论她现在正面临的具体问题，而对于新的可能，她的态度也确实比之前要更加开放。

与德洛莉丝的最后一次会面其实没什么可说的。她最后的画说明了一切——一目了然。前几幅画中的元素又都出现了，但这幅画是完全不同的。地面是一个青草地，映着蓝天和金黄的阳光。树在那里，但不是原来那棵树了。现在那是一棵强壮的树，有许多的树桠。交织着阳光和阴影的树干是圆形立体的，不像之前是扁平的。最让人惊喜的是树冠，五彩缤纷的叶子生气勃勃地团簇在一起，点缀着粉红的花朵。蓝色的天空上飘浮着一朵朵柔和的白云。天空中还有四只飞鸟，分离的、单独的，但是又属于各自所在的位置，分享彼此的境况。

德洛莉丝的心境也变得与这幅画一致。她已经准备好了要回到现实生活中，再一次变得富有活力。我并不是说我们在实际上解决了什么问题，只是她能够以不同的方式来看待自己的问题了。这是处理客观问题的第一步，下一步就应该由她自己来走，落实到她每一天的生活中。也就是分析中的转化作用在日常生活中接受任何方式的检验。统计数据令人生厌，我所知道的分析过程的唯一有效性就是，它的效果已经印刻在个体的生活中。

我们在上述这些积极想象的例子中描述到通过视觉意象的形式，无意识和自我进行交流，除此之外，还有许多其他沟通形式。有些人能够将无意识拟人化，与其进行对话。这些对象出现在梦中，并不需要对梦的意义进行太多探讨，梦者就能理解这种方式。而随后梦者可能在清醒的状态下，就能回忆起梦里的形象，主动地面对它们。在这种方式的积极想象中，自我和无意识之间真实的对话是可能发生的。意识状态会表明对梦的立场，或者提出梦激发出的问题。然后意识会悬置所有的批判，允许无意识有一个平等的机会来表达自己。通常会有一些有意义的文字或者想法出现，而自我可能会回应它们。所以的确是有可能与梦中的形象进行对话的，或是与无意识的其他方面如阿尼玛或阿尼玛的表征进行对话。

对于某些人来说，可能会觉得这是对无意识的一种操纵，暗示的力量在这里是一个非常强有力的元素。那些真的能成功进入到这类对话——真正的积极想象——的人知道那是不同于暗示或者"植入无意识"的。当自我的控制倾向被悬置时，所涌现的材料往往是最出人意料或者唯恐避之不及的。这些新想法的影响表明了它们是有自主性的，不完全是对意识的反映或扭曲。

重要的是，自我与梦中对象的对话能够被记录为文字或者其他形式，得以在晚些时候进行分析，就像分析源自无意识的梦或画那样。只有这样，才能从对无意识的同化作用中提取出最大的价值。

还有许多与无意识建立积极联系的方式。在《回忆·梦·思考》中，荣格描述了一些他发现能帮助他进入无意识的方法。在任何情况下，都存在一些切实产物，他的情绪可以在其中畅游。他不仅会把其作为情绪层面的产物，同时也是理性思维的产物。他讲述了自己儿时是怎样"常常花很多时间热情地玩积木游戏"。他回忆起自己是怎样搭建小小的房子和城堡，用瓶子堆砌门和拱顶的形状。当他成年后，他在离自己家居住的房子较远处的苏黎世湖边，一个叫波林根的地方建造了一个隐居之所。房子的外形是根据他内在需要的指引修建的，而随着岁月流逝与他的成长，新的建筑部分也出现了。

荣格也在石头上刻画——在他经历的最困难的一些时刻，凿刻在石头上的痕迹让他渐渐理清自己的情绪。他写到在妻子过世后他通过凿刻石头获得了帮助，以及这是怎样帮助他整理从无意识中倾泻出来的内容，以便能够在随后的一系列重要的著作中将它们写成文字。把思想刻到石头上，然后形成文字，这样来进行反思和具象化。这还不是全部，有一段时间他会在石头上刻画手稿，其他时候他会将自己的内在体验用手写体书写成精美的日记。他在波林根的墙上画壁画。他的想象不仅是他头脑的产物，他的整个人都参与其中的；他把所掌握的所有技巧和工艺都运用到了这项工作中。

如果我们从荣格那儿获得灵感，我们会发现许多能使我们穿过遮掩内心本质的迷雾的道路。荣格是一个创新者，他所做的绝大多数工作都是对新领域的探险，在他之前，这些领域并未被人认为是跟心灵的治愈有关。学习荣格的精神，不是指亦步亦趋地复制他，尝试像他所描述的那样去做他做过的事。对于我来说，荣格的精神要求我们运用方法和技巧，使用对于个体来说自然的技术和手段来面对无意识。写作和绘画艺术对每个人来说都是适用的，但我们也不必拘泥于此。当作为一种自我的表达形式而不是为了要形成一件可接受的作品时，任何创造性的艺术也是有这样效果的：雕塑、器乐演奏、唱歌或跳舞。技术的发展提供了许多全新的可能，前提是个体能够避免沉迷于技术，用它们来使灵魂得以自由表达。例如，我的一个接受分析者用电脑来写诗，他说相对于手写，他更喜欢这样的方式，因为当他使用电脑时，他似乎能够看见这些文字呈现在印刷的纸上，他可以像整理一幅画或者马赛克一样整理它们，以便它们能同时对眼睛和耳朵诉说。年轻的人，那些在成长过程中使用电脑和其他新媒体的人，会像他们那使用打字机的父母们和使用笔的祖父母们一样，找到许多新奇的方式来遵循在古代诺斯替教派的托马斯福音中找到的格言：

> 你所拥有的会拯救你，
>
> 如果你能将其唤醒。

我的一个接受分析者听说过积极想象，问我是否能告诉她更多关于这方面的内容。我的简要介绍是：积极想象并不是自我和无意识的直接对质。这需要自我让出位置，但同时也不让无意识掌握控制权。这个工作是为了发挥超越功能的作用，这就意味着给予自我和无意识平等的信任和机会来进行自由表达。如果自我这一方控制和逼迫了，那就无法进行，只会是一种捏造。如果你必须问自己，这真的是无意识在说话吗，那么它就不是。另一方面，如果自我完全让位于无意识，那么就会有迷失其中的危险。我认为鼓励大喊大叫、哭泣、恐慌没有任何作用，我也不觉得引发精神病发作有什么特别的功效，不管那是多短暂的。积极想象的潜在性存在于每一个人，一个有经验的治疗师可以轻易地将它带到表面。（通常一个没有经验的治疗师会更容易做到，但同时也是在无意识的状态下。）

我的信念是让功能良好的人正常运转。所以我认为现实世界方向的支持是重要的。我常常会想起威廉·布莱克的《天堂与地狱的婚姻》(*The Marriage of Heaven and Hell*)，书中布莱克和他的地狱同伴窥视"永恒的深渊"（地狱、无意识），里面有一段话："直到无限的空虚如天空般在我们下方出现，我们被树根环绕，悬挂在这无垠的上面。"我也强烈地感觉到，我们在探索中，也必须有树根抱持，即获得现实世界的支撑。这就是不加限制使用拟精神病药物（psychotomimetic drugs）的危险，它们会割断与客观世界的联系，尤其是在一些案例中，个体的自我在一开始就没有足够稳固。我认为应该极为谨慎的使用积极想象，足够尊重无意识不稳定的属性。

我用一种类似后记的方式来总结这章关于积极想象的内容。在分析结束

10
把梦做完：积极想象

后，我时不时地收到"查尔斯"的信息。我们还"保持联系"。他独自一人继续着对内在的探索，欢快的投身于一种佛教徒所说的"正确的生活"。在一个特殊的生日，我收到了查尔斯这样的一封邮件：

当我还是个小男孩时，我经常梦见一个大白球，它离我越来越近。

当它靠得足够近时，我觉得自己应该能摸到它，于是伸手去够——然后我就醒了。

Boundaries of the Soul
—— The practice of Jung's psychology ——

第三部分
现世之人

11

心理类型：沟通的密匙

某个电视谈话节目的主题是"政治圈里的演员"。采访者在对一些赢得选举职位的演员进行评论后，接着询问非常著名的电影明星："你认为演员应该进入政治领域吗？"有一个演员想了一会儿，然后回答道："我想演员和其他人一样应该都对政治感兴趣。但谈到追逐政府职位，我不认为这是一个好主意。因为演员基本上都是比较内向的，而政治活动基本上都是向外的。"采访者接着问他："一个不断面对观众的人怎么会是一个内向的人呢？"他进一步解释道："演员需要将自己融入到所扮演的角色中去，这意味着我们需要让这个角色的情感来影响自己，我们需要从自己的内在以一种非常个人化的方式去经历这个角色的生活。这也需要我们了解自己，因为只有你了解自己才能真正地理解他人。实际上，当一个演员去掌控他们所表演的角色的时候，观众是相对不重要的。但是，政治则完全不一样，政治游戏要去征服人群。角色扮演只是附带的。"

"内向"（introvert）和"外向"（extravert）这两个词语已经是大家耳熟能详的日常用语了，但可能很少的人知道是荣格在很多年前创造了这两个词。他对人们所具有的两种不同态度进行了定义，并将这些态度类型称之为内倾和外倾。

如今，跟"现实世界"接触的方法有很多种，这个观点已经被广泛接

荣格心理学的实践——心灵的边界
Boundaries of the Soul

受,而不同方式则取决于人格类型的差异。类型心理学在临床实践、商业和工业领域都发挥了很大作用。想要全面深入地了解类型学,首先需要了解其起源和发展。在荣格的《分析心理学的两篇论文》(*Two Essays in Analytical Psychology*)中的第一篇论文"无意识心理学"中,荣格描述了他形成心理类型理论的思路。他的著作《心理类型》(*Psychological Types*)在1920年出版。荣格谈到这是他对个体差异进行20年研究所获得的成果。这些研究思路在1907-1913年之间变得逐渐清晰,在当时,他和弗洛伊德及弗洛伊德早期的追随者有紧密的合作。后者包括非常著名的分析师阿尔弗雷德·阿德勒,阿德勒是第一个在和弗洛伊德有过激烈争辩后离开他的人。阿德勒建立了他自己的心理学学派,并将其称之为个体心理学。尽管他们处理着同类个案,共用同样的数据主体,但和弗洛伊德的精神分析有着非常不同的基础。

荣格注意到了这种纷争和痛苦,以及他们对神经症起源的不同理解。他发现弗洛伊德的基本假设是文化的发展主要在于人们对自身动物本性的渐进克制。文化"唯有通过对渴望自由的动物本性的反抗并进行驯化才得以完成"[1]。荣格从历史的角度追溯了弗洛伊德的观点,一直追溯到源于东方后来融入到希腊世界的酒神式狂欢精神,它最终成为古典文化具有特色的组成部分。他描述了纵欲精神如何对公元前最后一个世纪无数教派和哲学思想中的禁欲主义以及在那个多神崇拜的混乱时期中产生的基督信仰的禁欲主义产生影响。后来,文艺复兴时期,以及再之后的酒神精神连续不断地对西方的冲击,这都带来了对如弗洛伊德时代的清教主义等各种压抑的唤醒。弗洛伊德学派的革新主要基于性的问题,这也成为19世纪后半期欧洲社会的主要问题。

弗洛伊德直接面对的根本事实,是人类的本能自然属性总是面临文明施加的抑制。他意识到神经质的个体参于了他们所处时代的主要情形,并反映在自己的冲突中。对弗洛伊德来说,施加压抑的主要领域为"性欲冲突"。荣格言简意赅地讨论了弗洛伊德的梦的解析系统:"弗洛伊德式的研究旨在证明性欲或色情因素在引起致病性冲突中的重要作用。根据这一理论,意识心灵的倾向和不道德的、矛盾的无意识愿望之间存在冲突"[2]。他继续谈道："弗洛伊德学派如此确信性欲在神经症中的根本性、独有性和重要性，以致于得出了符合逻辑的论断并勇敢地抨击了我们当今的性道德"[3]。荣格在阅读弗洛伊德"厄洛斯原则"（the Eros principle）的概念时，反对其狭隘的观点。他自己坚持认为厄洛斯一方面属于人类的动物本性，另一方面也和最高形式的精神有关。"但他只有在精神和本能和谐相处时才能茁壮成长。"[4] 在此我们可以看到，荣格已经证明了对立面的整合是达到整体性和治愈的关键。

荣格放下了对弗洛伊德学派的进一步研究，他相信，弗洛伊德在释放性欲以免因过度压抑而导致伤害方面做出了突破性进展，但同时他也注意到了"厄洛斯理论"的局限性。荣格开始继续对另一观点的思考。这就是阿德勒的"个体心理学"，荣格用"权力意志"这一描述性短语对其进行了概括。该短语来自尼采，这位哲学家赞同本能并将其发展到极致，这也让尼采建立了他自己的道德观，他将其描述为"超越善恶"。尼采认为他自己在最高意义上按照本能生活，但荣格认为这是一种不可能实现的矛盾。因为过着本能的生活意味着纯真无邪、直接的表达、对涌现出来的感受和欲望没有过多的理智活动。尼采是一个哲学家，因此他更多的采用哲学思维而不是按照本能生活。荣格提出了一个中肯的问题："人们的本能属性怎么会让他由于厌恶而离群索居，孑然一人？我们认为本能会让人们结合、交配、成为父母，并寻求快乐和良好的生活以及所有感官欲望的满足。"[5]

于是，荣格开始思考一个问题，这个问题是阿德勒对于尼采观点的回应。他注意到性欲，或者更广泛地说，寻求和谐人类关系的欲望只是本能众多可能的方向之一。"本能不止是族类保存，同时也是自我保存。"[6] 按照荣格所说的，阿德勒认为自我保存的本能在权力本能中得以表现，权力本能希望无论在任何情境下、采用任何方式，自我都处在掌控的位置。"人格的整合"必须要不惜一切代价完成。阿德勒强调个体面对环境时想要获得统治权的所有努力和极大需求。

阿德勒也仅基于权力原则发展形成了其神经症的观点，如同弗洛伊德基于性欲问题一样。在一系列原则中，他们的观点形成了对比。荣格解释道："在弗洛伊德的理论中，一切事物都按照严格的因果关系在先行条件下产生，而在阿德勒的理论中，一切事物都是带有目的的安排……弗洛伊德式的方法会立即开始探索疾病和症状的内在因果关系……然而，如果我们从另一个本能的观点即权力意志来看同一幅临床图片，结果则完全不一样"[7]。后者则是环境给病人充足的机会去像孩子般炙热的追求权力。

荣格想象一个裁判对以上两种观点进行抉择的两难处境。他说："人们不能简单地全盘接受这两种解释，因为它们是完全对立矛盾的。一种解释的主要决定性因素是厄洛斯及其命运；另一种解释是自我的权力。前者中，自我仅仅是厄洛斯的一种附属物；而后者，爱仅是达到支配性地位的一种方式。那些满心拥有自我权力的人会厌恶第一种观点，而这些最在乎爱的人永远不会甘心接受第二种观点。"[8]

荣格对弗洛伊德和阿德勒所信奉的两种非常不同的理论进行了改进。他们都非常固执地坚持自己的观点，而荣格则证实了这两个男人在态度趋向上的差异。考虑到这两个观点的互相矛盾，荣格认为需要一种高于两者同时又可以让两种观点结合起来的立场。很显然，荣格毫无偏见地审视了以上两种理论，并认为这两种观点都具有吸引力、都是简单明了的。两者都包含重要的真理，尽管他们互相矛盾，但也不应该被视为互相排斥的。因此，荣格认为这两种关于神经症的理论代表着被观察现象对立的方面，每一个理论家都只抓住了其中一个方面。"但是，为什么每一个研究者都只看到一个侧面？为什么他们都宣称自己的发现是最有根据的？这一定是因为他们心理特性的差异，每个研究者都容易只看到神经症问题中符合自己心理特性的那部分。"[9]

该领悟也暗含着荣格的整个理论观点，而最重要的就是迄今仍然影响深远的心理类型理论。他仔细地比较了弗洛伊德和阿德勒理论的所有方面。在此，我不想过多讨论理论层面[10]，因为我感兴趣的是这些观点在现实层面和

11
心理类型：沟通的密匙

心理治疗中的应用。态度类型的差异似乎深深根植于个体人格的形成。对我来说，这些差异是与生俱来的还是来源于早期的关系和经验并不是特别重要。

荣格似乎相信这些差异在出生时就作为婴儿的"心理构成"呈现出来，最起码态度类型的倾向及其衍生的行为是这样的。我自己的经验，尤其是一些临床个案都支持他的论断。我想起了我的一对夫妻来访者，他们要照顾一对难缠的四岁双胞胎女孩，并为此来接受心理治疗。父亲告诉我，在这对双胞胎出生后，他花了很长时间在医院育婴房外透过玻璃窗观察她们。当他第一次看见柯莱特的时候，她正在婴儿床里扭动，小胳膊和小腿儿正在欢腾着。她经常会高声尖叫，直到护士过来照料她。与此同时，科琳则安静地躺在婴儿床中，如果她有所动作的话，也是非常缓慢和试探性的。柯莱特经常脸红红的，而科琳则是苍白的。后来，女孩儿们被带回家了。差异从回家的第一天开始就非常明显，和科琳相比，柯莱特会获得大多数人的注意力，随着时间发展，她对其他人也会更加积极地响应。当他们两三岁的时候，柯莱特会推她的妹妹，抢走她的玩具，并会拿玩具打她妹妹的头。科琳则相对来说安静一些，对周遭不太关心，只有遭遇极度无礼的侵扰行为时，她才会哭，哭声也很轻柔，是那种悲伤的呜咽。在幼儿园，柯莱特会和其他孩子打架，而当争吵变得激烈的时候，科琳则会退缩到某个角落。

老师们认为科琳退缩的行为是对柯莱特总处在精力充沛状态的反应，老师们决定把她们安排在不同的班级，由不同的老师教学。在这之后，同样的人格特征仍然在发展，除了柯莱特成为班级的管理者和安排者这一例外。除非受到干扰，她总可以让课堂井然有序，让同学们去执行她安排的任务。离开柯莱特的束缚后，科琳开始紧紧依附于老师，她总会做一些好事以赢得老师的认可和喜爱。如果不是在对科琳害羞和可爱的方式很感兴趣的小组中，科琳可能会在她自己的白日梦中迷失吧？

在家中，这对双胞胎也总是不断争吵。柯莱特想做的事情总是遭到科琳的反对。柯莱特会尖叫并提出各种要求，而科琳则会哭泣和说一些好听的话。

柯莱特使用的是权力途径，而科琳则觉得爱更具有吸引力。双方都无法停战，而父母则难以理解家中到底发生了什么，他们也感到很困惑。整个事情由于父母本身态度类型的差异及对如何抚养孩子的分歧而变得复杂。此时，心理治疗要想获得任何有效的进展，就很有必要让这个家庭了解大概的心理类型学知识，以便解释惊人的个体差异。

类型理论对荣格来说并不新颖，但他可能是第一个将类型学作为心理治疗工具的心理学家。类型差异可以追溯到更为久远的时候，如海因里希·海涅（Heinrich Heine）用德语所写的：

> 柏拉图和亚里士多德！这不仅是两个系统，也是两个具有不同本质类型属性的人，这两种类型从非常久远的时代就出现了，在不同类型的外衣下，具有相反的立场。但是，整个辉煌灿烂的中世纪由于这种冲突而四分五裂，甚至持续到今天。此外，这场斗争也是基督教历史中最为重要的内容。尽管有很多不同的名称，但重要的是我们所谈论的是柏拉图和亚里士多德。狂热的、神秘的柏拉图哲学本质上揭示了基督教观念及来自其灵魂深处相对应的象征符号。实际的、有序的亚里士多德哲学本质上从这些观念和象征符号中建立了稳固的系统、教条和祭仪。教会最终信奉了以上两种哲学，其中一种给神职人员提供了庇护，而另一种则在禁欲主义中找到了避难所。[11]

柏拉图哲学具有内倾的属性，它是神秘的、精神性的，以象征的形式进行感知。而亚里士多德哲学具有外倾的属性，它是实用性的，从柏拉图式的理想中建立了一个稳固的系统。内倾者主要想去理解他们所感知到的人与事，而外倾者则会自然地寻求表达和交流的方式。内倾的人，主体本身处于兴趣的中心，而客体的重要性在于其影响主体的程度。在外倾的人那儿，客体，即他者在很大程度上决定了兴趣的焦点。内倾者对自我了解的兴趣可以让他们不被客体环境的影响而压倒。外倾者倾向于放弃对自己的过多考虑，而更多的对他人感兴趣。因此，内倾者关心的是个体潜能的发展，外倾者更多为社交取向。内倾者更看重自己主体心灵过程的发展，且超过对在公共领域获得的成就的重视。外倾者寻求他人的认可，并将其视为最重要的价值。如果从进化论的观点，我们可以从适应的角度来看待主体和客体的关系。外倾者寻求丰富性，用一切方式来消耗和传播自己；而内倾者寻求安全，保护自己以对抗外在要求，从而最终稳固自己的位置。

荣格认为正常情况下与生俱来的气质是儿童呈现类型的决定性因素。在异常情况下，比如若母亲过于重视某种态度，这个时候，儿童可能会被迫使用这种和其天生类型相反的类型。在这种情况下，会非常容易出现神经症。因此，只有寻求个体天生的自然态度类型的发展才会产生治愈疗效。

需要在最初说明的是，没有一个人会是完全的外倾者或完全的内倾者。我们每个人都会使用两种倾向，只是比例不同罢了。我们这些自称神智健全的人会发现自己处于具有两个极端的连续统一体中，或许更接近其中某一极端，又或许更接近中间。有些人更内倾，同样，有些人更外倾；但是，大多数人处在中间位置。我们处在恰当的平衡当中，可以根据情境需要发挥内倾或外倾的功能。

尽管如此，每一个人都会有偏好。这种偏好也是自然的。只有当这种偏好过于极端，完全地陷于一端的时候，我们才会遭遇真正的困难。一个不能在两者之间灵活移动的人可能难以面对世界千变万化的需求，最终也可能发展出严重的心理障碍。当人们十分极端地内倾时，他们可能会被诊断为自闭症或者精神分裂症，他们的生活在很多方面都远离日常现实。当人们绝对极端地外倾时，他们可能会表现出躁狂或歇斯底里，或者他们会遭受身心疾病，这些都是在试图以一种病态的方式去努力控制周遭的人和环境。很多评论家认为西方文化起源于以下事实，即西方世界的人们从整体上来说太过于外倾。东方文化据说更为内倾，因而以不同的方式发展。然而，如果仔细审视目前意识的发展趋势，人们可以发现这些刻板印象开始分崩离析，如果他们确实是人类意识的不同表达的话。亚洲和第三世界的变化非常清晰地表明了外倾性，而总是相信外在价值的西方也开始更多地向内审视自己，探索我们所作所为的意义和价值。

在某些社交圈中，内倾性的人的确被认为是非常古怪的。那些更愿意在家看一本好书或花上好几个小时在电脑前，而不是出去和朋友玩耍的孩子总被认为有些心理问题，而他们的父母也会强烈要求他们外出，融入到其他孩子中间。内倾的孩子总是发现他们在教育体系中处于不利地位，因为他们总是需要慢慢地理解事物，仔细考虑。他们展示自己的知识和理解也会比较迟疑，因为他们能够非常清楚地意识到自己的界限。

另一方面，外倾者则相对好过得多。他们能够很自然地看到所处情境的需求。想要获得他人认可的欲望，导致他们付诸行动。不管该行为是要去帮助他人、挣钱或者是将自己放在获得公众喜欢的位置。实际上，任何人都可以清楚地看见外界对外倾者丰厚的奖励。想想哪些职业比较高薪——大多数是那些取悦大众的职业。比如，和性格演员（character actor）相比，滑稽剧表演者就会获得更为丰厚的报酬。性格演员对塑造他自己对角色的理解更感兴趣，而非他人所认为的他。同时，有些人总是关注公众的接受度，如广告策划经理、政客、商人、满足大众需求的生产制造商及负责销售的代理商。我们的社会又是如何更少地给予内倾性的职业以报酬呢？如写作、教学、科研和严肃音乐的作曲，等等。

荣格指出两种类型的存在并给予两者同等价值，这非常可贵。他认识到个体意识生活要么内倾要么外倾，而无意识则倾向于表达其对立面。如同我们在梦的讨论中所了解到的，无意识对意识具有补偿作用，这在态度领域仍然如此。团体中的某一个人在意识层面关注团队其他成员的需求和体验，与些同时，他仍然能体验到个体正在发生的情绪反应，尽管这些反应可能是无意识的。无意识总是携带着相反的态度，在这个例子中则是内倾。它总是通过欠考虑的或不恰当的言辞让自己的声音被听见，又或者会由于想表达难以理解的、突然出现的观点而打断另一个人。

内倾和外倾的态度只是大概的一般性分类。荣格进一步区分了类型系统中的四种功能，或者说四种功能类型。这四种功能类型是：思维、情感、感觉和直觉。这四种功能代表着我们感知以及处理所感知到的信息的方式，不管是对外在环境还是内在环境的感知。于是，荣格一共区分了八种认知模式[12]：内倾思维、外倾思维、内倾情感、外倾情感、内倾直觉、外倾直觉、内倾感觉和外倾感觉。在了解以上八种模型之前，需要先了解四种功能的属性。

直觉和感觉是一对相对应的感知信息的功能，因此它们被称为感知功能。它们有时也被称为"非理性"功能，因为它们仅仅是以一种不带评价和判断的方式来收集信息，没有对信息进行加工。直觉和感觉以非常不同的方式感知现实。直觉是一种在更广泛情境下看待事物整体的感知功能。它所抓住的是整体情况，同时也能看到其背后暗含的内容。当它看某事的时候，它会想象其从哪儿来和如何来。它寻求其根源、历史及广泛的一般趋势。因此，它也会揣测未来，询问它会走向哪儿。最重要的可能是，直觉会问自己所见事物的可能性是什么。感觉是会注意到细节的感知功能。它对事物的精准性感兴趣。它会问它看起来像什么？它是怎么构建的？它有哪些功能？感觉功能喜欢对事物、数据和观点进行分析，去了解什么让它们区别于其他事物。它会寻求各种信息直到找到每一个细节，并将其合成一幅图片。只有在这个时候，在一切都完成时，它才能看到整个图景，但它对收集信息的过程抱有无限的耐心。感觉功能依赖于感官，这是我们获得的第一手信息来源。这也是为什么它会被称为"感觉"。

思维和情感是处理信息的功能。要达到这样的目的就需要做出一些判断，因此，这两个功能也被称为判断功能。然而，它们以不同的方式处理信息。人们通过直觉或感觉接收信息，大多数时候，两者在不同程度上都有被使用。然后，则是思维或情感来决定接下来的行动。思维功能会考虑利弊，对情境进行评估。它会根据一些价值或标准来决定未来走向或目标设定。接着思维会开始从数据中推导出逐步计划以达到想要的结果。我并不是在谈论商业运作，尽管听起来似乎是。实际上思维过程可以应用于任何情境、任何人和任何年龄阶段，它是一个推理过程，主要目的在于贯彻执行从起点到终点的整个过程。

情感也是一个判断的过程，但是和思维达到目标的方式完全不同。情感依靠的是个人或主观的价值系统，其中有些是有意识的，有些是无意识的。情感功能并不依靠可测量的客观现实。情感功能是非常自然地运作的，它会对一个情境直接作出反应，而不是通过分析以决定其价值或益处。情感会说我喜欢那样或说这样永远也行不通。情感评估人与事，但并不会考虑为何得出这样的结论。它可以很轻松地决定是否接受某些事物。情感和共情有关。具有很强情感功能的人可以仅看着另一个人的脸就能理解这个人正在经历着什么，痛苦或快乐，伤痛或愤怒。这和直觉不同，直觉能看到事物的整体而没有很强的主观性反应。具有很强情感功能的人会基于诸如对错与否、合适与否、紧急与否或其他判断标准来对情境做出反应。

以上四种功能均不是独立运作的，它们和两种态度即内倾和外倾共同运作。直觉、感觉、思维和情感运作方式的不同，依赖于其为内倾还是外倾。将每一功能和其态度结合起来就有八种认知模式。我们简要看一下每一模型以了解其基本特性。

我们再次回到前面提过的柏拉图和亚里士多德的例子。我们说过柏拉图所表现的为内倾态度而亚里士多德所表现的为外倾态度。柏拉图最初考虑的是他自己的内在世界，抽象的理念世界。然而，他处理内在世界的最初方式是直觉。他从整体来看人类的本质属性，并在其哲学中探讨整体性的概念。他喜欢首先做出宽泛的一般性论述，而只在后面才会更详细一些。当然，他并不仅仅局限于内倾直觉。他同时应用思维和情感来处理他在内在世界通过直觉所获得的信息。他最少注意到的是感觉功能。这和我们所认为的亚里士多德的风格刚好相反。如同我们所说过的，让亚里士多德感兴趣的是外在世界。他对其眼睛及其他感官所接收的信息非常感兴趣。举例来说，当人们去阅读他关于动物研究的文章中对动物外貌、构成和走路姿态的描述时，会惊叹于他对每一个细节的关注。他是感知和收集信息的大师。他倾向于从客观的角度报告他所收集到的信息，这也暗示着他对事物本身而非原因更感兴趣。非常明显，亚里士多德的主要认知模式是外倾感觉。但同样的，他对现实的反应并不局限于这一种认知模式。

现在，我们来看看其他六种认知模式：

内倾情感：当情感是内倾的时候，个体会使用他们的内在标准来判断人和事。这些价值标准可能来自于父母或者社会，但是现在已牢牢扎根于个体本身。内倾情感的人不会屈从当前的潮流而改变他们的信念。他们也不会轻易屈服于同辈压力，除非同辈的言行符合他们自己的价值观和信念。内倾情感的人通常相信他们可以很好地理解他人，而他们自己经常觉得被误解。然而，那些和他们一种类型的人会理解和欣赏他们的忠诚和奉献。俗语"静水流深"适用于很多内倾情感的人。特蕾莎修女就是该认知模式的很好例证。

外倾情感：当情感是外倾的时候，人们通常会追随和所处社会相一致的价值观，或者和传统的标准一致。即使他们所处的"社会"是亚文化群体或是反社会团体，他们也会非常清楚团队内的价值观。他们知道在特定情境中哪些行为举止是恰当的，如果他们有所违反，也一定是有意识去这样做的。他们非常清楚地知道自己的喜恶。他们也能够在公众场合自由地表达自己的情感。他们很少会表现得不得体。他们的外倾性使他们为人亲切并对他人有积极的回应。他们也经常会把其他人的需求置于自己的需求之上。他们对朋友关系、工作关系和商业关系都很重视。他们对他人情感可以感同身受并让他人感觉到有价值和被重视，这种能力能够在和他人的互动中创造和谐的氛围。他们也经常成为公众角色。马丁·路德·金是一个很好的例子。

内倾思维：内倾思维的人倾向于从主观的视角展开问题解决的过程，并对此过程具有内在确信性。该认知模式适用于诗歌、哲学、数学、统计和计算机编程领域的人。内倾思维型的人更喜欢独立工作。在家办公对他们来说是很合适的。和面对面交流相比，他们更习惯通过网络、传真和电话进行交流。在追求他们自己新颖的想法时，他们会比较固执。他们也擅长于在迥然不同的观点之间建立概念上的联系。内倾思维可以是一个创造性的过程，因为这些人善于揭示观念之间的相似性或者是将新的观念付诸现实。很难找到符合该类型的著名人士，因为他们通常不喜欢出现在公众视野。而艾米莉·迪金森和安妮·迪拉德当然是符合该类型的。

外倾思维：该类型的人最关心的事情是在世界中寻找生命的意义。他们相信他们本质上是由理智所控制的而不是情绪。他们力臻完美，希望其生活和某些普世理念或原则一致。他们会对善恶进行评估，会根据先验观念来判断他们自己或他人的行为是否应该如此。他们认为那些分享自己观点的人是道德的和正确的，他们也会非常努力地说服其他人以他们的方式看待事物。当他们注意到周遭世界时，会把事实组织成有意义的单元。查尔斯·达尔文在其《物种起源》（Origin of Species）中列举了一位具有创造性的外倾思维的人进行分类和组织自然事物的方式。公众人物比尔·克林顿应该是该认知模式的一个例子。

内倾感觉：这类人可以很好地和他们自己的身体感觉联结。他们使用身体感觉而非观察来感知外在世界。如同所有的内倾功能，内倾感觉也是和内在世界建立联系。这种认知模式特点较突出的个体对神话意象、神话故事、世界及个人关系的永恒意象比较感兴趣。如果一个内倾感觉类型的人刚好也是一位艺术家的话，其作品更多的会受到原型人物的激发，如亨利·摩尔和他令人印象深刻的雕塑作品大母神（the Great Mother）。或者，和其他人相比，认同残疾的工匠火神赫菲斯托斯的人总会从一个处于不利地位的人的视角来看待生活事件。当内倾感觉类型的人不怎么具有创造性或艺术性的时候，他们在努力将其永恒意象和当代世界建立联系的过程中会有挫败感。他们需要发展一些专业技能以将他们内在的感知带入具体的现实中。文森特·梵高则是实现了该过程的内倾感觉类型的人。

外倾直觉：有很强外倾直觉的人倾向于预想未来。他们很少会在需要推

心理类型：沟通的密匙

测或想象的问题上不知所措。当他们沉思各种可能性的时候，他们可以看到最终状态，但他们并不需要勾勒出每一个小步骤以完成他们的总计划。有着很强外倾直觉的人总是会让其他人完成细节部分以取得最终成果。有时候，这些人会是企业家，一生中会经历几次财富上的大起大落。他们倾向于跟随自己的直觉和预感而不会质疑他们直觉的来源。对外倾直觉类型的人来说，常规是致命的；当新颖性逐渐消逝的时候，现状会成为监狱。他们在能够提供多样性和允许自主的情境中有出色的表现。进入脑海的该类型的人物名字是希拉里·罗德姆·克林顿。

在实际应用中，我发现很少人会完全进入我所列出的以上分类之一。大多数人会有一个主要优势认知模式，然后会有一个辅助的认知模式，但是两者可以共同进行工作。因此，一个外倾直觉-思维类型的人会是一个外倾的人，他的直觉是首要的，但是可以得到思维功能的辅助。心理类型有很多种，而每一个关心他们自己类型的人都会问："一种类型的人会真正地理解另外一种类型的人吗？"

这个问题和心理治疗关系密切，尤其是当治疗师在和面临婚姻问题的夫妻进行工作时。我经常遇到一些夫妻，他们看起来拥有很多，但是他们对彼此却是残忍和厌恶的。以致于，我对让他们互相倾听都感到绝望，更别提让他们考虑彼此的观点了。还有另一个极端情况，即他们之间存在某种程度的冷漠，两个人看起来似乎生活在同一个世界里，但是在他们看来这完全是两个世界。在治疗中，给夫妻机会让他们以自己的方式表达他们的情感和思维、感觉和直觉是非常必要的。当针对某一事物，两个人都能表达自己的观点并得到尊重的时候，就可以清楚地发现他们的观点是完全不同的，这个时候介绍类型的理论将会非常有帮助。他们不再会认为看待问题只有两种方式，即我的方式和错误的方式。他们开始认识到不同的观点常常可能来自不同的类型。通过引导，他们也开始发现如果能彼此看到对方观点的有效性，能看到对方观点是有助于让自己在一系列情境中获得更完整的途径时，他们在做决定前就能够咨询彼此而不是事后为此争吵。每一个人都可以从其他人那儿学习，以增加用多样化方式应对事情的能力。当个体不能够改变自己的性格时，最起码，他们能够意识到另一半有自由表达内在天性的权利。

最近，有一对年轻情侣来访前来做婚前咨询，他们计划结婚，但迟迟不能做出最终决定。他们成为亲密的好友和情人已经很长时间了，他们也习惯在彼此的住所呆很长时间，但是，他们从未一起真正地生活过。频繁地激烈争吵使他们对于做出长久的婚姻承诺有些犹豫不决。在上一次咨询中，我告诉他们也许存在困难和不确定性是由于他们的类型差异。在这次咨询中，我问他们对上次咨询的反应如何。他们是否有进行讨论？有什么问题吗？这位年轻女士回应道："是的，在上次咨询中你谈到了我们不同的类型，我在想这具体是什么意思。"我向他们简单介绍了类型理论，比如人们大体可以分成某些心理类型。我没有仔细阐述每一个类型的细节差异，我只谈到他们熟悉的术语，即内倾和外倾，我告诉他们这两种类型的差异。然后，我告诉这位年轻男士："我相信你是那种对事物的形状、触感和外形感兴趣的人。"他回应道："是的，确实是这样。我是一位雕刻师。"我说："因此，对于你来说，重要的是具有具体的形式，你对直接触摸它感兴趣；当你触摸它的时候，它才具有真实性，这对你来说就是意义所在。重要的不在于这个世界怎么看待它，而是你自己怎么看待它，以及当你构建并感知你自己的现实的时候，它意味着什么。"我没有使用术语"内倾感觉"，但是我描述了这一类型的特性，他也毫不犹豫地就辨认出了自己的类型。他同意我对他类型的估计。然后，我对那位年轻女士说："对于你的工作，你感到快乐吗？"她回应道："是的，我的工作很令我满意，我也很享受，我很擅长做现在的工作。我是办公室里做得最好的那个人。"我让她描述她的工作。"我的工作是回复那些写给一位非常著名的政治家的信件。他有很多像我一样的员工来负责回复这些邮件，其中提了各种各样的问题。"我建议："很明显，你喜欢处理问题情境，你喜欢处理这些来自你从没见过的人的邮件，并想象他们的状态是怎样的、他们的问题是什么、他们的困难是什么、他们具有什么背景、需要什么帮助、他们的自我利益需要什么，以及什么样的语言可以赢得他们的支持。你能够设想你所写的内容对未来的影响，比如你所说的内容会怎样影响别人，像是决定她或他的投票等。"我描述了她对于这些未知事物的猜测，以及她如何能够从内心做出回应。她并不是一位受过培训的心理学家，但她可以在只有很少线索的情况下将一些材料组织起来并形成某些声明给那些她从来没有见过的人。当然，她是非常典型的外倾直觉类型的人。

当外倾直接类型的人和内倾感觉类型的人在一起生活的时候，他们必然会出现意见相左的时刻。我告诉这两个人，当人们是相反的类型的时候，他们看到的世界一定是不同的。我举了下面的例子："设想你们两个人在看一所房子。"我对那位年轻女士说："你在房子前面，正在看向客厅的窗户。"我对那位年轻男士说："你在房子里面，你也在看同一间房间。现在，你们两个人都在看这座房子，这座房子象征着客观现实。假设你，年轻男士，去描述你所看到的。你可能会说，'我看见一间美丽的房间，里面有豪华的家具，镶着木板的墙，地上铺着昂贵的蓝绿相间的东方风格的毛毯。'而你，年轻女士，你会说'不，完全不是那样的！这里有壁炉和灶台，是一个很完美的聚会的地方，这个房间的氛围是很友好的。这是一个很棒的地方，但完全不是你描述的那个样子。'"

我告诉这对情侣："你们两个人可能会很容易因为此事而争吵起来。你说是这样的，而我说是那样的，我们永远也不会达成一致；我一定是对的，你一定是错的，这永远也不会有合理的结论。另一方面，你也可以说'我看到的是这样的，这是我所能看到的这个房间，但是因为你的方向和视角不同而看到完全不一样的事物。我会告诉你我所看到的，你也告诉我你所看到的，然后，我们试着去看对方所看到的内容。这样，我们两个人都可以对这座象征着现实情境的房子有更丰富、更全面的了解。但是要做到这一点，我们需要彼此信任，彼此尊重，我们需要认可对方的视角和自己的视角是同样有效的，我们每一个人都没有看到全面的真实情况。因此，即使在意见不一的时候，我们仍然可以很好地相处，尊重和肯定对方。'"

这对情侣可以看到有两种可能的方式去处理心理类型的不一致。第一种是允许它成为无法克服的障碍，认为一种类型永远不能理解另一种类型。第二种方式是认识到每一种类型都可以给对方提供一种他所没有的看待世界的视角和洞见。与其拥护自己的观点、诋毁对方的观点，不如试着去理解对方的观点，从对方身上学习以完善自己的人格。而后者更具有意义。在这对情侣的案例中，这位雕刻师真的不太能用语言表达；他无法在脑海里去看一个问题，他必须要通过手去进行工作。他也不太会考虑他自己所做的事情对于未来的影响。另一方面，那位回复邮件的女性总是忙于思考未来可能会是什么、可能会怎样。她会经常陷入焦虑状态，不太能够处理当下的处境，因为她总陷在对于未来的影响和后果的担心当中。他们可以很好地向彼此学习，成为一个整体，并逐渐通过亲密关系扩大他们的能力。

作为一位心理治疗师，我很少看见有人在没有理解荣格的心理类型理论的情况下解决类型困难。当我在教授荣格分析心理学的一门课程时，我对一位学生的论文感到非常高兴。这篇论文是在我关于荣格类型学的讲座触动下而写成的，该讲座探讨的是一个人应该和自己性格相似还是相异的人结婚，这在当时也引发了热烈的课堂讨论。我非常感激这位学生，他的论文对夫妻处于不同类型时怎样能在生活中良好共处提供了深刻洞见。这位学生是这样写的：

"我的父母性格迥异，但有着幸福美满的婚姻生活。结婚40年了，他们在经济上和健康上也都经历了跌宕起伏。在一生中他们非常努力，让孩子都可以接受大学教育，而这种'必需品'对他们年轻的时候来说则是不可能的。我从未怀疑他们彼此深爱着对方，并创造了一个温馨的家庭环境，得以让四个孩子快乐而自由地成长。

妈妈的类型显而易见：她是外倾思维-感觉类型。她十六岁时高中毕业，离开了非常困窘的农村老家，开始接受护士资格培训。她在这三年中，每月仅靠几美元生活，这几美元是她在医院清理地面的报酬。她从那个时候到现在都是一个服务者。她总是在为其他人忙碌着，即使已经非常疲劳了。她有很多朋友，也很热爱她的工作，不爱阅读，被其他人认为是内心强大之人。她考虑的更多的是事实和现实。不管是怎样的大灾大祸，其他人总是可以指望她神色镇定，不会情绪化，能从好几个方面掌握具体的情况。尽管她看起来有一些创造力，但她的所思所行总体朝向传统的方式。她需要被喜欢、被认可，因为她总是过多地为他人考虑。对他人说'不'对她来说是一件极其困难的事情。妈妈喜欢美好的时光、美丽的事物和文化娱乐活动，尽管她自己并不是很有天赋，最起码对于美术不怎么有天赋。

相反，父亲则较难进行分类，他似乎更多的是内倾情感-感觉类型。他在八年级的时候毕业，但他需要马上工作以帮助养育家里的十个孩子。他白天是管道工学徒，在晚上会阅读或者是演唱轻歌剧。他为自己买的第一个大件物品是一台钢琴。父亲很害羞，以至于在电话上谈论一两分钟都会让他觉得手足无措，然后把电话递给我妈妈。他仍然热爱阅读，也很喜欢和他那为数不多的但亲密的朋友一起分享安静的夜晚。尽管他缺乏自信，但他已经是一个成功的商人，和哥哥一起经营一家传统的、但生意还不错的印刷品公司。他很少对外展露自己的情绪，但是实际上他内在非常敏锐并且情感活动丰富。他对宗教和道德等事物相当谨慎小心，他也会非常小心地避免对他人做出任何批判性评论或否定性评价。他看起来非常接纳别人，但是我认为他在现实生活中可能只是害怕负面的批评或评价，而并非主动地接纳别人。父亲喜欢和家人待在一起的安静时光，他也是11个孙子孙女们挚爱的爷爷。让他们婚姻如此幸福的原因，是他们能彼此欣赏和尊重各自的性格特点。爸爸认为妈妈总是不断的为他人做一些事情，总是乐于助人，这就是非常有价值的品质，也是非常美好的；而妈妈也总是会非常注意给爸爸创造一个舒适的环境。妈妈会鼓励爸爸和他的朋友们一起阅读。"

看到人们的性格和人际关系可以通过彼此理解和尊重类型差异而得到改善，这非常令人振奋。不幸的是，其反面也同样真实存在。无法清楚认识自己的基本类型，且不能依照其类型特点而生活会产生很多痛苦。这会导致很多神经症的痛苦，只有通过揭示个体天生的类型才得以改善。有时候，来自心灵更深层的梦境可以让一些不快乐的人理解自己的真实天性，并将其天性施展在工作和生活中。如同下面这个例子。

一位医学院的大学二年级男生患有周期性抑郁症。他经常感觉自己在学习上筋疲力尽，而这一切都没有意义。他在学习上花费了很多精力但只得到了很少的回报。概括来说，他抑郁的主要特征是淡漠。在了解这个非常重要的、能够清晰说明他核心问题的梦之前，需要先了解一些他的背景情况。詹姆斯在高中和大学的时候立志要成为一位建筑师。他喜欢在脑子里想象一些有趣的建筑，这些建筑的功能优于形式，这些功能都是来源于对生活的哲学思考。成为建筑师需要学习制图学，该学科在制图过程中需要极端的准确性和对细节的关注，而这部分他觉得比较困难。因此，他打消了进入这个领域的计划。

他转向医学预科项目，然后去了医学院。他想，仍然有其他方式可以为他人服务。一开始他对于自己做的改变感到非常高兴，但很快，最初的热情开始逐渐消失。他发现自己面临很艰难的课程，如生理学和解剖学，并且这些课程需要死记硬背。医学的学习还需要他参与到专题讨论会中，他需要展示他所掌握的关于某一主题的详尽细节。学习对他来说越来越难，并且也很无聊。他也越来越难以专注到学习中。他会趴在书桌上睡觉。这一切都给他带来了很大的焦虑。他开始接受心理分析。随着对他生活历史的了解，以及他对自己所做事情的感觉越来越清晰，我开始想，詹姆斯是否有可能是扭转类型，也就是说，他试图在环境的要求下去使用某种类型，而该类型并不是他天生的优势功能，而是劣势功能。他最近的梦在这个问题上没有给出太多的启示，但是他告诉我，他在放弃建筑学转向医学的时候曾做过一个梦，这个梦从那时起一直萦绕在他心里。他复述这个梦的时候还能再次强烈地感受到梦境中的情绪。这是一个听觉性的梦，没有什么视觉意象。梦是这样的："我在睡觉，我听见模糊的背景音乐的声音。这音乐听起来只能是瓦格纳的作品。音调深沉而洪亮，是一首渐强的美妙音乐。音乐声开始越来越响亮。起初，我被这首音乐深深吸引。后来，我开始感到害怕了，因为音乐曲调变得无法控制。音量和响度还在持续增加，越来越大。我觉得毛骨悚然，身体也开始摇晃，我必须强迫自己醒来。醒来的时候我一身大汗，十分恐慌。当我完全醒来之后，音乐停止了，我也逐渐平静下来。当我再次入睡的时候，音乐又再度响起。现在的音乐更为安静，但仍然在缓慢地膨胀，也更为让人印象深刻。随着乐曲的进一步走向，我能感受到强烈的瓦格纳歌剧的宏伟特性，狂热的日耳曼风格，悠扬而又细腻。随着乐声的增大，焦虑再次转向恐慌，我又强逼着自己醒过来了。"

叙述这个梦之后，詹姆斯说道："我如果是个乐师就好了，这样的话，我就可以把我在梦中听到的音乐记录下来。"

这个梦表达了梦者的基本人格类型，即他是一个内倾直觉-情感类型的人。这个梦在他有机会可以改变职业方向的时候出现，非常清晰地让梦者去关注"音乐"，而"音乐"可以唤起他自己个人的和谐和生活风格。在某种意义上，他需要去关注来自无意识的旋律。他曾意识到他需要的职业是能够允许他使用他的直觉功能以抓住整体情境，并能对他人产生共情和做出情感上的回应的。然后，他告诉我他最想成为一位精神病医生。医学是到达那个目标的一种方式，而不是目的本身。而且，他现在感觉到精神病学的学习可以让他对自己的本性有更多觉察，这也是他职业选择的内倾性方面。他在那个特定时间记住这个梦并非没有任何意义。要想成为一位精神病医生，他必须首先完成一般性的医学培训项目，这需要掌握很多细节，尤其是在临床前期阶段。这意味着他需要面对他劣势的一面，而不断地使用他的劣势功能。感觉是他的劣势功能，而他不得不去关注这方面。前期阶段的学习需要仔细关注到任何可能和诊断及治疗有关的细节。他可以通过他的第二功能即思维功能来寻找细节之间的意义和秩序。最终，他需要使用外倾功能参与课堂讨论，做口头报告，展示他对知识的了解程度。于是，这个时候，他需要压抑他的内倾功能，他的直觉和情感，这些功能可以很好地帮助他完成精神病学的学习，但却不一定对他在医学院的学习最有帮助。

梦中的音乐非常有力量而又有狂怒的情绪，声声入耳，在它失去控制之前需要得到倾听。这是基于神话和神秘事物的宏大音乐。这首音乐具有超个人的特性，涉及人类的基本戏剧元素。如果梦者能够深入到由音乐声所象征的神话中，他就可以找到一种生活体验的方式而不是陷入过多的琐碎细节中。他可以开始想象更大的计划、人类的原型；在这其中，每一个细节都是关键的，就像伟大的歌剧中一个个单音符一般。

梦的主题通过梦者对和该音乐相关的神话象征的探索得以扩大和丰富。这对梦者来说也是一个不断前进发展中的经验。音乐在他的生活背景中总有自己的空间，是他自己的神话的表达。响亮的音调提供了受欢迎的合奏，而他在意识层面可以知道和他天生的类型建立联系的必要性，尽管有时候需要使用更少分化的功能。当他变得片面、不允许其真正的本性有空间生存和发展的时候，音乐就会变得越来越响亮、迫切和苛刻，几乎震耳欲聋。音乐之梦对他来说是一种内在的陀螺仪，可以帮助他了解自己的倾向性，也可以在他个性化的道路中提供向导。

如梦所示，当我们开始理解最不发达的认知模式可以带领我们进入无意识，且在自我意识的合作下可以不断整合意识和无意识的时候，心灵是一个自我调节系统的认识就会更清晰。

荣格最初开始写作关于类型的论文的时间远远早于人们听说心理测验的时间。荣格在该领域的主要著作完成于1920年左右，而心理测验在二战期间、大概1940年才开始成形，它最初被军队用来对工作人员进行分类。尽管从那时起，随着时间的积累，人格测验开始变得越加丰富和复杂，但在荣格的时代被用来编制心理问卷或量表的统计方法仍然很落后。当然，如果统计方法在当时就已经很完善，荣格愿不愿使用就是另外一回事了。荣格在20世纪40年代和50年代仍然在创作，但那个时候他的兴趣已经比他早期的类型学更为深入，而他在后期也没有再回到类型学中。尽管荣格发展的类型学的概念极其实用，但是他关于类型学的一些假设仅是纯粹直觉功能的结果，在很长一段时间都没有被质疑，也没有得到证实。

在这些概念中，我发现有理由去质疑的是荣格的对立性假设。这是荣格经常谈到的概念，即心灵是由不同的对立面组合而成。荣格的著作中充斥着这样的对立面组合，比如意识与无意识、善与恶、光明与黑暗、阳性与阴性、阿尼玛与阿尼姆斯、人格面具与阴影、自我与自性、基督与反基督者、永恒的与暂时的，等等。二元性中的两种元素总是彼此对立，并被认为是相互排斥的。因此，并不让人惊讶的是，荣格从19世纪哲学中所继承的二元性会被应用到其类型学理论中。

的确，荣格倾向于让外倾与内倾对立；你要么喜欢前者，要么就是后者。尽管都是判断功能，思维与情感也被认为是互斥的。如果你是思维类型，你会比较慢地处理事情，你会有条不紊地有目的地去处理它们；那么，你当然不会是情感类型，后者会依据情感价值做出快速、自发的决定。直觉与感觉也同样如此。如果你是直觉类型，你倾向于从整体的层面来看待事物，更喜欢做综合的概括和归纳，你不会去注意细节，谈论细节性的事物；而后者则是感觉类型的人会做的。该理论用图表展示如下。

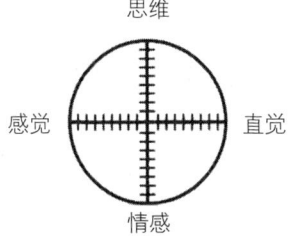
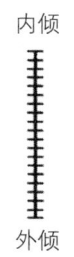

荣格进一步假设如果你的主要态度是内倾的，那么你的外倾功能必定会是"劣势的"。如果你的思维功能是"优势的"，那么，你的情感功能一定是"劣势的"。如果你的直觉是"优势的"，那么你的感觉一定是"劣势的"。他认为我们需要努力让心灵处于平衡状态，但是这些努力有可能是徒劳的，因为优势功能被认为是意识的，因此可以很容易地得到利用，而劣势功能是无意识的，即使有可能的话也会很难接近。所有这些都没有得到质疑或统计检验，直到最近为止。

在我自己的分析培训中，我的分析师认为我的主要认知模式是内倾思维。她根据在分析性情景下对我的观察而做出此判断，而分析性情境是她唯一看见我的地方。如果思维是我的优势功能，她需要假设我的情感功能发展的很不好。这样的判断让我觉得很难受，因为我不认为自己缺少共情的能力或者是做出自然的、有效判断的能力。我只是在她面前没有做太多快速判断，部分原因是对她智慧和权威的尊重，还有部分原因是我那个时候正在经历个人生活的困境，而我试图用我的理智能力去克服困难。我自己的判断是我同时擅长情感和思维功能，并且很难说哪个功能更擅长一些。另一方面，我对我的直觉和感觉功能都不是很有自信。所以，在这个模型中就没有我的位置。我决定不去使用这种定义类型的两极互斥系统。我将它抛之脑后，直到很多年后，人格理论家开始设计在统计学上评估心理类型的客观有效的方法。

我所得知的以荣格类型理论为基础的第一份人格问卷由约瑟夫·惠尔莱特所设计。他是一位罕见的外倾情感型的荣格分析师。他对内外在世界正在发生的事情都很感兴趣，他决定编制一份可以判断人们心理类型的问卷，而不需要依赖于治疗师或分析师的直觉。他和一位精通统计方法的心理学家贺拉斯·格雷一起合作，他们共同编制了格雷-惠尔莱特荣格类型问卷（Gray-Wheelwright Jungian Type Survey，JTS）。它也是根据上面的模型编制而成，但是它给出了每一种态度和功能的得分，所以你可以知道哪些态度和功能更强一些，哪些更弱一些，以及他们之间的差异。JTS 一系列问题的答案都有两个选项，被试需要二选一。我的分数显示为内倾的，这是预料之中的，但让人惊讶的是我在思维的得分为 11 分，而在情感的得分为 10 分。从统计学上来说，这两个分数之间并没有显著差异。在接下来的几年时间里，同样基于荣格类型理论的迈尔斯-布里格斯类型量表（Myers-Briggs Type Indicator，MBTI）得到了广泛应用。和 JTS 一样，它也是一个基于两极系统而设计的问卷。MBTI 是基于大量研究的结果，而且多次反复地得到了统计学上的验证。它利用荣格的类型学将人们分成 16 个不同的类型，每一个类型都有独特的特性。从该工具的受欢迎程度已经可以证实它能有效地根据类型偏好区分不同的人群。在美国乃至国际范围内，它在商业和工业上都广为使用。做该测试的人认同和与他们自己测试结果相似的人群。同时，他们也应学会去尊重和重视个体之间的差异。

我很早就感觉非常有必要去质疑基于荣格的双极理论而编制的测量人格特征的问卷。如果"对立面"中的两极，比如思维和情感功能的分数非常接近，导致倾向性变得不清晰，这个时候说一个人是思维类型而忽视情感功能的存在会是正确的吗？或者当这种情况确实存在的时候，是否有其他测量类型的方式可以说明两个功能之间只有很少或没有差异？难道单独地评估每一个认知模式而不是让被试从两个对立选项中选一个就没有用吗？我的同事，荣格分析师玛丽·卢米思博士和我想要检验以下假设：如果两极假设是正确的，那么不管问卷是必须二选一或是独立选择，结果都不会有差异。我们的研究结果显示两者存在差异。此外，当单独测量每一个认知模式时，若由最高的分数来决定主要的认知模式，其他七个当中的任何一个都可以是第二主要的类型，也都可以是分数最低的那个类型。卢米思和我发展了辛格-卢米思人格问卷（Singer-Loomis Inventory of Personality，SLIP），该问卷独立地测量每一个认知模式。该问卷会给每一个人提供一份概况信息，八个认知模式中的每一个都有独立的分数。这可以让人们从高到低地按照倾向性将认知模式排序。它也能够测量每一个认知模式在时间上的变化。这对于评估成长和发展非常有用。

为什么我们会对将客观测验和心理治疗或心理分析联系起来感兴趣呢？难道治疗师根据他们的经验和受训经历做出的评估还不足够吗？关于临床判断和客观测验及统计测量的优缺点的争论已经存在很长时间了。作为一位治疗师和分析师，我认为对于一个人的类型应该有临床上的判断。然而，我的判断并不绝对可靠。而且，我也不同意病人的自我评估，因为这会成为一场谁对谁错的争论。客观测验可以检验病人对标准化问题的回答，这并不关乎个人观点，分析师和接受分析者可以共同了解和讨论测验结果。客观测验的另一个好处是可以对临床判断进行核实。如果测验结果和分析师的判断一致，病人会更容易接受这样的结果。如果不一致，治疗师需要询问自己是否忽视了来访者的某部分类型特征。没有必要一定要在临床判断和客观测验之间做出选择。两者都有用，他们在评估方面是互补的。

大多数人在接触到各种认知模式的时候都会发现他们的认知模式不是单一的。这并不奇怪，因为我们每一个人在八个认知模式中都有不同的分配。我喜欢把他们比作一位美术师的调色板。如果每一个美术师一开始都可以同样使用八种颜色，然后根据他或她自己特定的风格去画画，某些人会更多地使用某一种颜色，而其他人则会更多地使用另一种颜色。他们会按照不同的方式将这些颜色混合在一起。有些人会使用很多颜色，而有些人则使用较少的颜色。每一个美术家的绘画作品都会不一样，然而，人们可以轻易地通过他们的绘画作品识别出绘画特征。在我看来，这和行为特征一样，我们在行为中会结合这八种认知模式，但每一个人都有自己独特的方式。类型有它的成分，但每一个人都会用不同的方式去使用它。

总而言之，避免陷入对立物是否真正对立的两难困境非常重要。荣格在其研究生涯的早期把这个问题搁置一边。在他后期的工作中，他致力于对立面的整合，寻找内外在的和谐，这和从整体上来看待个人是一致的，而不是把人看作一堆碎片。顾名思义，分析的过程就是要先分开，然后考虑被分开的碎片。但当分析的时候，有一个原则需要记在脑海，那就是这些碎片如同一辆被拆开等待修理的汽车。你可能会发现哪儿出了问题，但这并不能解决问题。只有当这些配件被再次整合复原的时候，它才是一个整体。这个过程并不仅仅只是配件的收集。整体可以做到部分所不能的，唯有整体可以行驶。

在整体性框架下，一切事物都被和谐地包括在内。它最初可能是无意识的或者是未分化的。但是，分化随着意识的发展而发展，在起初成为对立面，如自己和他人，然后成为很多碎片。类型学一开始也是以对立面的分化为开端，如内倾和外倾，尔后进一步分成不同的功能，然而，它们仍然是彼此对立的。但是，随着进一步分化，情况会变得复杂，这时候不再可能仅仅只考虑对立面，因为出现了各种组合，正是这些组合才让每一个人独一无二。

类型学也可以被看作是精神练习。由对立所导致的对抗会出现，也会出现由抱持对立而带来治愈。对立面的超越则是目标，也就是对思维分类的超越。二元对立只存在于实际的物质世界。

在平静的水池中，人们可以看到完整的月亮。当石头被掷入其中，这个意象就破碎了。意识所为即是投石入水。类型学的危险在于，当关注碎片的时候，我们容易忽视掉整体。

12

世间的心灵

在分析过程中的某些珍贵时刻，接受分析者会感受到来自内在的强烈洞察力，并感谢分析师将此作为礼物送给自己。如果在我做分析的过程中发生了这样的事情，我会对接受分析者说，"请记住，在这个房间里所发生的一切并没有在外面发生的那么重要，后者才是最重要的。"我们所做的所有自我反省（self-examination），只有当与生活在这个世界上的真实自我发生联结时，才是有价值的。我坚信，没有人觉得，或应该觉得，内在世界比外在世界重要。

然而，深度心理学，包括荣格的分析心理学、精神分析和所有的追随者，被批判是唯我论学说——这并不是毫无道理的。路易斯·萨斯（Louis A. Sass）在《妄想的悖论》（*The Paradoxes of Delusion*）中给唯我主义（solipsism）下了一个很好的定义"虽然包含了外部世界和其他人的完整真实体，但仅仅是对个体自我的表征理论。"萨斯引用维特根斯特（Wittgenstein）的话，认为唯我主义（solipsism）只不过是哲学弊病的一个例子，这种哲学弊病不是因为无知或疏忽，而是源于抽象、自我意识和脱离实践的社会活动。这是一个很严肃的指控。对多数的人来说，大多数时候，这无疑是一种不良的思维习惯。但对于其他人来说，对于高压下的心灵显示出来的这种孤立感是有必要的。因为在身处于威胁生命的情境中，它就犹如特护病房一样。我在苏黎世接受分析培训的四年里没有工作，也不用负责其他事情。在只鼓励深度内省的荣格学院，我主要精力集中在分析和课程上。于我而言，有必要"与实际和社会活动脱离开来"，因为那时在我的脑海里有一种很坚定的消极声音告诉我，要想在分析和"正常生活"之间取得折中的希望很渺茫。对我来说，如果要获得内在转变的话，就要去建立一种完全不同的行为和习惯模式，可以让自己拥有一个更加平衡和丰富的生活。

很幸运的是，我成为了为数不多加入到奢侈的心灵之旅的成员之一，每天都可以有一段时间进入到未知的心灵世界中去。然而，这种奢侈的代价就是，我卖掉了房屋和其他固定资产以提供在苏黎世的费用。我相信我非常适合这种特殊的旅行，自少年时起，我就对心灵迷宫的迂回曲折深感兴趣，但这种极其偏向精神方面的方式我并不推荐给每个人，因为它的药效太强。在我自己的分析过程中，我经常鼓励接受分析者尽量去维持内心与外在世界的平衡。我真的意识到，人是有必要与外界保持联系的，因为外部世界与内在心灵的许多方面都是可以相通的。我忘不了哥林多前书（The Message of Corinthians）13:2 中的这句话"虽然我有预言的天赋，懂得所有的神话及所有的知识……但没有爱，也是一无所有。"

有一些有效的证据对隔离和聚精会神加以批判，但这又是密集心理治疗所需要的。詹姆斯·希尔曼（James Hillman），一位放弃了或者说从荣格心理分析事业退休的荣格分析师，将其观点简洁地写在了书的标题里"心理治疗虽已有上百年，世界却越来越糟糕"（*We've Had a Hundred Years of Psychotherapy and the World's Getting Worse*）。我理解他的困惑，但我反对的是这两者之间未必存在的因果关系；毕竟，西药出现也有一百多年的历史了，但我们人类现在还是不能长生不老。算是作为回应希尔曼的一句："我不确定这个世界是否变得更糟。毕竟，人类目前的状况是经过了几千年演变的结果，一百年还不足以将其治愈。"

虽然，心理治疗发展的历史相对短一些，也有其自身限制，但它在一些人类行为的重大变化上还是扮演了重要的角色。并且，在21世纪中，它的发展非常有前景。然而，在这之前，在未来的几十年中，发展心理治疗的方法还必须得适应和满足社会、经济和政治现实的需求。荣格、弗洛伊德和其他追随者所发展的深度心理学的第一个世纪，被看作是心理健康有必要从公众视野中独立显现出来的时间段。深度心理学的发展就好比是个体前半生的发展。之后，自我（ego），或者认同感，开始成形并找到自己的独立位置。因此，深度心理学必须要有所作为，要让大家众所周知，然后赢得尊重，成为与心灵工作的一种特殊方式。或许在下个世纪，我们可以看到类似的变化，就像是人的后半生那样，那时个体价值观更加广泛，他不仅仅只做对他自己有必要的事情，还会去考虑周围环境的需要。到时，不单心理分析会留存发展，我们从分析中学到的也可以看作是力量、觉察和智慧之源，并可以将其注入社会发挥作用。在这过程中，分析也许可能失去其作为一种心理治疗形式的身份，但如果包含的原理可以继续发展下去，并逐渐成熟，那么实际上也不会有所损失。

现在不仅仅存在有抑郁、成就感缺失或迷茫的个体，类似这样的情绪在全世界也随处可见。除非在意识层面上有所改变，否则这个世界不会改变。对于大部分人来说，深度心理学还只是在有限的一小部分人群当中使用的方法，这些人有经济手段、时间、耐性，也有意愿去进行一项长期计划（但是短期可能会扰乱他的情绪）。对于那些正经历此过程并在等结果的人来说，他们已经有所收获了，已经产生了重要的影响作用。相较于从前，多数人已经可以以不同的姿态生活在这个世界上——具有更好的洞察力，对他人有更好的理解力和同情心，并认识到目前的生活已经远远超出他们的需求、愿望和满意程度了。总体来说，这是一群对社会有价值、有贡献的人。他们所做的内省工作已经帮助并将持续帮助让他们更多地参与到社会事务中去。变化肯定要先从个体开始，但我们能够通过改变一个个的个体来治愈这个世界吗？

正如荣格所描述的，自性化（individuation）是分析过程中某一个特殊时期的产物。1913年，荣格在有关心理类型的书上首次定义了自性化。他将自性化描述成"一个人成为自己、一个有别于他人或集体心理（有别但相关）的完整的、不可分割的人"。[1] 荣格强调此过程有以下几个特点："（1）自性化的目标是人格的发展；（2）假设并包含了集体之间的关系，如，个体并不以孤立的状态出现；（3）自性化包含了某种程度上与并不绝对正确的社会标准的对立。在生活上受大众标准束缚越多的人，他也就越缺失自性化。"[2]

第三点与世界有关，也是分析心理学如今必须要面对的。荣格不相信"集体（the collective）"。他认为集体标准和道德及灵魂或心灵（soul or psyche）的利益是相矛盾的，并且认为个体对抗"集体"是在个体心理的发展过程中很有必要的。据说在第一次世界大战开始之前，作为中立国，当各方正在为战争紧锣密鼓地全面筹备时，瑞士还保持沉默，大家可以想象一下她当时的困境。在这期间，以及之后很多年，多数人——除非是高居政治要职或一心只为生计奔波、照顾家人的底层人群——都只是集体中的一分子，就是我们今天所说的"政治立场正确的人"。他们声称会与统治阶层和睦相处，并不会去推翻政府。因此，公开反对集体需要勇气和坚定的信仰。有人可能需要义无反顾地做出牺牲才能对抗传统观点。

在荣格的一生中，分析心理学被各类人群高度怀疑。当时有种思想盛行在荣格分析心理学的圈子里，那就是为了让大家退守到最低的共同标准里去：心理学工作应该在一个严格保密的前提下，在一个拥有自主权利的咨询室来完成，而不是去服从集体的标准。在荣格的心理学体系里，并没有做婚姻咨询、家庭咨询或团体治疗一说。直到20世纪70年代，针对梦工作的团体讨论才在苏黎世荣格学院里进行。这种态度的转变是为了迎合时代精神的转变。我知道，我是第一个给这个团体授课的荣格心理分析师。当我在荣格死后十几年提出要讲授这门课时，还引发了理事会的热烈讨论，不知道这个请求是否会被批准。最终这个尝试还是开始了，虽然有部分同事对此有些不情愿，但学生们有很高的热情。

过去几十年里，人们已经开始逐渐从集体的束缚中解放出来。从那时起，集体一词的存在不再是当时荣格使用它时所指的含义了。如今西方的大多数国家，包括美国，已经经历过由于婴儿潮及移民而造成人口剧增的过程。带来此结果的原因是种族、宗教、民族、性取向、教育和社会经济等多样性的蓬勃发展。在20世纪60年代，只要一说到"反主流文化"一词，一群极端的、住在乡间的、吸食毒品、从不会信任三十岁以上的人的年轻人的形象就浮现在脑海中。现在我们很少说反主流文化了，因为我们当前文化是如此的支离破碎，主流人群现在已经成为了"少数人群"。即使在所谓的主流人群中也有不少的政治派系，每一派都强大到足以挑战其他的派系。这一点想要说明的是，再也不存在像荣格所说的集体了，因此，再也没有反主流文化了。现在，我们都是这个地球上乌合之众的一分子。

在20世纪的最后十年里，很多政府（包含美国）的主要任务似乎就是为其国民提供庇护。这样的政府受制于并受到这些利益集团的影响，包括所有的账务及财政收支，让政府不能形成统一决策。现如今，政府必须要对国民负责，而其中一个很重要的方面就是医疗服务。美国是西方发达国家中最后一个向全民提供基本医疗服务的国家。当然，精神卫生医疗服务也必须要包含其中。这就有一个问题，即如何定义"精神卫生医疗服务？"在精神卫生领域工作的人知道，一个为全民提供医疗服务的项目中，要知道接受服务的人是谁、需要何种服务才能够决定提供何种服务。当然，那些最严重的、有可能会有生命危险的病人，会首先被纳入到治疗计划中来，其次是在无人看管的环境中不能自理的人；接下来，会是那些功能严重受损以至于无法工作或学习或生活（不管是与他人合居还是独居）的人。由于器质性病变导致的精神疾病以及药物成瘾当然也包含在治疗计划中。对于罪犯病人的治疗也是服务中的一部分；最后才是对短期门诊病人的心理治疗。这也就意味着，治疗主要用于解决紧急问题或危机状况。所有的精神卫生服务都是被"管理着"的，也就是说，所提供的服务受限于官方的同意，但这些官员从来没有见过病人，他们的决定很大程度上是基于法律条款和财政方面的考虑。在这样的情况下，很多人接受到的是自己可以支付但并不有效的服务。即便在这样提供基本医疗服务的地方，仍有很多人的医疗需求无法满足。

对于那些并不是很严重或功能失调的人来说，长期的深度心理治疗或分析是不会被纳入到医疗服务系统的考虑范围之内的。分析工作并不是集中在紧急的问题上，而是尝试如何将表现出来的症状当作一把钥匙去理解作为人的整体性，不仅仅是消除或掩盖这些症状，更重要的是去发现它们所蕴藏的意义以及想要传达的信息。分析的过程并不是让个体恢复到治疗还未开始的状态，而是通过将心灵的不同部分整合为一个更为和谐的整体，来将人格进行重塑。而身体、思想和精神是分析过程中重塑的对象。就好比是，随着建筑的重建，在建造开始之前通常要经历一个"拆迁"阶段。在深度心理治疗期间，事情在变好之前可能会先变得更糟。目标并不仅仅是恢复到"健康水平"，而是一种超越之前个体从未感受到过的健康的感觉。这就是荣格所说的在分析过程中形成的一种新的"世界观"。

回到要讨论的问题上来，那就是：这种长程的深度心理治疗，包括心理分析，是否可以被认为是在"基本医疗服务"的范畴之内的呢？医疗服务系统如何来界定提供这种服务的人呢？我们又是如何来定义我们自己的？在本书的写作中，我并不清楚医疗服务系统最终是否会将精神卫生领域纳入到服务体系中去，但在一段时间内其他类型的治疗会比深度心理治疗更有优先权——这个是有可能的。荣格心理学的实际应用如果想要在这样的大环境下生存下来，可能就得去进行自我定义。荣格心理学，包括其他所有的心理学，都在探究人类经验的深远意义，不仅是对人类个体做出贡献，对了解人们如何看待这个世界、如何影响这个世界也做出了贡献。终究会有那么一些人去寻找深度心理学想要追求的层次。据说能胜任这份工作的都是精英人才，只有那些有经济和教育基础并且全身心投入在其中的人才能胜任。不过，这只是部分属实。即便还不是国家基础医疗服务范畴，仍然有许多人牺牲了自己的时间、金钱及他们之前重视的活动来做分析。然而,其他许多无法做到这一点的人也跟随自己内心的承诺,去找寻任何一条可以让自己觉醒的路。我记得我同事克拉丽莎·品克拉·艾斯蒂斯(Clarissa Pinhole Estes),《与狼赛跑的女人》一书的作者,说过她就是通过以做荣格分析为生计来支撑她讲故事这个爱好的。或许,有些荣格分析师也会不得不通过做其他的心理治疗来支持自己的分析工作。我们可以增加一些与传统分析类似的治疗技能来增加自身筹码,这样来访者的人数也会增加。多年以来,我发现自己使用的方式已多种多样,我的很多同事也这样做,将在分析过程中学会的洞察力应用在其他方面,对此我并不感到意外。有句格言"需求乃发明的动力(Necessity is the mother of invention)"足以说明这一点。

当完成分析培训从苏黎世回到芝加哥时,我有机会第一次使用该原则。在社区里将分析真正地实践起来是需要花费一些时间的,特别是这里在之前又没有荣格心理分析师,我有必要去从事这份需要付费的工作。我唯一能做的(即便看起来离我的专业相差十万八千里)就是在一家学校里为有情绪障碍的幼儿园孩子提供帮助。说实话,这份工作只需要招募一名社工即可,但我说服了主任将招募对象改为了心理分析师。我当时认为可以在家长的身上大展身手,但结果表明远远不是那么回事。我被告知这是一个"家庭机构",虽然在某些必要时候可以与其中一两个家庭成员进行单独会谈,但总的来说需要为整个家庭服务。之前的受训是帮助个体从错综复杂的家庭中区分开来并找到自己独特的一面,但当时的境况与我所熟知的一切截然不同。你们能想象当我被告知每一个个案都要进行家访,并与整个家庭进行会谈,然后发现他们之间的互动模式时的感受吗?请记住,这发生在1965年,当时的家庭治疗还是一个新鲜事物,鲜少有人听说过它。在当时,我需要这份工作来维持生计,所以我做了第一次家访。但后来所发生的一切简直让我惊讶不已!即使我还没来得及说话,一览无余地呈现在我面前的一切便能够表现出家庭气氛和风格,孩子们玩具放置的方式展现出了这个家庭的家教严格或是放任,亲子之间沟通的方式、夫妻之间相处的模式、是否会努力给我营造好的印象、每个家庭成员处理未知事情的能力，等等，这些所传递的信息是我一辈子都不可能在分析室里坐在分析师椅子上获得的。我开始明白，或许还存在着不同的方式。在这个家庭里，我发现父亲有想去了解自己本性的强烈愿望，其中包含了但又远超于他想要与家庭有一种更加和谐关系的兴趣。所以，之后当我有机会和他单独做工作时，我们之间的互动更像是一次分析式的会谈。但这并没有干扰我与母亲或所谓病人（在校的一名学生）之间的工作。也是从这次开始，我学会了使用一些小玩件去做儿童治疗，帮助他们将与重要他人生活的经历以游戏的方式呈现出来。结果便是，之后我去学了家庭治疗，知道如何使用家庭治疗的方法来加深我对心灵结构的理解。如今，当我与个人或家庭做工作时，我比以前有了更多的选择。这些年以来，我治疗的方法越来越多样，也教授人本主义和超个人心理学，将其中很多种方法和技术应用在个体或团体治疗中。我发现荣格心理学当中的某些原则也适用于其他的心理学工作上。接下来我会提及几点。第一个原则就是洞察投射机制的重要性，我们将自己的无意识内容投射到其他人身上，仿佛接收到这些投射的人就是按照我们想象中那样来行事的。分析让我们认识到这些投射的内容并将其收回。这对那些将自己看作是被他人驱使被迫去做某事的人来说特别有用。这样的被迫感使他们感觉到无助。但在现实生活中，实施驱使的行动者就是他们自己，直到明白这奴役的力量其实是来自内在而并非外在时，转化才会发生。另外一个原则与承担个人责任有关——并不是指发生在我们身上的所有事情，而是我们需要给予回应的事和环境。第三个原则是，要知道我们要如何无意识地消除他人的消极行为。这个原则在大量的材料中被加以强调。当然，一推论便知，我们还要利用意识去促进他人的积极行为。

第四个原则是避免成为"受害者"或替罪羔羊。我在之前的培训中学到了一点，那就是被虐的人往往是允许他人虐待自己的。这听起来似乎是过于夸张，但这多半是真的。虽然还有很多，但我在这里要谈到的第五个原则就是：停止对外界被动的反应，相反，要自主掌控你作为一个真实的人的行为。

举一个例子来说明如何在分析情景以外的环境中应用这些原则。让内（Janet），我的一个接受分析者，其儿童及青少年早期的一些经历让她感觉到自己是一名受害者。这成为了她持续痛苦的根源。作为一个积极主动的人，她决定调查一下其他在早期遭受过类似虐待的女性是如何康复并拥有成功和丰富多彩的生活的。她聚集了一个小团体，每周与她们进行一次会谈，这样她们便可以倾诉自己的故事，并与其他人分享处理痛苦的经验。在会谈期间，这些女性总结出了一个有效的方法以便帮助她们克服"受害者心态（victim mentality）"。之后，让内将这一经过实践检验过的方法教给其他女性。

有很多机会让我们将从深度心理学中获得的洞察力应用在社会问题上。但挑战是，如何寻找更多的途径将其影响力拓宽，使其不仅涉及医疗服务领域，还涉足国家的教育、家庭生活、工作、经济、外交和整个社会生态。所有这些领域在改变生产力方面都有贡献，都是整体的一部分，是相互联系、相互依赖的。这是一项宏伟且艰巨的任务。如果眼前有大量紧急事情迫切需要关注，那么长期目标就很容易被搁置一旁。说实话，社会需要大家去解决当务之急，同时又需要去纵观大局，看看哪些地方有麻烦，并关注它们之间的错综复杂的关系。问题在于，下一步该怎么做？我们可以去哪里找到有希望带来改变的资源？那些可以提供帮助的人又是谁？

我建议，不要先去号召那些在当前文化中起着主要推动作用的人。我们已经听到了文化主流意识中仲裁者的声音，但我们过去所远远没有关注到的是那些我们称之为文化无意识的群体，或者叫沉默群体。这些人一直在看着聆听着，细细地观察并思考着。他们所知道的要远远大于人们给予的肯定。是时候问他们看到了什么、需要什么，以及可以做些什么了。一开始，我们可能会求助于那些挣扎在社会边缘的普通人群体。

1994年1月，某个周一的凌晨4点31分零1秒，地震突然袭击了洛杉矶，好心的社会机构安排了大型的建筑物、学校、兵工厂等让那些无家可归的人安家。但这些人拒绝到坚固的建筑里，而是选择睡在室外，因为他们害怕建筑物倒塌砸在身上，没有任何理由可以说服他们。救灾工作人员听从受灾群众的需要，在空旷的室外搭建帆布帐篷，触碰大地会让他们感觉到更安全，与天空之间只隔着头顶上的这顶帐篷。这让我们明白，如果忽视了人们的感受，帮助并无多大意义。

另外一个资源就是社会上的老人们。多数年轻人不知道，其实这些内心世界丰富的老人们不同于年轻人。前者很少会担忧个人问题，生活中失去林林总总，他们明白自己已没剩什么可以损失的了，不久之后，就连所剩无几的东西也会消失。他们对于未来能有多少收获并不感兴趣，只关心如何利用好所剩的时间、经历和智慧。他们将生活中的好坏看得平淡，因为知道生活中处处充满变化，来了又走，走了又来，所以不会轻易地因为外界而难过。他们有时只是等待，等待不久之后的变化。他们经历着历史的变迁，当历史再次以不同形式重演时，他们可以毫不犹豫地做出预言，即便我们当时还无法预知。津津乐道的老人们有太多的东西可以教给年轻人。

另外一个资源：原著居民。在殖民统治力量占据所谓的原始领土（包括后来变成了美国的印第安人的领土）之前，几乎所有这些地方的人都接纳生死，有时还会将大自然的暴行当作是平常之事。他们不会去征服大自然，而是作为环境中的一部分生活着。从大自然中获取所必要的，不贪婪，不会为了未来的生计而私藏。土地并不是私人所有，这些原著居民们不会开发或耗尽土地资源，而是和环境保持着一种互惠关系。他们让自己的孩子知道，为了生存什么才是必须的，将这个世界看作是大自然怀抱中灵性般的存在。因此，在这灵性——可能就是我们所说的无意识之声（the voice of unconsciousness）——的指引下，他们相信这个世界有其运转的方式，并与其他人分享所得。他们尊重先人，为后代考虑。我们可以学习他们，这并不是说模仿其迷信的做法，而是当他们传授经验时仔细聆听。

还有一个资源是新来的移民群体。美国人总是会忘记其实我们大都是移民的后代，我们的祖先用自己的汗水和志向建造了这个国家。老师会对班里的孩子这样说："现在我们开始学习美国原著居民。""原著居民？"孩子有些愤怒地大喊，"我们不就是美洲原著居民吗？我就是这里出生的啊！"是的，没错，大部分本地人都是之前那些外来人的子子孙孙。还有很多人继续来到我们的国土上，正是外来人所带来各种不同语言、风俗习惯和知识融汇成高度多样化的人群，也就是我们今天所谓的美国人。祖先留下来的每条传统都告诫子孙某些东西是宝贵财富，需要被好好尊重。这种多样性增强了社会心理现实，使我们能够并必须保留自己的特点，同时又可以和谐地融合于整个社会。

同性恋群体是我们可以学习的另一资源。我曾经自问，为什么在他们中会出现如此之多有创意的艺术家，多到与群体的数量不成正比？我猜测至少有两种可能。其一，这些特殊群体远离异性恋的固执道德观念，这些观念正是为传统的保守社会秉持，以此摆脱性压抑和恐惧，体验到自己的真实本性。为此，他们不得不挑战传统。他们用来对抗思想禁锢之人的歧视的努力，会突破单纯的性取向，拓展到艺术及其他领域，而在这些领域中个性往往比合群更有价值。另一个有利因素可能是，同性恋没有家庭负担，因此就有更多的自由来从事其选择的事业和爱好。他们可以让我们知道创意及其所需的代价。在政治上，这些人提醒我们注意权利面前人人平等的原则，这是我们大家都声称支持但却经常会忘记的东西。他们还可以教我们爱与伤痛，还有在最艰难的时刻，群体里的成员如何相互支撑着挺过来。我们也可以听听那些自愿放弃大城市生活到小城镇或乡村的家庭的声音。这些人想生活在更自然的环境中。高压的大都市再也无法提供他们想要的东西，而那到底是什么呢？他们可以得到什么呢？有什么可以教给我们？

想要提高运作效率的大公司，越来越倾向于听取他们组织中基层的声音。因为这些人来自工作第一线，最清楚现状，也知道该怎么作出改变和如何进行改革。"轮岗"是不错的原则，因为只有知道做什么才能知道该如何做。过去那些具有科层制架构特点的商业组织，如今其运行效率已备受质疑。很多公司都想知道，如何才能把人力资本发挥到最大价值？很多具有深度心理学知识背景的管理顾问师被公司请去，帮忙"诊断"公司的疾病并制定"治疗方案"。

　　心理学的智慧之光冲破咨询室照亮了整个世界，我还想提及另外一个前沿领域——医疗健康领域。众所周知，几乎所有生理或者器官的疾病都会有心理的成因。生理和心理问题并非完全独立，而是紧密相关。因为我们的情绪状态会影响身体，反之亦然。人人都是一个由身体、思想和精神组成的复杂综合体（虽然其中第三个方面还未被广泛接受为人的一部分）。心灵，由思维和精神组成，对生理疾病具有重要的作用。我们可以自寻死路，也可以通过心理行为来实现自我疗愈，这无疑会让我们的医生为之惊讶。其实这种潜能早在数百年前就被那些从事疗愈行业的人们公诸于世了。直至所谓的科学革命，17世纪启蒙运动导致信仰和理性的分裂，医学才放弃原来非理性疗愈转而寻求基于科学研究和临床治疗的方法。这些发展给人类的生理知识、医疗技术手段带来了巨大的进步。但是长期以来，现代医学对疾病治疗的关注远超出对病人的关注。病人经常被指代为"304房间的阑尾炎"。与此同时，对人的关注——我指的是痛苦的心灵，就留给了专门处理个人经历问题的那些人，比如神父、牧师、法师、萨满、药师、草药医生、信仰治疗师和心理治疗师。这些人擅长神秘的艺术，处理人身上看不见的那部分，与世上那些看不见的东西打交道：爱和痛苦，意图与意义——不胜枚举。

　　最近，医疗行业的人员逐渐意识到，疾病和健康领域中的那些看不太见的部分也很重要。医学界广泛认同，病人的态度大大影响治疗过程及疗效。进行宗教咨询的牧师同时也可以是医院的医生。心理咨询师会同内科医生紧密协作。精神药物的使用让生物医学取得了巨大的进展。大部分精神病医生和其他医生都认识到，本身已经有效的药物治疗，如果辅助以心理治疗会更有效地治疗精神病人。因为心理治疗旨在支持病人的情绪体验，揭开病人疾病的内心根源，也能使病人配合治疗。另一方面，如今的心理咨询师也发现，精神类药物可以帮助一些病人更好地接受心理治疗。

预防疾病和追求健康（或者叫最佳状态）是相关的领域，荣格的一些观点会对其有帮助。荣格的心理学首先是积极乐观的，它不是回溯导向的，不会太多地纠结于功能障碍的起因，而是向前看，去弄清楚心灵发展完善后的样子。它会问诸如此类的问题：我是谁？我想成为什么？我有什么潜能？这意味着，我们能做的都早已在自身的潜能中了，它们等待着被唤醒。就像是睡美人等待着她的王子一样。这便是那些一直从事心理分析工作的人的使命。

不断拓宽意识的范围，让自己在布满荆棘的迷宫中找到一条出路，这即是人生，但个体需要自己勇敢地走出来，为自己的旅程负责。寻求健康既需要知识也需要实践。知识不仅是内心的，要了解作为个体应做之事，还包括要从外部世界的他人经历中借鉴学习。实践关键在于恰当的生活、滋养、练习和自我认识，并且要避免误入歧途，耽误了通向整体性之路。对于整体性来说，不管是健康还是疗愈都是同根同源的，本质上它们二者也是一样的。

注 释

引言

1. C. G. Jung, *Memories, Dreams, Reflections.*

2. Ibid., p. 4.

3. Ibid., p. 84.

4. Ibid., p. 45.

5. Ibid., p. 32.

6. *Lehrbuch der Psychiatrie,* 4th Edition, 1890.

7. *Structure and Dynamics of the Psyche, C. W.* 8, p. 353.

8. Werner Heisenberg, *Physics and Philosophy,* p. 31.

9. Ibid., pp. 55-56.

10. *Memories, Dreams, Reflections,* p. 147.

11. *Psychiatric Studies, C. W.* 1, p. 3.

第1章 分析师与接受分析者

1. *The Practice of Psychotherapy, C. W.* 16, pp. 53, 54.

2. Adapted from *Structure and Dynamics of the Psyche, C. W.* 8, p. 377.

3. James Hillman, *Suicide and the Soul,* p. 101.

4. See Chapter 7, "Anima and Animus: The Opposites Within."

5. Gerhard Adler, "Methods of Treatment in Analytical Psychology," in *Psychoanalytic Techniques,* Benjamin B. Wolman, ed., p. 340.

6. Horace B. English and Ava C. English, *A Comprehensive Dictionary of Psychological and Psychoanalytical Terms.*

7. *The Practice of Psychotherapy, C. W.* 16, p. 164.

8. Gerhard Adler, op. cit., p. 344.

9. "Psychology of the Transference," in *The Practice of Psychotherapy, C. W.* 16, p. 178.

第 2 章　情结与魔鬼

1. Sigmund Freud, *The Psychopathology of Everyday Life.*

2. *The Archetypes and the Collective Unconscious, C. W.* 9, i.

3. *The Structure and Dynamics of the Psyche, C. W.* 8, p. 315.

4. *Psychiatric Studies, C.W.* 1.

5. Ibid., p. 24.

6. Ibid., p. 39.

7. Ibid., p. 56.

8. Eugen Bleuler's article "Upon the Significance of Association Experiments," in C. G. Jung, Studies in Word Association, pp. 1-7, passim.

9. Ibid.

10. *Psychogenesis in Mental Disease, C. W.* 3, p. 41.

11. "A Review of the Complex Theory," in *The Structure and Dynamics of the Psyche, C. W.* 8, p. 92.

12. Ibid., p. 93.

13. Ibid.

14. Ibid., p. 96.

15. J. E. Cirlot, *A Dictionary of Symbols,* pp. 328-29.

16. Exodus 15:25.

17. Mircea Eliade, *Images and Symbols,* pp. 37-38.

18. In *Civilization in Transition, C. W.* 10.

19. Ibid., p. 50.

20. Ibid., p. 72.

21. "The Psychological Foundations of the Belief in Spirits," in *The Structure and Dynamics of the Psyche, C. W.* 8, p. 311.

22. Ibid., pp. 311-12.

23. Ibid., p. 312.

第 3 章　从联想到原型

1. *Memories, Dreams, Reflections*, p. 148.

2. Ibid., p. 150.

3. Letter quoted in *Two Essays on Freud and Jung,* by Jolande Jacobi, p. 25.

4. *The Archetypes and the Collective Unconscious, C. W.* 9, i, "Concerning the Archetypes with Special Reference to the Anima Concept," p. 58.

5. Sigmund Freud, "Leonardo da Vinci and a Memory of His Childhood." Referred to by Jung in "The Concept of the Collective Unconscious," *The Archetypes and the Collective Unconscious,* pp. 44–49.

6. *Der Mythus von Der Geburt des Helden,* published in the series, *Schriften zur angewandten Seelenkunde,* Vienna: F. Deuticke, Heft 5, quoted in Freud, *Moses and Monotheism,* p. 7.

7. Sigmund Freud, *Moses and Monotheism,* pp. 7-11.

8. C. G. Jung, "The Psychology of the Child Archetype," in *The Archetypes and the Collective Unconscious, C. W.* 9, i, p. 152.

9. Ibid., p. 153.

10. "The Psychological Aspects of the Kore," in *The Archetypes and the Collective Unconscious, C. W.* 9, i, p. 183.

11. See also *Psychological Types,* Part II, Def. 26; "The Archetypes of the Collective Unconscious," "Concerning the Archetypes with Special Reference to the Anima Concept," "Psychological Aspects of the Mother Archetype," "The Psychology of the Child Archetype," and "The Psychological Aspects of the Kore," all in *The Archetypes and the Collective Unconscious, C. W.* 9, i; Commentary on *The Secret of the Golden Flower,* in *Alchemical Studies, C. W.* 13. For alternate sources see the complete list of Jung's *Collected Works* at the end of this volume.

12. Glover, *Freud or Jung,* pp. 21-22.

13. "The Personal and Collective Unconscious," in *Two Essays in Analytical Psychology, C. W.* 7, p. 65.

14. Ibid.

第 4 章　原型重要吗？

1. Jolande Jacobi, *Complex, Archetype, Symbol,* p. 31.

2. William Blake, *Visions of the Daughters of Albion,* p. 191.

3. Jones, *The Life and Works of Sigmund Freud,* Vol. 1, p. 29.

4. *Memories, Dreams, Reflections,* p. 168.

5. Alfred Lord Tennyson, *De Profundis, in Victorian and Later English Poets,* James Stephens, Edwin L. Beck and Royall H. Snow, eds., p. 187.

6. *Memories, Dreams, Reflections,* p. 167.

7. "The Sacrifice," in *Symbols of Transformation, C. W.* 5, pp. 416-17.

8. Ibid.

9. Ibid., pp. 417-18.

10. *Roche Report: Frontiers of Clinical Psychiatry,* March 12, 1969.

11. Ibid.

12. "Archetypes of the Collective Unconscious," in *The Archetypes of the Collective Unconscious, C. W.* 9, i, p. 5.

13. Ibid.

14. Ibid., pp. 4-5.

15. Joseph Campbell, The Masks of God: Primitive Mythology, p. 30.

16. N. Tinbergen, *The Study of Instinct,* pp. 7-8.

17. Campbell, loc. cit.

第 5 章 自性化：通往整合之路

1. *Two Essays in Analytical Psychology, C. W.* 7, p. 171.

2. *The Secret of the Golden Flower,* p. 83.

3. Ibid., p. 160.

4. James M. Robinson, ed., *The Nag Hammadi Library,* p. 47.

5. Jolande Jacobi, *The Way of Individuation,* p. 19.

第 6 章 人格面具与阴影

1. *Two Essays in Analytical Psychology, C. W.* 7, pp. 155-56.

2. Ibid., p. 156.

3. *Aion, C. W.* 9, ii, p. 8.

4. *Two Essays in Analytical Psychology, C. W.* 7, pp. 158-59.

5. Ibid., p. 159.

6. Ibid., p. 161.

7. Ibid., p. 162.

8. *Über die Energetik der Seele und andere psychologische Abhandlungen*, Zurich: Rascher, 1928, p. 158.

第 7 章　阿尼玛和阿尼姆斯：内在的对立面

1. *C. W.* 7.

2. In *The Archetypes and the Collective Unconscious, C. W.* 9, i.

3. Jung, *Contributions to Analytical Psychology*. New York: Harcourt, Brace, 1928. Cited in Phyllis Chesler, *Women and Madness*. New York: Doubleday, 1972. p. 77.

4. Jung, *Two Essays in Analytical Psychology, C. W.* 7, p. 205.

5. Ibid.

6. Jung, "The Stages of Life," in *The Structure and Dynamics of the Psyche, C. W.* 8, p. 399.

7. Jung, *Two Essays in Analytical Psychology, C. W.* 7, p. 186.

8. *The Feminine Mystique*, p. 304.

9. Ibid.

10. Ibid., p. 378.

第 8 章　让自性流转

1. Edward C. Whitmont, *The Symbolic Quest,* p. 216.

2. *The "I" and the "Not-I."*

3. *Psychology and Alchemy, C. W.* 12, p. 304. For further study of alchemy in Jung's works, see the entire book, *Psychology and Alchemy,* also see *Alchemical Studies, C. W.* 13; *Mysterium Coniunctionis, C. W.* 14; *The Secret of the Golden Flower,* and "The Psychology of the Transference" in *The Practice of Psychotherapy, C. W.* 16.

注 释

Also see Chapter 13, below.

4. *The Perennial Philosophy,* pp. 3-4.

5. William Blake, *A Song of Liberty.*

6. The archetype of the divine child is discussed by Jung in his essay "The Psychology of the Child Archetype," in *The Archetypes and the Collective Unconscious, C. W. 9,* i.

7. Cf. also Bacchus, Dionysus.

8. Marie-Louise von Franz, *The Problem of the Puer Aetemus.*

9. Ibid.

10. A full discussion of this archetype and the preceding one appears in James Hillman's essay, "Senex and Puer: An Aspect of the Historical and Psychological Present," in *Eranos- Jahrbuch* XXXVI/1967, Zurich: Rhein-Verlag, 1968.

11. The Archetypes and the Collective Unconscious, C. W. 9, i, p. 263.

12. William Blake, "Proverbs of Hell," from *The Marriage of Heaven and Hell.*

13. *Two Essays in Analytical Psychology, C. W. 7,* p. 225.

14. Cf. *Aion, C. W. 9,* ii, p. 22 and "The Psychology of the Transference" in *The Practice of Psychotherapy, C. W.* 16.

15. *Aion,* loc. cit.

16. Ibid., p. 23.

17. The reader is referred especially to the following volumes of the *Collected Works:* the entire book *Two Essays in Analytical Psychology, C. W.* 7; the last three essays in *The Archetypes and the Collective Unconscious, C. W.* 9, i; all of *Aion, C. W.* 9, ii; sections throughout *Psychology and Religion: West and East, C. W.* 11; *Psychology and Alchemy, C. W.* 12; *Alchemical Studies, C. W.* 13; *Mysterium Coniunctionis, C. W.* 14; and "The Psychology of the Transference" in *The Practice of Psychotherapy, C. W.* 16.

18. Cf. Jung, *The Secret of the Golden Flower,* p. 99f.

第 9 章　理解我们的梦

1. *Freud and Psychoanalysis, C. W.* 4, pp. 25ff.

2. *Memories, Dreams, Reflections*, p. 158.

3. Ibid., p. 161.

4. Ibid.

5. "The Practical Use of Dream Analysis," in *The Practice of Psychotherapy, C. W.* 16.

6. "General Aspects of Dream Psychology," in *The Structure and Dynamics of the Psyche, C. W.* 8, pp. 263-64.

7. "The Practical Use of Dream Analysis," in *The Practice of Psychotherapy, C. W.* 16, p. 149.

8. Ibid., p. 147.

9. "General Aspects of Dream Psychology," in *The Structure and Dynamics of the Psyche, C. W.* 8, p. 241.

10. Gershom Scholem, *Major Trends in Jewish Mysticism*, p. 44.

11. Jung, *The Secret of the Golden Flower*, pp. 91-92.

12. Jung, "General Aspects of Dream Psychology," in *The Structure and Dynamics of the Psyche, C. W.* 8, pp. 266ff.

13. Cf. Jung's essays, "General Aspects of Dream Psychology," and "On the Nature of Dreams," in *The Structure and Dynamics of the Psyche, C. W.* 8.

第 10 章　把梦做完：积极想象

1. Gerhard Adler, *Studies in Analytical Psychology,* pp. 60-61. For a fuller treatment of active imagination, see Gerhard Adler, *The Living Symbol,* and C. G. Jung, "The Transcendent Function," in *The Structure and Dynamics of the Psyche, C. W.* 8.

第 11 章　心理类型：沟通的密匙

1. *Two Essays in Analytical Psychology,* p. 18.

2. Ibid., p. 24.

3. Ibid., p. 26.

4. Ibid., p. 27.

5. Ibid., p. 31.

6. Ibid.

7. Ibid., pp. 34f.

8. Ibid., p. 39.

9. Ibid., p. 40.

10. Jung's analysis of their differences are to be found in the first of the *Two Essays in Analytical Psychology.*

11. Cited in *Psychological Types,* p. 9.

12. The following descriptions of cognitive modes are adapted from the *Interpretive Guide for the Singer-Loomis Inventory of Personality,* pp. 11-18.

第 12 章　世间的心灵

1. Jung, *Psychological Types, C. W.* 6.

2. Ibid.